水轮发电机组
值班员技术培训丛书

SHUILUN FADIAN JIZU JIQI FUZHU SHEBEI YUNXING

水轮发电机组及其辅助设备运行

孙效伟 编著

中国电力出版社
CHINA ELECTRIC POWER PRESS

内 容 提 要

本书是《水轮发电机组值班员技术培训丛书》中的《水轮发电机组及其辅助设备运行》分册，主要针对大中型机组，参照水轮发电机组运行岗位规范的要求，按CBE模式从培训和学习的角度精心编制而成。

本书共9章，主要内容包括油、水、气系统的运行，水轮发电机组的结构与原理，主阀系统的运行，调速系统的运行，水轮发电机组的控制与操作、保护与故障处理，以及运行管理等。书中结合当前大中型水电厂的技术水平实际，以水电厂的实际系统为例，内容涉及PLC可编程控制器、水力控制阀、插装阀、电动机软启动装置等新知识与新技术。

本书可作为大中型水电厂在职及新上岗水轮发电机组值班员的技术培训、技能鉴定及自学用书，也可作为中专及高职高专水电类相关专业的参考教材。

图书在版编目(CIP)数据

水轮发电机组及其辅助设备运行/孙效伟编著. —北京：中国电力出版社，2010.4（2018.8重印）
（水轮发电机组值班员技术培训丛书）
ISBN 978-7-5083-9951-5

Ⅰ.①水…　Ⅱ.①孙…　Ⅲ.①水轮发电机-机组-运行-技术培训-教材 ②水轮发电机-机组-辅助系统-运行-技术培训-教材　Ⅳ.①TM312.06

中国版本图书馆 CIP 数据核字（2010）第 000393 号

中国电力出版社出版、发行
（北京市东城区北京站西街 19 号　100005　http://www.cepp.sgcc.com.cn）
航远印刷有限公司印刷
各地新华书店经售

*

2010 年 4 月第一版　　2018 年 8 月北京第三次印刷
787 毫米×1092 毫米　16 开本　14.25 印张　342 千字
印数 4501—5500 册　　定价 **46.00** 元

版 权 专 有　　侵 权 必 究
本书如有印装质量问题，我社发行部负责退换

前 言

　　本书依照《水电厂运行岗位规范》的要求，从水轮发电机组值班员工种应掌握的知识与技能出发，按 CBE 模式将该工种的专业知识与技能进行了分解，各章节相互独立，每一部分的知识体系完整，初、中、高级技工与高级技师等各个级别的人员可根据自己应掌握的知识与技能来学习相应的模块。

　　本书以一个 14 万 kW 机组运行的全部内容为主线，兼顾 30 万 kW 机组和高水头机组运行的不同点分别加以叙述。书中以各种类型的水电厂的实际系统为例，涉及可编程控制器、水力控制阀、插装阀、电动机软启动装置等新知识与新技术。考虑到全国各大中型水电厂机电合一与"无人值班"（少人值守）的实际，本书还对计算机监控系统的操作及故障的分析与处理方法进行了介绍。

　　本书按照成人培训及学习知识的规律，结合水轮发电机组值班员工种的实际，以实际设备中与运行相关的简单结构为起点，以设备的原理为桥梁，结合新规程与新规范，重点阐述了机组运行中的监控检查、机组的正常操作、各系统及机组的故障分析与处理和机组各种大修措施等内容。书中将复杂的机械结构用简单明了的示意图来描述，将各机械液压系统和设备控制的原理用提纲式语言来叙述，图文并茂、浅显易懂。按照系统图、控制原理、实际操作、事故故障分析处理的顺序将每个模块串联起来，便于运行人员系统地掌握所需的知识与技能，具有很好的实用性。

　　本书由东北电网有限公司丰满培训中心孙效伟担任主编并统稿，其中第 3 章由潘家口水电厂李建国编写，第 4 章由蒲石河抽水蓄能公司隋德林编写，第 6 章由东北电网有限公司丰满培训中心黄树良编写，其余各章均由孙效伟编写。杨传文、姜万福提供了部分资料，并参加了部分编写工作，在此一并表示诚挚的谢意！

　　限于作者学识水平和实践经验，加之编写时间仓促，书中不妥之处在所难免，敬请读者批评指正。

作 者

2009 年 12 月

第一篇

水轮发电机组辅助
设备运行

1 油系统的运行

1.1 水电厂油系统概述

1.1.1 水电厂用油的种类与作用

在水电厂调速器的操作中，机组及辅助设备的润滑，以及电气设备的绝缘、消弧等，都是用油作为介质来完成的。由于设备的工作条件和要求不同，使用油的种类和作用也不同。水电厂用油主要分润滑油和绝缘油两大类。

一、润滑油

常用的润滑油有以下几种：

（1）透平油（即汽轮机油）：黏度适中，可在机组的运动件（轴）与约束件（轴承）间的间隙中形成油膜，以油膜的液态摩擦代替了固体之间的干摩擦，从而降低摩擦系数；同时，由于油的流动性，透平油还可将摩擦产生的热量以对流的方式携带出来，与空气或冷却水进行热量交换。透平油在机组轴承的运行中同时起到润滑和散热两种作用。

此外，由于高压液体在一定几何形体（接力器缸）内被迫移动时，可以传递机械能。透平油也在调速系统和其他液压操作设备中进行能量传递。

（2）机械油（简称机油）：黏度较大，供电动机、水泵、机修设备及起重机等润滑使用。

（3）压缩机油：除供活塞式空气压缩机润滑外，还承担活塞与气缸壁间的密封，能在不高于180℃的温度下正常工作。

（4）润滑脂（俗称黄油）：供滚动轴承及小型机组导叶轴承润滑。

二、绝缘油

绝缘油主要用于水电厂电气设备中，其绝缘性能远比空气好，可吸收和传递电气设备运行时产生的大量热量，还可将油开关截断负载时产生的电弧熄灭。因此，绝缘油的作用为散热、绝缘和消弧。

绝缘油主要有以下两类：

（1）变压器油：供变压器及电流、电压互感器用。

（2）开关油：供油开关用。

水电厂用油量最大的是透平油和变压器油。常见的国产透平油牌号有 HU-22、HU-30、HU-40 三种；变压器油有 DB-10、DB-25、DB-45；开关油有 CDU-45。

1.1.2 油的基本性质与油劣化分析

水电厂用油要起到前述作用，保证设备正常运行，其基本性质至关重要。润滑油和绝缘油最重要的性质及性质指标如下。

一、黏度

液体质点受外力作用而相对移动时，在液体分子间产生的阻力称为黏度。黏度是流体抵抗变形的性质，也是黏稠的程度。油的黏度并不保持常数，而会随压力和温度不同而变化。压力大，黏度就大；温度升高，黏度降低，温度降低时，黏度升高。一般要求润滑油黏度的变化越小越好。温度在 50～100℃ 时对油的黏度影响较小。

对润滑油而言，黏度大时，油附着在金属表面而不易被挤压出来，易保持油膜厚度；但黏度过大，油流动性差，会增加摩擦阻力，降低散热效果。流动性好可以增强散热效果，并有利于消弧。因此，透平油要求有中等黏度，绝缘油则要求有较小的黏度。

二、闪点

当油被加热至某一温度时，油的蒸气和空气混合后，遇火呈现蓝色火焰并瞬间自行熄灭（闪光）时的最低温度称为闪点。闪点反映了油在高温下的稳定性。闪点的高低取决于油中含有的沸点低且易挥发的碳氢化合物的数量。闪点低，油品易燃烧或爆炸。因此，闪点又是表示油品蒸发倾向和储运、使用的安全指标。

三、凝固点

使油降温、油品失去流动性而变为塑性状态时的最高温度称为凝固点。测试中，将储油的试管倾斜 45° 角，经过 1min 试管内油面不发生明显变形，即认为油凝固了。油凝固后不能在管道及设备中流动，会使润滑油的油膜破坏。对于绝缘油，则既降低了散热和灭弧作用，又增大了油开关操作的阻力。因此，在寒冷地区使用的油要求有较低的凝固点。变压器油牌号中的数字正是其凝固点的负值。

四、灰分与机械杂质

油品燃烧后所剩的无机矿物质占原来油重的百分比称为灰分。在油中，以悬浮状态而存在的各种固体物质，如灰尘、金属屑、纤维物及结晶盐等，称为机械杂质。灰分与机械杂质均会破坏油的润滑性能和绝缘性能。

五、抗乳化度

油与水蒸气形成乳浊液后静置，达到完全分层所需的时间称为抗乳化度（以分钟计），它是透平油的专用指标。透平油被水乳化后，黏度增高、泡沫加多、润滑性能降低，且会加速油的氧化。为保证油品正常循环使用，要求油暂时乳化后能迅速与水分离，然后将水排出。

六、透明度

清洁油为淡黄色透明液体，用透明度可以简易判断新油及运行油的清洁或污染程度。

七、水分

油中含有水分会助长有机酸的腐蚀能力，加速油的劣化，使油的绝缘强度降低，加速绝缘纤维的老化等，故新油不允许含有水分。

水电厂习惯上把新出厂的油称为新油；不含水分和机械杂质，符合质量标准的油称为净油；符合运行标准的油称为运行油；有某一指标不符合运行标准的油称为污油。

油在使用或储存的过程中，由于种种原因产生有机酸及氧化物，使油的酸值增大、杂质增多，改变了油的使用性质，从而不能保证设备的安全可靠运行。这种使油的性能恶化的变化称为油的劣化。油劣化的根本原因是被氧化了。油劣化的危害程度取决于劣化时的生成物及其劣化程度。酸值增高会腐蚀金属和纤维；黏度增大及沉淀物的生成不仅影响油的润滑和散热作用，并且会使管道中循环油量减少，以致影响操作，危及运行安全；而在高温下运行如产生氢和碳化氢等气体的，该气体将与油面的空气混合成为爆炸物，这对设备运行更是危险，应严加注意。

促使油加速氧化的因素有：①水使油乳化，从而促进油氧化，增加油的酸价和腐蚀性；②油温的升高使吸氧速度加快，即加速油氧化；③空气中的水、氧以及灰尘都能使油劣化；④天然光线含有紫外线，能促进油的氧化，使油质劣化；⑤穿过油内部的电流会使油分解，使油劣化；⑥其他因素，如金属的氧化作用，检修后的清洗不良，油容器用的油漆不当等都会引起油质的劣化。

运行人员要定期对机组各部分用油进行检查，外观上目测无可见的固体杂质；水分上目测无可见游离水或乳化水；颜色上不是突然变得太深。另外，还应对运行油温、油箱油面高度进行检查。

1.2 油压装置系统的运行

1.2.1 油压装置的组成与工作原理概述

水轮机调节系统中的油压装置主要是供给调速器操作所需要压力油的能源设备，同时也供给机组自动控制系统中的液压自动化元件操作时的用油。调速器要求油压装置必须十分可靠地供给清洁的压力油，且压力应稳定；油压装置正常工作时，油压的变化范围为名义工作压力的±5%以内。

油压装置的型号意义如下：

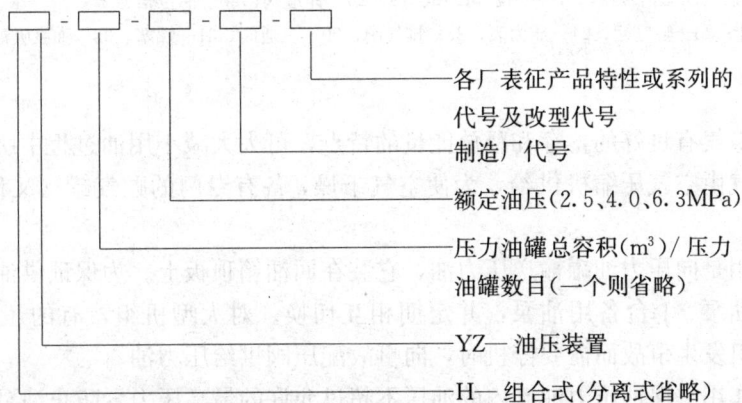

```
□ - □ - □ - □ - □
                        各厂表征产品特性或系列的
                        代号及改型代号
                    制造厂代号
                额定油压(2.5、4.0、6.3MPa)
            压力油罐总容积(m³)／压力
            油罐数目(一个则省略)
        YZ— 油压装置
    H— 组合式(分离式省略)
```

YZ型油压装置由集油槽、带电动机的油泵、阀组（内有安全阀、减载阀、止回阀）、压力油罐和控制仪表等组成，其工作原理如图1-1所示。

集油槽（又称回油箱或集油箱）是一个由薄钢板焊成的矩形油槽，用来储存无压油，并收集调速器的回油和漏油。油槽内装有滤网（油过滤器），从而将油槽分隔成回油区和清洁油区，为油泵提供清洁的油源。油泵及阀组装设在集油槽盖上。

压力油罐（又称压油槽或简称压油罐）为圆筒形承压容器，其两端用锻造的圆形盖封闭起来，用来储存压力油，并向调速器和某些辅助设备的液压操作阀提供压力油。工作时，压力油罐内充满了油和压缩空气，油约占总容积的1/3，其余为压缩空气。由于有一定数量的压缩空气溶解于压力油内，在调节过程中被压力油带走，并有一定数量的压缩空气从密封不严的缝隙中漏掉，因此，需要经常向压力油罐内补充压缩空气，以维持油与气的比例和油压

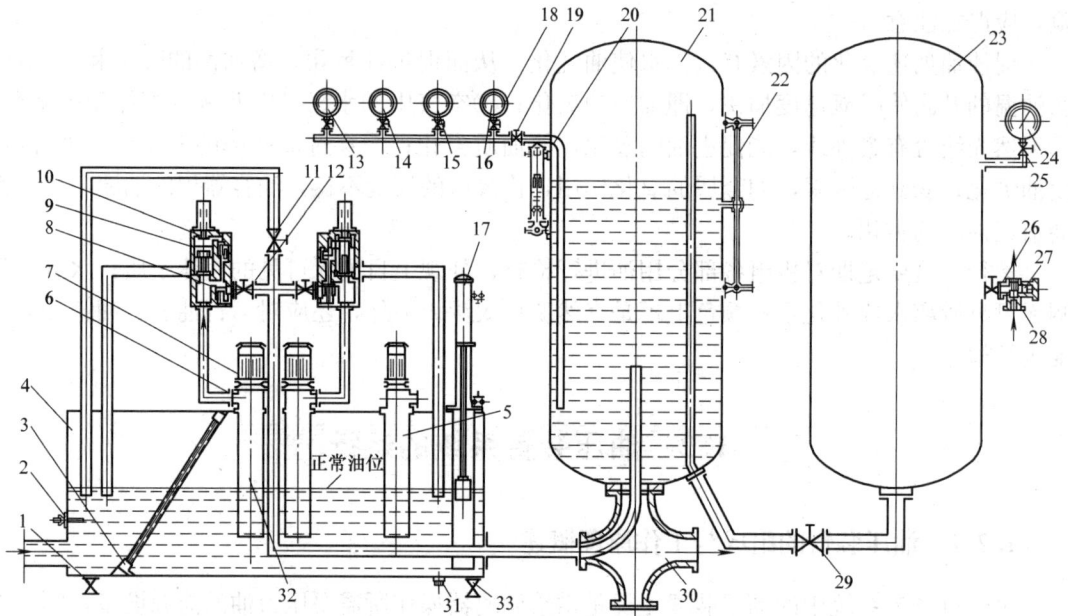

图 1-1　油压装置工作原理图

1、11、12、26、29、33—截止阀；2—温度计；3—滤网；4—集油槽；5、6—螺杆泵；7—电动机；8、28—止回阀；9—安全阀组；10—节流阀；13—紧急低油压信号器；14—油泵停止压力信号器；15—备用泵启动压力信号器；16—工作泵启动压力信号器；17—油位计；18、19、25—针形阀；20—油位信号器；21—压力油罐；22—油位计；23—贮气罐；24—压力表；27—排气阀；30—三通阀；31—螺塞；32—油泵吸油管

的稳定。

　　利用压缩空气有良好的蓄存和释放能量的特点，可大大减小用油过程中所引起的压力波动。罐中的空气由空气压缩机供给，为使空气干燥，备有专门的贮气罐（又称储气罐），并经截止阀送入。

　　油泵的作用是向压力油罐输送压力油，它装在回油箱顶板上。为保证供油的可靠性，需设置1台工作油泵、1台备用油泵，并定期相互切换。对大型机组，有的还设有第3台油泵，从而在机组发生事故而需要停机时，向事故配压阀供给压力油。

　　安全阀的作用是保证压力油罐内的油压不超过允许的最高压力，防止油泵与压力油罐过载；减载阀的作用是使油泵电动机能在低负荷时启动，并减小启动电流；止回阀的作用是防止压力油罐的压力油在油泵停止运行时倒流。

　　为了自动控制油泵的启、停和发出信号，压力油罐上有4个压力信号器或压力开关。

　　当压力油罐内的压力下降到正常工作压力的下限时，压力信号器16（见图1-1）发出信号，工作油泵自动启动，电动机7带动螺杆泵6运转，油由集油槽到油泵入口，再到油泵出口，经安全阀组9内减载阀的排油孔排回集油槽，使油泵电动机低负荷启动，减小启动电流，缩短启动时间。当油泵逐渐达到额定转速时，减载阀自动将其排泄孔逐渐关闭。油泵输送的压力油将止回阀8顶开，向压力油罐送油。当罐内压力上升到正常工作压力的上限时，压力信号器14发出信号，使工作油泵停止运行，止回阀自动关闭，阻止罐内的压力油倒流回集油槽。同时，减载阀自动打开排油孔，为下次启动做好准备。

如果压力信号器 14 遇到故障而不能切除油泵继续送油，则当罐内油压高于工作油压上限 2％以上时，安全阀组 9 中的安全阀自动打开，将油泵输送的压力油排回集油槽，防止油罐、管路和油泵过载而发生事故。如果由于工作油泵出现故障而不能按时启动，负荷大幅度波动而调速器操作大量用油，或调速系统跑油等原因，使罐内油压降低于工作油压下限的 6％～8％时，压力信号器 15 发出信号，启动备用油泵，向油罐送油，直到油压升至工作油压上限时，仍由压力信号器 14 发出信号使备用油泵停止。当油压继续降低至事故低压时，作用于紧急停机的压力信号器 13 应立即动作，停机后投入锁锭装置。

油位计用于指示集油槽内的油位，并发油位过低和过高信号。油位信号器 20 则用于监视压力油罐中的油位，也可发油位过低和过高信号。

某水电厂的 YZ-16/2-6.3 油压装置可向水轮发电机组的液压控制系统和控制元件提供具有一定流量和压力的液压能。该装置由压力油罐和集油槽两部分组成。压力油罐上装有空气安全阀、压力开关、油位计、自动补气装置、压力表等仪表阀门。在额定压力下，压力油罐内油气体积比例大约为 1：2。集油槽上装有电动机、螺杆泵、油位计、卸载阀、安全阀、检修阀门及空气滤清器等附件。其工作原理与上述 YZ 型油压装置的工作原理相同，但该装置用了插装阀和感压阀。压力开关、油泵安全阀和空气安全阀的整定值见表 1-1～表 1-3。

表 1-1　　　　　　　压力开关整定值

项　　目		整定值（MPa）	项　　目		整定值（MPa）
报警压力	高油压	≥6.4	备用油泵	启动压力	5.7～5.6
	事故低压			停止压力	6.3
工作油泵	启动压力	5.9～5.8	补气阀	补气压力	≤5.7
	停止压力	6.3		停气压力	6.3

表 1-2　　　　　　　油泵安全阀整定值

项　　目	整定值（MPa）	项　　目	整定值（MPa）
额定值	6.3	全开	≤7.3
开启	≥6.4～6.5	关闭	≥5.7

表 1-3　　　　　　　空气安全阀整定值

项　　目	整定值（MPa）	项　　目	整定值（MPa）
额定值	7.3	关闭	≥6.3
开启	>7.3～7.35		

当油压高于工作油压上限 2％以上时，安全阀应开始排油；油压高于工作油压上限的 16％以前，安全阀应全部开启，并使压力油箱中油压不再升高。当油压低于工作油压下限以前，安全阀应完全关闭。此时，安全阀的泄油量不大于油泵输油量的 1％。安全阀是插装阀的功能之一，它的压力整定一般通过插装阀控制盖板上的调压弹簧调整其先导阀的启闭值来实现。

压力油罐上装有空气安全阀，其作用是在油泵安全阀失灵的情况下，保证压力油罐内压力不超过其设计值，从而保证压力油罐及设备的安全。空气安全阀的动作值设定原则是：在油压达到压力油罐的设计压力前，空气安全阀应开始排气，并使压力油罐中压力释放；在油压低于工作油压上限以前，空气安全阀应完全关闭。

1.2.2　油压装置的盘面布置及自动化元件

如图 1-2 所示，油压装置盘面布置与现场的机旁盘一致。盘面上各元件的作用如下。

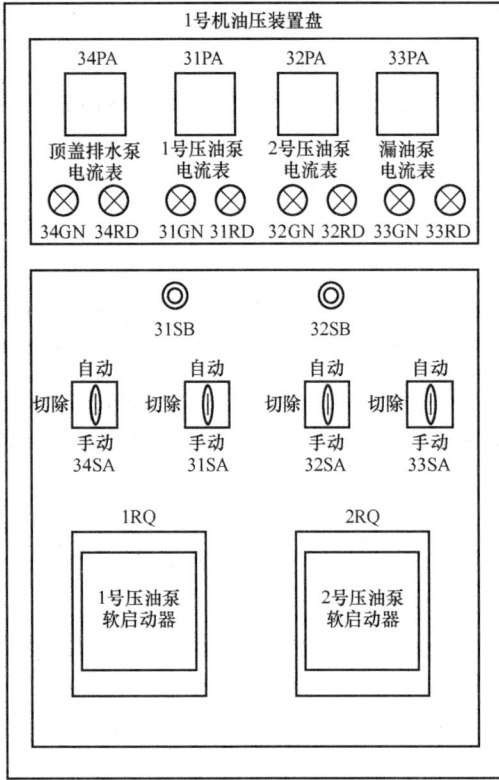

图 1-2　油压装置盘面布置图

31GN 为 1 号泵控制电源指示灯（当该泵控制回路有电时，此绿色指示灯亮），31RD 为 1 号泵运行指示灯（当该泵运行时，此红色指示灯亮），31PA 为 1 号压油泵电流表（泵软启动时可以通过电流的大小反映晶闸管导通角的大小），31SB 为 1 号压油泵急停按钮（需要时可用此按钮将运行中的压油泵停止），31SA 为 1 号压油泵的转换开关（有 3 个位置，分别为"自动"、"手动"和"切除"）。同理，32GN、32RD、32PA、32SB、32SA 分别为 2 号压油泵相应的元件。

油压装置系统主要的自动化元件是阀组。阀组是安全阀、减载阀、止回阀的统称，它装在螺杆泵压油室通往压力油罐的油管路上。图 1-3 所示为阀组的结构。阀组中阀体 1 的底法兰与油泵压油室相连。室 1 的法兰连于通向集油槽的管道，另一个法兰则与通向压力油罐的管道相连。

阀座、安全阀活塞、弹簧垫、弹簧、调节螺钉、锁紧螺母、保护套为安全阀的主要部件；通道、节流阀活塞、节流活塞、减载活塞、大弹簧为减载阀的主要部件；止回阀活塞、弹簧、止回阀座则为止回阀的主要部件。

油泵从启动至停转的工作过程中，各个阀的工作如下：

油泵启动前，阀组的各部分处于图 1-3 所示位置。在大弹簧 7 的作用下，减载阀活塞 8 处于最高位置。止回阀活塞 20 紧压在阀座 19 上，将压力油罐与油泵之间油路隔断。安全阀活塞 3 坐落在阀座 2 上，处于关闭位置。

当压力油罐内的压力下降时，油泵电动机启动，油泵向 A 室内输油。油通过阀体 1 两侧的减载排油孔 24 流回集油槽，其排油量可用节流螺钉 23 进行调节，使油泵电动机在低负荷启动。随着油泵转速的不断上升，油泵输油量逐渐增加，当输油量增加到使阀体 1 两侧的减载排油孔 24 来不及全排出时，阀组通流部分的油压开始上升。与此同时，压力油经管道 17 和节流阀活塞 15 流入减载阀活塞 8 的上腔，推动活塞 8 向下压缩大弹簧 7 并逐渐关小减载排油孔 24 的开度，排油阻力也随之逐渐增加，从而使阀组通流部分的压力继续升高。因此，减载阀活塞 8 上腔压力不断增加，推动活塞 8 继续下移，直至与支承 6 接触，减载排油孔全部关闭。此后，阀组内 A 室的压力将继续上升，当此压力超过压力油罐内的压力时，压力油推开止回阀活塞 20，油泵开始向压力油罐输出压力油。

由以上所述可知，电动机在启动过程中（转速由零升至额定转速），负载是逐渐增加的，

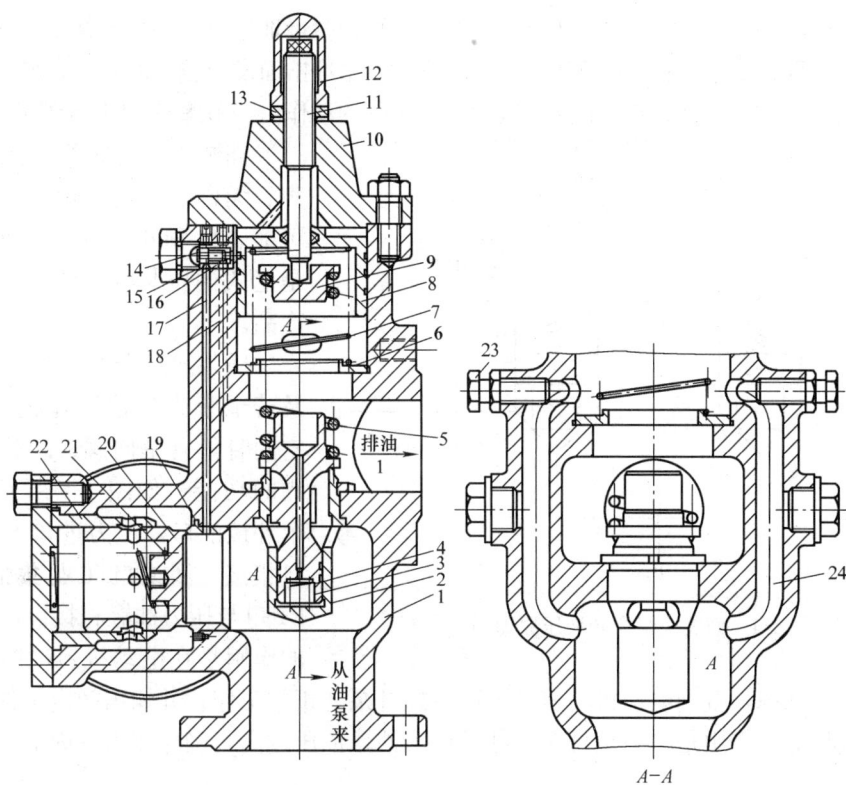

图 1-3　阀组结构图

1—阀体；2—阀座；3—安全阀活塞；4—小弹簧；5、7—大弹簧；6—支承；8—减载阀活塞；9、14、21—弹簧；10—阀盖；11—调节螺钉；12—保护套；13—锁紧螺母；15—节流阀活塞；16—节流活塞；17—通道；18—通流孔；19—止回阀座；20—止回阀活塞；22—阀套；23—节流螺钉；24—减压排油孔

这既有利于减小电动机启动电流，又有利于缩短启动时间（启动时间为 5～10s）。

当罐内压力达到工作油压上限时，压力信号器发出信号，并使油泵电动机停转而停止向罐内送油。这时，留在 A 室的压力油经过油泵螺杆和缸套间的间隙倒流回集油槽。A 室的油压很快下降，止回阀活塞 20 受到弹簧 21 和罐内油压的作用紧压在阀座 19 上，隔断了压力油罐到油泵的通路，防止压力油倒流。与此同时，减载阀活塞 8 在弹簧 7 的作用下上移，活塞 8 上腔的油因被推挤产生油压而把节流阀活塞 15 推向左侧；大通流孔 18 开启，活塞 8 上腔的油便经节流阀上的环形槽和通流孔 18 快速泄出到集油槽，减载阀活塞就可以快速上升到顶点。节流阀活塞因弹簧的推力恢复到原来位置，以便在很短时间内准备好油泵再次减载启动。

安全阀活塞 3 主要受两个力的作用：一是弹簧 5 向下的张力，二是因活塞 3 上阀盘的受压面积大于下阀盘而产生的向上的油压作用力。活塞 3 上阀盘紧压在阀座 2 上，关闭了通往集油槽的油路，并向油罐送油。当罐内的压力达到工作压力上限时，由于某种故障不能使油泵停转，因此罐内压力继续升高。当高出工作压力上限一定值时，作用在活塞 3 的油压力大于弹簧力，使其活塞 3 开始上移，油泵送来的压力油部分经安全阀从 I 室排入回油箱。如压力继续上升，则安全阀继续开大增加排油量，一直到油泵送来全部输油量经 I 室排掉，罐内压力才不再上升。当阀内通流部分的压力降低到一定值时，弹簧力大于油压力，安全阀活塞 3 下移而关闭，活塞 3 下面空腔内的油经活塞 3 节流中心孔较缓慢地排出，加之弹簧 4 的作用，使活塞下移过程起到了缓冲作用，避免活塞 3 和阀座 2 产生冲击面发出较大的响声，使安全阀缓慢地到全关位置。油泵又恢复向压力油罐送油，安全阀的动作由调节螺钉 11 进行整定。

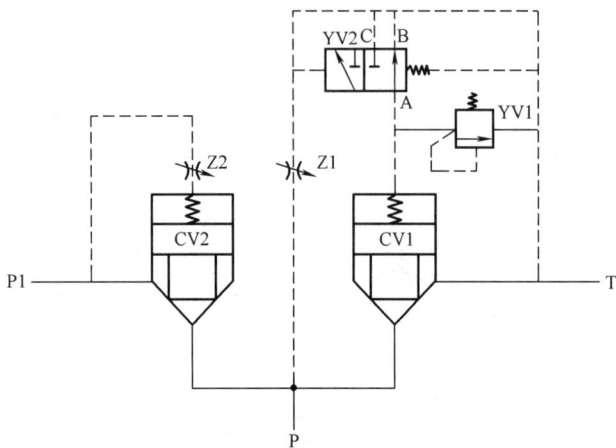

图 1-4　插装式组合阀液压原理图

插装式组合阀具有工作时无噪声、无剧烈振动、运行平稳、工作可靠、体积小、安装方便的特点，是老式油压装置系统中阀组的替代产品。

插装式组合阀由 2 个插装单元及若干个先导控制盖板组合而成。它同时具有单向阀、卸载阀和安全阀的功能。如图 1-4 所示，它有 3 个外接油口，压力进口 P 与油泵出口相接，回油口 T 与集油槽相接，P1 口与压力油罐相接。卸载阀功能的作用是在电动机启动时，能使螺杆泵处于卸荷状态，直到电动机转速稳定后，螺杆泵才正常工作，并输出额定工作压力与流量。安全阀功能的作用是防止螺杆泵过载及压力油罐油压过高，确保压力罐内油压不超过允许值。

插装式组合阀的工作原理是：当油泵启动时，由于压力油罐 P1 的作用，压力油罐的压力油作用于 CV2 控制油口，单向阀插件 CV2 处于关闭状态，卸载阀 YV2 在弹簧力作用下处于开启状态（YV2 右侧位为工作位），CV1 控制油口的油经 YV2 的 A 油口到 B 油口排回集油槽，油泵出口的油则经过 CV1 主油口回到集油槽。当 P 口压力上升到一定数值时，卸载阀 YV2 克服弹簧力而关闭（YV2 左侧位为工作位），泵出口的压力油经 YV2 的 C 油口到 A 油口进入 CV1 的控制腔，使 CV1 关闭；当油泵正常供油使 P 口压力达到额定值时，压力油克服单向阀 CV2 后的背压，使 CV2 开启，向压力油罐供油，这样就完成了油泵延时空载启动的要求，延时的时间可通过调整阻尼孔 Z1 来实现。当压力油罐上电触点压力表或中间继电器发生故障，且油压达到允许的上限值后，螺杆泵仍然运转，油压继续升高，此时，作用于先导控制阀 YV1 的推力大于调定压力，YV1 动作，使 CV1 的控制油排掉，并在 P 口压力作用下将 CV1 推开，油泵工作在自循环状态下，而压力油罐及螺杆泵都能保持在规定压力下工作。

某水电厂的油压装置为防止油泵频繁动作而造成电气控制的不可靠，增压油泵控制阀组中采用了感压阀，如图 1-5 所示。采用该阀后，将通过液压回路直接控制系统油压，当压力油罐的压力高于感压

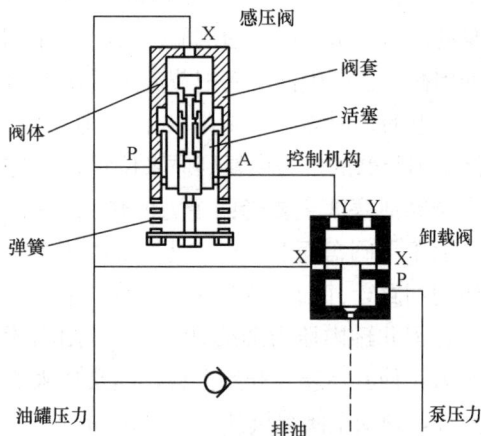

图 1-5　感压阀原理图

阀设定值时，感压阀控制插装卸载阀开启，将油泵的输出油液全部排回集油槽；压力油罐压力低于感压阀设定值时，感压阀控制卸载阀关闭，油泵向压力油罐打油，整个控制过程为全液压形式，不需电气参与，从而提高了系统的安全可靠性。通过液压回路直接控制系统油压，从而代替了不可靠的压力开关，不需任何电气控制即可自动调节调速系统油压。

压力继电器是将液压信号转换为电信号的一种转换元件。当系统压力达到压力继电器的调定压力时，压力继电器发出电信号控制电器元件，使油路换向、卸压，实现顺序动作或关闭电动机，从而起到安全保护作用。压力继电器有柱塞式、膜片式、弹簧管式和波纹管式4种结构形式。下面介绍常用的柱塞式压力继电器，如图1-6所示，它由两部分组成：一部分是压力—位移转换器，另一部分是电气微动开关。

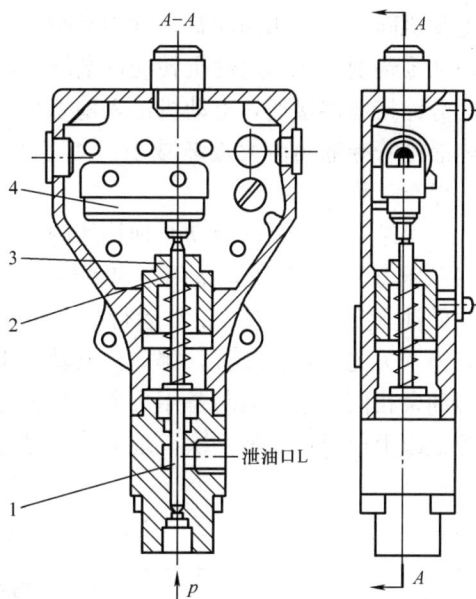

图 1-6　柱塞式压力继电器
1—柱塞；2—顶杆；3—调节螺母；4—微动开关

液压力为 p 的控制油液进入压力继电器，当系统压力达到其调定压力时，作用于柱塞1上的液压力克服弹簧力，顶杆2上移，使微动开关4的触头闭合，并发出相应的电信号。调节螺母3用来调节弹簧的预压缩量，从而改变压力继电器的调定压力。

1.2.3　油压装置的自动控制

油压装置的自动化，无论其具体结构如何，都应满足下列要求：

(1)机组在正常运行或在事故情况下，都应保证有足够的压力油来操作机组及主阀等设备，特别是在厂用电消失的情况下，应有一定的能源储备。

(2)油压装置应经常处于准备工作状态，且油压装置的自动控制是根据压力油罐的油压变化而自动进行的。

(3)机组操作过程中，油压装置的投入应自动地进行，无需运行人员参与。

(4)油压装置应设有油泵电动机组，当工作油泵发生故障或机组操作过程中大量耗用压力油时，备用油泵应能自动投入。

(5)当油压下降到事故低油压时，应能迫使机组事故停机。

(6)一定要保证油泵电动机组供电的可靠性，2台油泵电动机组应尽可能分别取自不同的电源。

油压装置的自动控制有自动补气和手动补气两种运行方式。自动补气控制比较复杂，且准确度不高，所以水电厂常采用手动补气的运行方式。油压装置的自动化主要是油泵的自动控制。油泵电动机传统的启动方式有自耦减压、Y/△减压、延时△减压及串电抗器减压(磁控式)，其共同点是控制线路简单，启动转矩不可调有二次冲击电流，对负载有冲击转矩。现在各水电厂的油泵电动机常采用软启动的运行方式。软启动的工作原理是在三相电源与电动机间串入三相晶闸管，利用晶闸管移相控制原理，启动时电动机端电压随晶闸管的导通角从零逐渐上升，电动机转速逐渐增大，直至达到满足启动转矩的要求而结束启动过程，此时旁路接触器接通，电动机进入稳态运行状态；停车时先切断旁路接触器，然后将软启动器内晶闸管导通角由大逐渐减小，使三相供电电压逐渐减小，电动机转速由大逐渐减小到零，停车过程完成。

下面结合压油泵软启动原理接线图（见图 1-7）说明油泵的自动控制过程。该系统工作泵启动压力为 3.6MPa，备用泵启动压力为 3.3MPa，工作泵及备用泵停止压力为 4.0MPa，事故低油压为 3.0MPa。正常运行时，转换开关 31SA 和 32SA 均放"自动"位，哪一台泵的转换开关先放自动位置，哪一台泵就是工作泵，而另一台泵就是备用泵，控制原理与快速闸门油泵相同。工作泵与备用泵要定期进行切换，一般是每 15 天由运行人员在油压装置的机旁盘或上位机上切换一次。现假定 1 号泵为工作泵，2 号泵为备用泵。

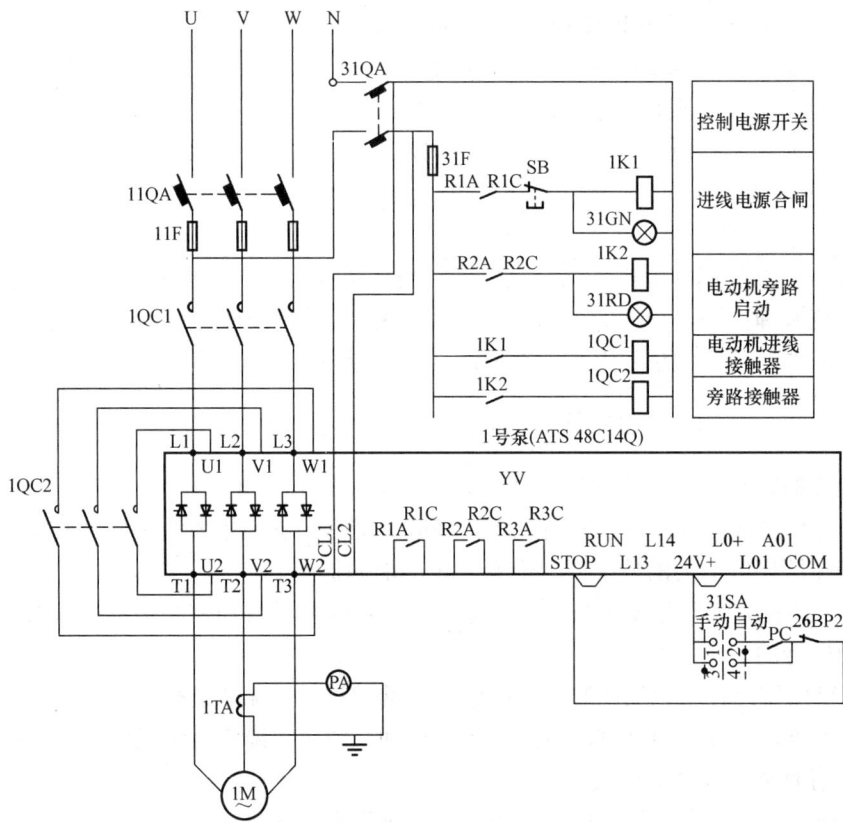

图 1-7 压油泵软启动控制原理接线图

当油压下降到 3.6MPa 时，此信号由压力传感器送入 PLC 内，则 PC 触点闭合，由于 1 号泵为工作泵，且其转换开关 31SA 在"自动"位置，因此其①②触点闭合，该信号触发晶闸管的导通角从零逐渐上升；另外，由于进线电源合闸，电动机进线接触器 1QC1 线圈励磁，其三相触头 1QC1 闭合，电动机进入启动过程中，电动机转速逐渐增大，当电动机满足启动转矩的要求时，R2A、R2C 触点闭合，油压装置盘上的油泵运行红灯 31RD 亮，同时

1K2 线圈励磁，其触点闭合使旁路接触器 1QC2 励磁，同时三相触头 1QC2 闭合，电动机则进入稳态运行状态。电动机进入稳定运行状态后，电流从旁路流过，这样可以避免电动机在运行中对电网形成谐波污染，同时延长晶闸管寿命。油泵启动后，压力油罐油压上升，当油压上升到工作泵及备用泵停止压力 4.0MPa 时，PC 触点断开，从而使 R2A、R2C 触点断开，则旁路接触器失磁，三相触头 1QC2 断开，然后软启动器内晶闸管导通角由大逐渐减小，使三相供电电压逐渐减小，电动机转速由大逐渐减小到零，停车过程完成，油泵运行红灯 31RD 灭。无论油泵停车还是处于运行状态，只要进线电源合闸，31GN 就亮，只有当需要紧急停止运行中的油泵，而按油泵急停按钮 SB 时，31GN 才会灭；同时，电动机进线接触器才会失磁，其三相触头 1QC1 断开，使油泵断电而停止工作。需要手动启动油泵时，可将其转换开关 31SA 切至"手动"位置，使其③④触点闭合，触发晶闸管的导通角而实现软启动；需要停止油泵时，则将其转换开关为 31SA 切至"切除"位置。

当用于停泵的压力传感器故障，压力油罐油压到 4.0MPa 而油泵却不能停止，直至油压升到 4.05MPa 时，发油压过高故障警报；如果油压继续上升到 4.10MPa，则将 26BP2 的 1、2 触点断开，使 R2A、R2C 触点断开，从而使油泵停止运行，而 4.10MPa 还没有到安全阀启动压力。

如图 1-8 所示，当漏油泵的转换开关切至"自动"位时，漏油泵的启动与停止由漏油槽内的浮子继电器自动控制。具体原理是：当漏油槽油位上升到上限值时，33SL1 的动合触点

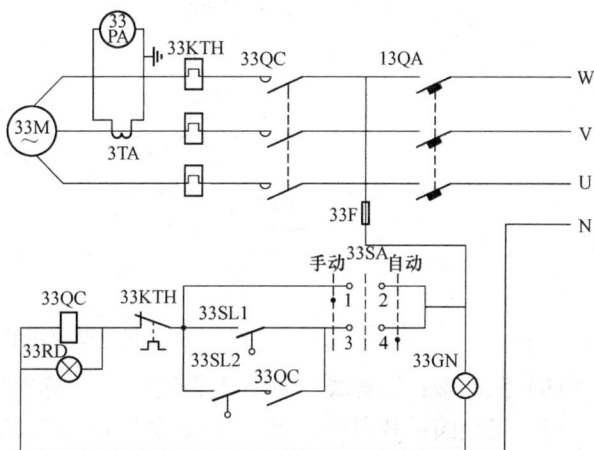

图 1-8　漏油泵控制原理接线图

闭合启动漏油泵，油泵启动后，漏油槽内的油流向集油槽，随着漏油槽油面的下降，33SL1 的动合触点就会断开，但油泵靠 33SL2 的动断触点和 33QC 自保持触点的闭合而继续运行，当漏油槽油面下降到油位下限时，33SL2 的动断触点断开，漏油泵停止运行。

1.2.4　油压装置的运行操作

某机组调速用油系统如图 1-9 所示。

对于采用手动补气运行方式的油压装置，其主要操作就是油面的调整。油面调整的目的是使压力油罐内的油压和油位达到正常值。某电厂油压装置的参数如下：

（1）油压过低：2.15～2.35MPa；油压正常：2.35～2.5MPa；油压过高：2.5～2.8MPa。

（2）油面过低：低于下警线 25%；油面过高超过上警线 85%。

（3）压力油罐：下警线 25%；上警线 85%；标准线 50%。

（4）压力油泵：工作油泵启动压力 2.35MPa；工作油泵停止压力 2.5MPa；备用油泵启动压力 2.15MPa；备用油泵停止压力 2.5MPa。

（5）集油槽：下警线 20%；上警线 90%；标准线 70%。

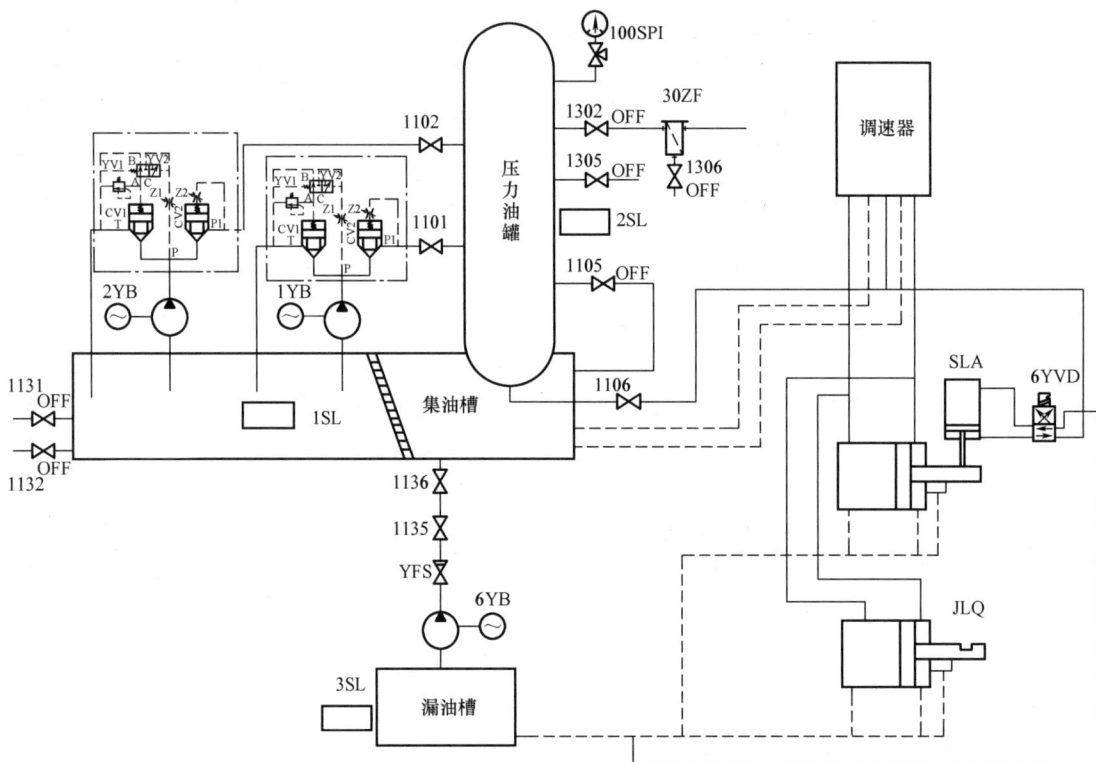

图 1-9 某机组调速用油系统示意

（6）漏油槽：下警线 34%；上警线 90%；标准线 84%。

（7）安全阀：开启压力 2.8MPa；关闭压力 2.55MPa。

按照上面的参数，针对油压装置的压力油罐可能出现的油压与油面不正常情况，将油面调整的操作归纳如下。

一、油面过低、油压过低

现象：油压在 2.15～2.35MPa 之间；油面低于下警线 25%；工作油泵在启动运行状态。

操作：将备用泵切手动，打油；压力达到 2.5MPa 时工作泵与备用泵均停止；若检查油面和油压均合格，则备用泵切回备用；若检查油面还低，则转入油面过低、油压正常的处理过程。

二、油面过低、油压正常

现象：油压为 2.35～2.5MPa；油面低于下警线 25%。

操作：打开排气阀门 1305，使油压降低，注意油压不能低于 2.35MPa（防止在油面调整的过程中接力器动作用油而不能保证正常的油压）；压力达到 2.36MPa 时关闭排气阀门 1305；将备用泵切手动，打油；压力达到 2.5MPa 时停止备用泵；若检查油面和油压均合格，则备用泵切回备用；若检查油面还低而油压正常，则重复上述过程。

三、油面过低、油压过高

现象：油压为 2.5～2.8MPa；油面低于下警线 25%。

操作：打开排气阀门 1305，使油压降低，注意油压不能低于 2.35MPa 压力达 2.36MPa

时关闭排气阀门 1305；将备用泵切手动，打油；压力达 2.5MPa 时停止备用泵；若检查油面和油压均合格，则备用泵切回备用；若检查油面还低而油压正常，则重复上述过程。

四、油面正常、油压过低

现象：油压为 2.15~2.35MPa；油面位于上、下警线之间 25%~85%；工作油泵在启动运行状态。

操作：打开进气阀门 1302，使油压合格；关闭进气阀门 1302。

五、油面正常、油压过高

现象：油压在 2.5~2.8MPa 之间；油面位于上、下警线之间 25%~85%。

操作：打开排气阀门 1305，使油压合格；关闭排气阀门 1305。

六、油面过高、油压过低

现象：油压为 2.15~2.35MPa；油面高于上警线 85%；工作油泵在启动运行状态。

操作：不能将工作油泵停止，首先需保证压力；打开进气阀门 1302；油压达到 2.5MPa 时关闭进气阀门，此时工作油泵已经停止；打开排油阀门 1105，监视油压不能让工作泵启动（油压不能低于 2.35MPa）；压力达到 2.36MPa 时关闭排油阀门 1105；检查油面和油压；若检查油面还是过高而油压正常，则转入油面过高，油压正常处理过程。

七、油面过高、油压正常

现象：油压为 2.35~2.5MPa；油面高于上警线 85%。

操作：打开排油阀门 1105，监视油压不能让工作泵启动（油压不能低于 2.35MPa）；压力达到 2.36MPa 时关闭排油阀门 1105；检查油面和油压；若检查油面还是过高，而油压正常，则打开进气阀门 1302，使油压达到 2.5MPa，并关闭进气阀门 1302。重复上述步骤，打开排油阀门 1105，监视油压不能让工作泵启动（油压不能低于 2.35MPa）；压力达到 2.36MPa 时关闭排油阀门 1105。

八、油面过高、油压过高

现象：油压为 2.5~2.8MPa；油面高于上警线 85%。

操作：打开排油阀门 1105，监视油压不能让工作泵启动（油压不能低于 2.35MPa）；压力达到 2.36MPa 时关闭排油阀门 1105；检查油面和油压；若检查油面还是过高而油压正常，则打开进气阀门 1302，使油压达到 2.5MPa，并关闭进气阀门 1302。重复上述步骤，打开排油阀门 1105，监视油压不能让工作泵启动（油压不能低于 2.35MPa）；压力达到 2.36MPa 时关闭排油阀门 1105。

九、集油槽油面过高或过低

油面过高：打开排油阀门 1119 至油面合格，关闭排油阀门 1119；油面过低：打开进油阀门 1116 至油面合格，关闭进油阀门 1116。

1.2.5 油压装置的巡回检查与常见故障的处理

油压装置的巡回检查应根据各个厂的实际设备情况制定出详细的检查部位和方法，并在规程中给出油压装置参数及整定值。以下为通用的油压装置巡回检查项目：

(1) 油压装置油压、油位正常，油质合格，油温在允许范围内（10~50℃）。

(2) 各管路、阀门、油位计无漏油及漏气现象，各阀门位置正确。

（3）油泵运转正常，无异常震动、无过热现象。

（4）油泵应至少有 1 台在"自动"，1 台在"备用"；对于自动轮换启动油泵的运行方式，则 2 台油泵均应在"自动"。

（5）自动补气装置完好，失灵时应及时手动补气。

（6）漏油箱油位正常，油泵运行正常。

油压装置常见的故障有压力油罐油压下降、集油槽油面过低故障、集油槽油面过高故障、漏油槽油面过高故障和压力油罐油压过低事故。当发生以上油压装置故障时，上位机操作员站会有语音报警，报警台会出现相应的光字牌，在以下分析各类故障时这些共性的故障现象就不再说明（以 2.5MPa 系统为例）。

发生压力油罐油压下降故障时，压力油罐压力在 2.15MPa 以下；如果工作泵在空转，就是插装阀中卸载阀 YV2 卡在开启位置，一直处于卸压状态，当油压下降到工作泵启动压力时，工作泵虽然启动，但没有向压力油罐打油，油压继续下降而使备用泵启动。如果工作泵在停、备用泵在转，则是由于工作泵无电或电动机电源开关放切造成的。工作泵无电可能的原因有：①电动机与油泵轴不同心，启动时别劲使电动机启动电流过大，造成电动机过负荷引起过电流 KTH 动作或一次熔断器 F 烧断；②熔断器 F 接触不良或烧断而造成电动机二相启动，从而引起过电流保护 KTH 动作或熔断器 F 熔断一相；③控制回路无电或二次熔断器 F 烧断；④电源电压过低，使电动机启动电流过大，使 KTH 动作。如果是工作泵在转，备用泵也在转，则可能的原因有：①电力系统振荡或调整系统失灵，引起调速器不稳，频繁动作开关导叶，使压力油罐油压急剧下降，工作泵正常运行也不能维持正常油压而降至备用泵启动压力；②某种原因导致油管跑油而造成压力下降至备用泵启动压力。故障处理方法是：如果是属于工作泵故障而引起的，应切换 2 台泵转换开关，将备用泵变成工作泵，原工作泵切除，并作检修处理。若工作油泵在正常运转，而油压仍在继续下降，则可将调速器切手动运行，若油压下降较快，应考虑停机并关主阀。若压力油罐油面很高，应检查排风阀是否闭严及是否有跑油之处。如有则应设法处理，并进行油面调整。由于系统振荡或调速器失灵而引起的油压下降故障，可用开度限制控制导叶开度变化，或调速器切手动运行，待油压正常后，复归备用泵和掉牌；处理完故障后，应将油泵恢复至正常运行状态（且做好切换记录），并复位报警台故障信号。

发生集油槽油面过低故障时，集油槽液位计低于 20%，而上位机操作员站液位棒型图画面集油槽油面下降至报警线（20%）以下。可能原因是集油槽漏油或因压力油罐漏风、油泵启动不停等引起的压力油罐油面过高，而造成集油槽油面过低。如果是油槽漏油引起的故障，则应设法堵塞漏油处，处理完毕后，添加新油至规定油面，复归集油槽油面过低故障信号；如果是油泵启动不停等引起的压力油罐油面过高，而造成集油槽油面过低，则设法停止油泵，再查明油泵不停的原因，处理后调整压力油罐油面即可，最后复归集油槽油面过低故障信号。

发生集油槽油面过高故障时，集油槽液位计高于 90%；上位机操作员站液位棒型图画面，集油槽油面上升至报警线（90%）以上。故障原因是，由于压力油罐供风阀未关严等引起压力油罐油面过低造成集油槽油面过高。压力油罐油面过低引起的集油槽油面过高，查明原因后关闭供风源，并调整压力油罐油面至规定范围（20%～90%），复归集油槽油面过高故障信号。

发生漏油槽油面过高故障时，检查漏油槽液位计 3PL 油面高于报警值 90%；漏油泵在运转或停止。上位机操作员站液位棒型图画面液位棒型图上漏油槽油面上升至报警线（90%）以上。可能的故障原因有：①漏油泵失去电源；②有人误将漏油泵 SA 放错位置，从而使油泵不能正常启动；③漏油泵进口止回阀不严或油泵轴承盘根密封不严而漏油，造成油泵启动抽空，不能打油而引起故障；④电动机与油泵轴不同心，启动时别劲，使过流保护动作或电源熔丝烧断，油泵不能正常运行；⑤电动机内部故障造成过流保护动作；⑥漏油系统漏油量突然增大，使漏油泵排油量小于漏油量造成油面过高。如果是油泵失去电源，设法查明原因恢复供电，启动油泵排油，油面正常后，复归漏油槽油面升高故障信号。如果误将 SA 放错位置，则应立即将 SA 切自动，启动泵排油，正常后复归故障信号。

1.2.6 油压装置的检修、恢复措施及各种试验

下面以图 1-7 和图 1-9 所示系统为例说明压力油罐充压试验。试验前应具备的条件是主阀未开、接力器大修措施已恢复、1106 阀关闭和高压气系统正常。

一、压力油罐充压试验操作票

（1）检查压油装置各油阀位置正确。

（2）检查压油装置各气阀位置正确。

（3）1 号压油泵切换把手 31SA 切至"切除"位置。

（4）2 号压油泵切换把手 32SA 切至"切除"位置。

（5）装上 1 号压油泵熔断器 11F 3 只。

（6）装上 2 号压油泵熔断器 12F 3 只。

（7）检查动力电源电压表指示正常。

（8）合上 1 号压油泵动力电源 11QA。

（9）合上 2 号压油泵动力电源 12QA。

（10）检查漏油装置系统工作正常。

（11）压油泵切换把手 31SA（或 32SA）切至"手动"位置。

（12）检查油泵 1YB（或 2YB）启动，向压力油罐打油至油位达到液位计可见位置油面合格。

（13）1 号压油泵切换把手 31SA（或 32SA）切至"切除"位置。

（14）打开高压气充气阀 1302，向压力油罐充气至额定油压的 10% 左右。

（15）关闭高压气充气阀 1302，检查阀块及油管路所有连接处是否有漏油、漏气现象。

（16）打开高压气充气阀 1302，继续向压力油罐充气至压力油箱压力升至额定值的 50% 左右，随时检查油、气管路及各部位无渗漏。

（17）关闭高压气充气阀 1302。

（18）压油泵切换把手 31SA（或 32SA）切至"手动"位置。

（19）检查油泵 1YB（或 2YB）启动，向压力油罐打油，注意油位不应超过正常油位。

（20）1 号压油泵切换把手 31SA（或 32SA）切至"切除"位置。

（21）油压逐渐升至额定油压的 80%、90%、100%，在每一压力值保持 30min。

（22）以上如无任何异常现象，即可投入使用。

二、1 号机压油装置检修措施操作票

（1）关闭主阀。

（2）打开蜗壳排水阀 1263，检查蜗壳水压为零。

（3）1 号压油泵切换把手 31SA 切至"切除"位置。

（4）2 号压油泵切换把手 32SA 切至"切除"位置。

（5）1 号压油泵电源空气开关 11QA 拉开，检查在开位。

（6）2 号压油泵电源空气开关 12QA 拉开，检查在开位。

（7）取下 1 号压油泵熔断器 11F 3 只。

（8）取下 2 号压油泵熔断器 12F 3 只。

（9）关闭漏油泵出口阀 1135。

（10）关闭漏油泵出口阀 1136。

（11）关闭 1 号压油泵出口阀 1101。

（12）关闭 2 号压油泵出口阀 1102。

（13）打开排风阀 1305。

（14）检查压力油罐 100SPI 压力为零。

（15）打开排油阀 1105。

（16）检查压力油罐液位 2SL 为零。此时应注意集油槽液位 1SL 不得过高。

（17）打开集油槽排油阀 1132，排油。

（18）检查集油槽液位 1SL 为零。

注意：必须漏油装置检修措施已做完。

三、1 号机压油装置检修恢复措施操作票

（1）关闭压力油罐排风阀 1305。

（2）关闭压力油罐排油阀 1105。

（3）关闭集油槽排油阀 1119。

（4）装上 1 号压油泵熔断器 11F 3 只。

（5）装上 2 号压油泵熔断器 12F 3 只。

（6）合上 1 号压油泵电源空气开关 11QA，检查在合位。

（7）合上 2 号压油泵电源空气开关 12QA，检查在合位。

（8）打开集油槽给油阀 1131，集油槽充油至合格位。

（9）打开 1 号压油泵出口阀 1101。

（10）打开 2 号压油泵出口阀 1102。

（11）启动压油泵，监视、调整压油槽油压、油面。

（12）检查压力油罐液位 2SL 合格。

（13）检查压力油罐压力 100SPI 合格。

（14）检查集油槽液位 1SL 合格。

（15）关闭集油槽给油阀 1132。

（16）1 号压油泵切换把手 31SA 切"自动"位置。

（17）2 号压油泵切换把手 32SA 切"自动"位置。

（18）关闭蜗壳排水阀 1263。

1.3 高压油顶起装置系统的运行

1.3.1 高压油顶起装置系统的组成与工作原理概述

高压油顶起装置的作用是当机组启动和停机前，在推力瓦和镜板之间强行建立油膜，防止摩擦或半干摩擦，降低启动摩擦系数，确保机组在启、停过程中推力轴承的安全性与可靠性。大型、巨型水电机组在停机时推力轴承油膜已被破坏，低转速运行区域其推力轴承的油膜很难保证，特别是抽水蓄能机组的双向运行，楔形油膜的建立更是一个难题，有了高压油顶起装置，可以使机组的最大启动扭矩在启动瞬间推迟到转动过程中，减少研瓦与烧瓦事故。

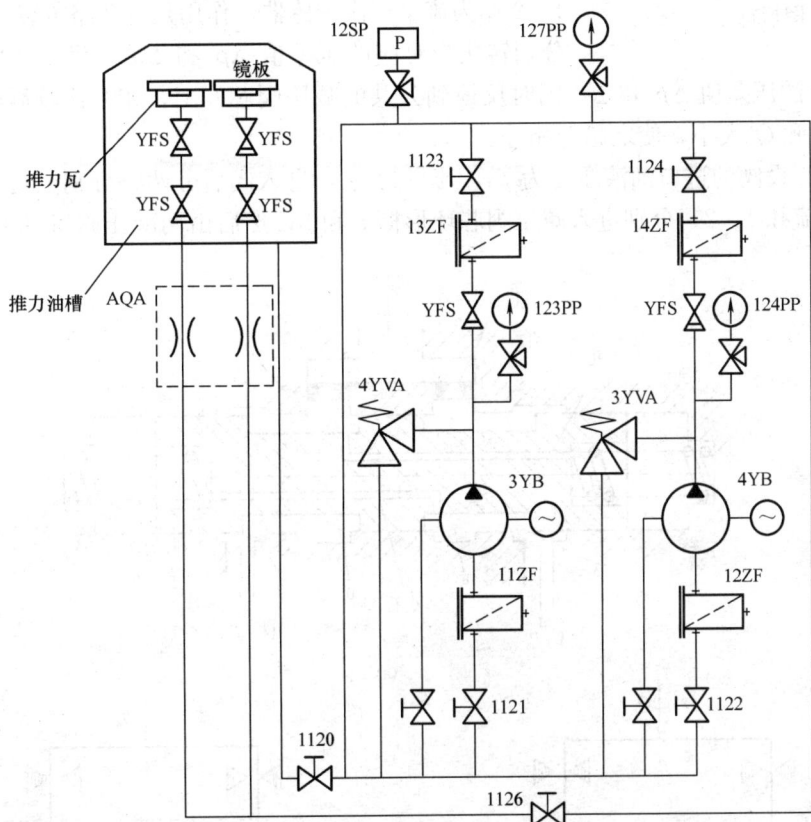

图 1-10 高压油顶起装置系统图

高压油顶起装置系统（见图 1-10）主要由推力瓦、止回阀 YFS、分流阀 AQA、油的粗滤过器 ZF、油的精滤过器 ZF、油泵电动机组 YB、安全阀 YVA、压力表 PP、压力信号器 SP 及与各元件相联的油的管路、推力油槽等组成。

机组启动前，3YB 高压油泵启动，推力油槽内的油经 1120 阀→1121 阀→11ZF→3YB→YFS→13ZF→1123 阀→1126 阀→分流阀→各推力瓦瓦面的油室→各瓦油室压力均相等→油压继续上升→升高到某一数值时，承载最轻的一块瓦首先被顶开，形成油膜，同时由于分流阀的作用，改变节流口的大小，使第二、第三及其余各块瓦陆续被顶开，各推力瓦与镜板之间几乎同时顶开一个小缝隙，从而迅速建立起工作油膜。

1.3.2 高压油顶起装置系统的自动控制

高压油顶起装置系统中的主要自动化元件是分流阀。分流阀的作用是使液压系统中由同

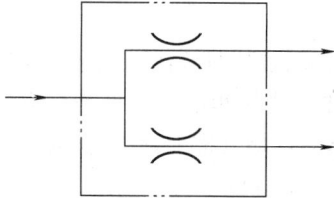

图 1-11 分流阀
图形符号

一个油源向两个以上执行元件供应相同的流量（等量分流），或按一定比例向两个执行元件供应流量（比例分流），以实现两个执行元件的速度保持同步或定比关系，其图形符号如图 1-11 所示。

图 1-12 (a) 所示为等量分流阀的结构原理。该阀采用"流量—压差—力"负反馈，用两个面积相等的固定节流孔 1、2 作为流量一次传感器，作用是将两路负载流量 Q_1、Q_2 分别转化为对应的压差值 Δp_1 和 Δp_2。代表两路负载流量 Q_1 和 Q_2 大小的压差值 Δp_1 和 Δp_2 同时反馈到公共的减压阀芯 6 上，相互比较后驱动减压阀芯来调节 Q_1 和 Q_2 大小，使之趋于相等。

工作时，设阀的进口油液压力为 p_0，流量为 Q_0，进入阀后分两路分别通过两个面积相等的固定节流孔 1、2，分别进入减压阀芯环形槽 a 和 b，然后由两减压阀口（可变节流口）

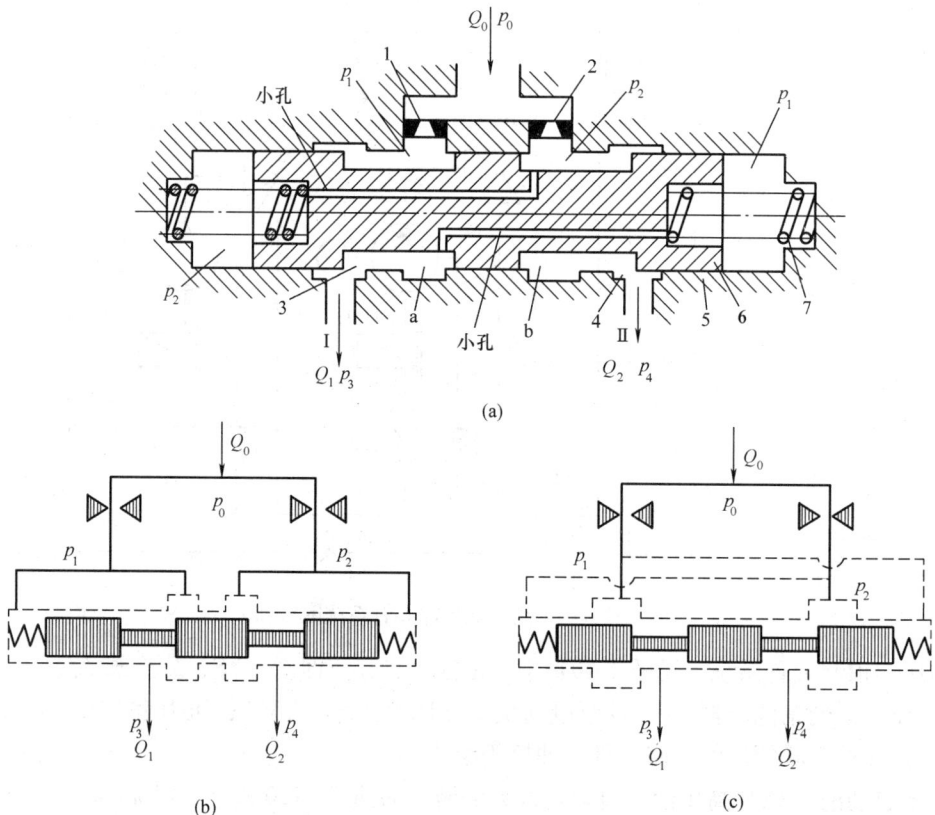

图 1-12 分流阀的工作原理

(a) 分流阀的结构原理；(b) 节流边设计在内侧的分流阀；(c) 节流边设计在外侧的分流阀

1、2—固定节流孔；3、4—减压阀的可变节流口；5—阀体；6—减压阀芯；7—弹簧

3、4 经出油口Ⅰ和Ⅱ通往两个执行元件，两执行元件的负载流量分别为 Q_1、Q_2，负载压力分别为 p_3、p_4。如果两执行元件的负载相等，则分流阀的出口压力 $p_3=p_4$，因为阀中两支流道的尺寸完全对称，所以输出流量亦对称，$Q_1=Q_2=Q_0/2$，且 $p_1=p_2$。当由于负载不对称而出现 $p_3\neq p_4$，且设 $p_3>p_4$ 时，Q_1 必定小于 Q_2，导致固定节流孔 1、2 的压差 $\Delta p_1<\Delta p_2$，$p_1>p_2$，此压差反馈至减压阀芯 6 的两端后使阀芯在不对称液压力的作用下左移，使可变节流口 3 增大，节流口 4 减小，从而使 Q_1 增大，Q_2 减小，直到 $Q_1\approx Q_2$ 为止，阀芯才在一个新的平衡位置上稳定下来，即输往两个执行元件的流量相等；当两执行元件尺寸完全相同时，运动速度将同步。

根据节流边及反馈测压面的不同布置，分流阀有图 1-12（b）、图 1-12（c）所示的两种结构。

1 号高压油泵电动机操作回路如图 1-13 所示。

高压油顶起装置的控制比较简单，其控制回路（见图 1-14）是机组开停机回路的一部分，高压油泵的启动与停止都由 40K 来控制，而 40K 励磁的条件是主阀全开（2SBV5 闭合），开机继电器励磁（21K 闭合）和机组的转

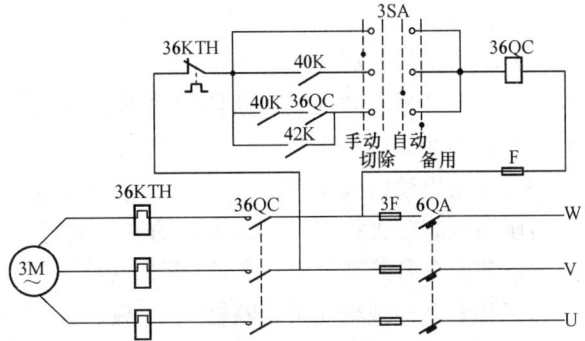

图 1-13　1 号高压油泵电动机操作回路图

速在额定转速的 80% 以下。如果 40K 励磁了但供油管路的油压小于 5MPa，会通过时间继电器启动备用泵同时发故障信号。40K 失磁的条件是机组转速在额定转速的 80% 以上，或是供油管路的油压大于 5MPa。

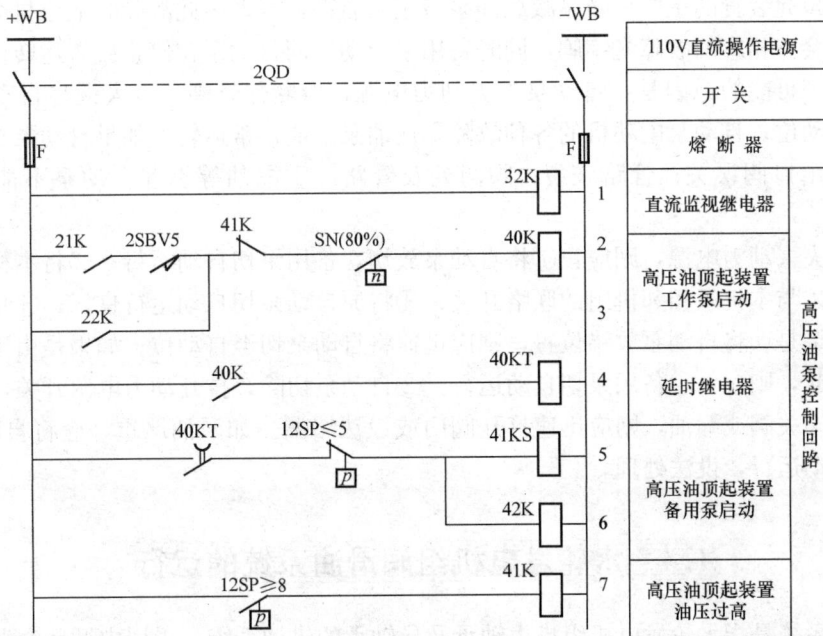

图 1-14　高压油泵控制回路图

1.3.3 高压油顶起装置系统的操作与常见故障的处理

有高压油顶起装置的机组在手动开、停机时要手动启动与停止高压油泵，其操作是手动开、停机的一部分。高压油顶起装置需要检修时就要对减载油泵系统做措施，其检修措施操作票汇如下（参见图 1-10 和图 1-13）：

(1) 1 号减载油泵切换把手 3SA 切至"切除"位置。

(2) 2 号减载油泵切换把手 4SA 切至"切除"位置。

(3) 拉开 1 号减载油泵电源空气开关 6QA，检查在开位。

(4) 拉开 2 号减载油泵电源空气开关 7QA，检查在开位。

(5) 取下 1 号减载油泵熔断器 3F 3 只。

(6) 取下 2 号减载油泵熔断器 4F 3 只。

(7) 关闭取油口阀 1120。

(8) 关闭出油口阀 1126。

高压油顶起装置检修工作结束后的恢复措施操作票如下：

(1) 装上 1 号减载油泵熔断器 3F 3 只。

(2) 装上 2 号减载油泵熔断器 4F 3 只。

(3) 合上 1 号减载油泵电源空气开关 6QA，检查在合位。

(4) 合上 2 号减载油泵电源空气开关 7QA，检查在合位。

(5) 1 号减载油泵切换把手 3SA 切至"切除"位置。

(6) 2 号减载油泵切换把手 4SA 切至"备用"位置。

(7) 打开取油口阀 1120。

(8) 打开出油口阀 1126。

高压油顶起装置的主要故障是减载油泵备用泵启动，当发生此故障时上位机会有语音报警，报警台会有相应的故障光字牌，同时备用泵启动，而自动泵在停止或者运转。如果自动泵在停止，则可能的原因是：自动泵失去动力电源，熔断器烧断；有人误将自动泵放错位置，不在自动位；自动泵电动机的各种故障，使油泵不能正常运转。如果自动泵在运转则可能是油泵进出口阀误关；管路破裂；阀门处及管路严重漏油等引起自动泵不能打至额定压力。

如果是失去动力电源，则应：①将自动泵放切，备用泵切自动运行；②将本机动力电源拉开；③投入与本机组相邻机组的联络开关；④将原自动泵切自动运行良好；⑤将原备用泵放备用。如果是误将自动泵放错位置，则应迅速将自动泵切至自动位；如果是由于电动机的各种故障引起，则应：①备用泵切自动运行；②自动泵切除，拉开动力电源开关，检修故障泵。如果是误关阀或漏油，则应迅速打开阀门或设法堵漏。如漏油严重，应将自动泵放切，备用泵切自动运行，设法处理。

1.4 水轮发电机组润滑油系统的运行

润滑油系统是指水轮发电机组推力轴承及导轴承的供油系统。采用内循环润滑冷却的机组，冷却水应在开机时获得；运行中冷却水中断时，应立即投入备用水源。为保证推力轴承和导轴承润滑良好，油槽油位不能过高或过低，故装设液位信号器，分别监视上、下导油槽油位。为保证油槽冷却器冷却水不中断，在冷却水出口装设示流信号器，在冷却水中断时及时发出故障信号，在机组开机时打开冷却水电磁液压阀，在停机时将冷却水关闭，以节省用水。内循环润滑冷却的机组用油系统图较为简单，在此不再列出。

外循环冷却的机组必须在开机前获得润滑油，润滑油中断时应自动投入备用油源。外循环润滑冷却（强油循环）的发电机轴承，油压应按制造厂的规定执行。油泵应有备用的交流电源，以提高轴承运行的可靠性。图 1-15 所示的外循环润滑冷却导轴承油系统图中，由机组开机继电器投入油泵 36YB，油经 36YB、单向阀 2YFS、截止阀 4128、油滤过器 141ZF、截止阀 4129，分别送到上导轴承和下导轴承。如果油滤过器 141ZF 故障，则油会经安全阀 2YVA 送到各轴承。机组转速达到额定转速的 90% 时，油泵 36YB 退出，机组各轴承所需要的润滑油由主轴上的齿轮油泵供给。机组正常运行时，供油油压或油流降低时间持续 2s 便发导轴承油流中断警报，供油油压或油流降低时间持续 5s 便作用于事故停机。

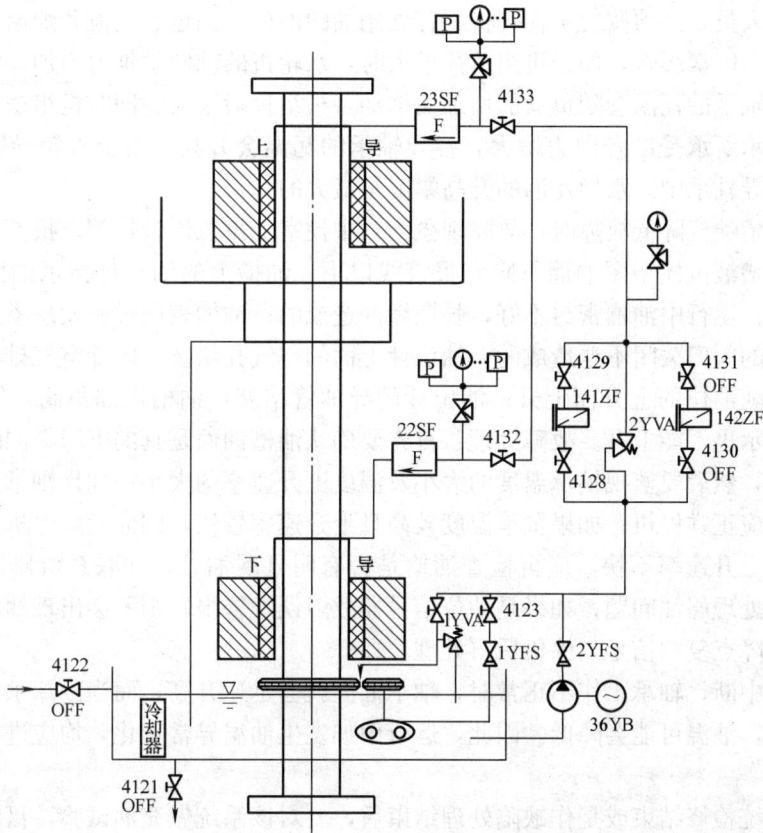

图 1-15　外循环润滑冷却导轴承油系统图

发电机应根据制造厂的规定与实际运行经验，确定各部轴瓦报警和停机的温度值，报警时应迅速查明原因并消除。发电机各轴承油槽的运行油面和静止油面位置应按制造厂要求分别标出。推力轴承油槽绝缘，未充油前用 100V 绝缘电阻表测量时，其绝缘电阻不低于 1.0MΩ，充油后，绝缘电阻不得低于 0.3MΩ。推力轴承和导轴承为浸油式的油槽油温允许最低值，应按制造厂规定执行。制造厂无规定的不能低于 10℃；强迫外循环润滑油油温不能低于15℃，否则应设法加温。立式机组在停机期间，可隔一定时间（新机不超过24h，运转3个月以后性能良好的机组不超过72h，运转1年以后性能良好的机组不超过240h）空载转动一次，或用油泵将机组转子顶起一次。当停机超过上述规定时间或油槽排油检修时，在机组启动前，必须用油泵将转子顶起，使推力轴瓦镜板间进油。推力轴承为巴氏合金轴瓦的机组，运行中冷却水不得中断。装有高压油顶起装置的发电机推力轴承，应安装2台高压油泵，其装置配有2套可靠的工作电源。

采用弹性金属塑料瓦的推力轴承，由于这种材料耐热性能好，一般规定其推力油槽内热油温度不超过50℃，机组正常运行时推力瓦瓦体温度不超过55℃，报警值和停机值分别比正常运行温度高出10～15℃和15～20℃，不应再设置高压油顶起装置。允许停机30天内无需顶转子，而直接启动开机，允许机组转速在额定转速的10%以下进行制动。弹性金属塑料瓦在油槽冷却器漏水量不超过总油量5%的情况下，仍可允许短时运行，但运行时间不得超过4h。

运行值班人员，必须按规定检查机组各处用油的油位、油色、油流和油温是否正常。机组的瓦温受诸多因素影响，如当机组负荷增大时，水轮机的轴向水推力增加，致使推力负荷增加，则推力轴承的瓦温会随负荷的增加而增加，机组负荷增大的同时机组摆度会增大，这会造成各导轴承所承受的径向力增大，各导轴承的瓦温会升高。由于水轮导轴承处摆度最大，因此在各导轴承中，水导瓦温的升高幅度是最大的。

当发生油槽油位降低故障时，故障现象为：中控室上位机语音报警，报警台相应的故障光字牌亮，油槽液位棒型图油面下降到报警线以下，油槽上的油位计指示油面在报警线以下。故障分析：运行中油槽密封不好，长期渗油造成的；油槽表面没有发现渗油处，可能是油槽排油系统的阀门关闭不严造成的；油位计上面的空气孔堵塞，内部空气排不出去，使油位计的指示不随油位的上升而上升；油位计的导油管堵塞，油槽内油虽高，但导油管不通油，油位计指示也不能上升。故障处理：首先要确认油槽油面是真的下降，同时会出现油温过高故障信号，然后要监视轴承温度的大小及温度上升速率的大小；如果轴承温度较高且上升速率不快，应正常停机；如果轴承温度较高且上升速率较快，则应紧急停机；如果轴承温度不是很高且上升速率不快，应再检查油槽是否有明显漏油处，并联系检修添油至油面合格，停机后再处理漏油问题；如果是油位信号器故障误发警报，则不会出现油温过高故障信号，可断开故障点复归信号，停机后再处理。

当冷却水中断、轴承工作不正常时，轴承油温就会迅速升高；而当冷却水量过大或冷却水渗入油中时，油温可能会降低。因此，运行中如发生油温异常变化，均应进行全面的检查和处理。

润滑油系统检修结束或是作缺陷处理结束后，要对该系统做充油试验，目的是检查润滑油系统的管路是否有漏油处，阀门状态是否符合系统要求，并检查油面、油流和油压是否符合运行规程的规定。

导轴承充油试验操作票（见图1-15）如下：

（1）导轴承油泵36YB选择把手36SA由"切除"位置切至"手动"位置。

（2）检查导轴承总油压合格。

（3）检查上导轴承油压合格。

（4）检查各管路及阀门无漏油。

（5）检查导轴承油流继电器工作正常。

（6）导轴承油泵 36YB 选择把手 36SA 由"手动"位置切至"投入"位置。

（7）检查导轴承油压为零。

对于有 2 台油泵（36YB、37YB）的润滑油系统，导轴承充油试验操作票如下：

（1）导轴承油泵 36YB 选择把手 36SA 由"切除"位置切至"手动"位置。

（2）检查导轴承总油压合格。

（3）检查上导轴承油压合格。

（4）检查各管路及阀门无漏油。

（5）检查导轴承油流继电器工作正常。

（6）导轴承油泵 36YB 选择把手 36SA 由"手动"位置切至"投入"位置。

（7）导轴承油泵 37YB 选择把手 37SA 由"切除"位置切至"手动"位置。

（8）检查导轴承总油压合格。

（9）检查上导轴承油压合格。

（10）检查导轴承油流继电器工作正常。

（11）导轴承油泵 37YB 选择把手 37SA 由"手动"位置切至"投入"位置。

（12）检查导轴承油压为零。

② 水 系 统 的 运 行

2.1 技术供水系统的运行

2.1.1 水电厂技术供水系统的供水对象及供水系统图

水电厂的供水包括技术供水、消防供水及生活供水。技术供水又称生产供水，主要作用是对运行设备进行冷却，有时也用来进行润滑（如水轮机橡胶瓦导轴承）及水压操作（如高水头电厂主阀）。

技术供水对象主要有轴承冷却器、橡胶瓦水导轴承、发电机空气冷却器、主轴密封、水冷式空气压缩机、水冷式变压器和水压操作设备等。

技术供水系统的供水方式有：

（1）水泵供水（包括射流泵供水），分单元供水、分组供水和集中供水3种供水方式。

（2）自流供水（包括自流减压方式），分单元自流供水和集中自流供水2种方式。

（3）水泵和自流混合供水方式。

（4）水泵加中间水池的供水方式。

（5）自流加中间水池的供水方式。

（6）顶盖取水供水方式。

当水电厂工作水头为15～80m时，宜采用自流供水方式；工作水头小于15m时，宜采用水泵供水方式；工作水头为70～120m时，宜采用自流减压或射流泵以及顶盖取水的供水方式。减压阀（装置）应具有随着背压波动而浮动压力的特性。水电厂工作水头大于100m时，选用供水方式前应进行技术经济比较，宜优先考虑水泵供水、射流泵供水或水轮机顶盖取水供水方式。水电厂工作水头变化范围较大，单一的供水方式不能满足水压力和水量的要求或不经济时，宜采用水泵和自流、自流和自流减压等2种方式结合的供水方案。

有下列情况之一的，经过技术经济论证，应采用中间水池的供水方式：

（1）水库水位变化较大，不易得到稳定的供水压力。

（2）水源水量不稳定。

（3）水中含沙量过大，需进行沉沙处理（沉沙池兼作中间水池）。

（4）向水冷变压器提供安全、稳定水压。

（5）设置小水轮机作能量回收减压后，需对流量进行调节。

（6）水轮机主轴密封和橡胶轴承润滑水水质不能满足要求需要配置水池时。

（7）顶盖取水流量不稳定。

（8）设有消防水池可兼作中间水池的。

机组运行时，轴承处产生的机械摩擦损失以热能形式聚积在轴承中。由于轴承是浸在透平油中的，因此油温高将影响轴承寿命及机组安全，并加速油的劣化。所以，应将油加以冷却并带走热量。轴承油的冷却方式有2种：一种是内部冷却，即将冷却器浸在油槽内；另一种是外部冷却，即将润滑油用油泵抽到外面的专用油槽内，再利用冷却器进行冷却。无论哪种方式，都要通过冷却器的冷却水将热量带走。冷却水中断时不要求立即停机，只需发故障信号，以通知运行人员进行处理。为了节约用水，冷却水在开机运转时才投入，其投入和切除由机组总冷却水电磁配压阀控制，轴承冷却水不单独设操作阀。一般规定冷却器进口水温不超过 30℃，同时不低于 4℃，进口水压不超过 0.2MPa，这即保证冷却器黄铜管外不凝结水珠，也避免沿管长方向温度变化太大而造成裂缝。

有的水轮机导轴承采用橡胶轴瓦，需要用清洁水来润滑。此外，深井泵的导轴承也是橡胶轴瓦，同样需要清洁水润滑。采用水润滑的橡胶轴承时，即使润滑水短时间中断，也会引起轴瓦温度急剧升高，导致轴承的损坏，因此需要立即投入备用润滑水，并发出相应的信号。如果备用润滑水电磁配压阀启动后仍无水流，则经过一定时间后应作用于事故停机。

发电机运行时将产生电磁损失及机械损失，这些损耗转化为热量，影响发电机出力，甚至发生事故，因此需要及时加以冷却将热量散发出去。除小型发电机可采用开敞式或管道式通风外，大中型发电机普遍采用密闭式通风，如图 2-1 所示。发电机周围封闭着一定体积的空气，利用发电机转子上装设的风扇（有的不带风扇，利用轮辐的风扇作用），强迫空气通过转子绕组，并经定子的通风沟排出。吸收了热量的热空气再经设置在发电机定子外围的空气冷却器，将热量传给冷却器中的冷却水并带走，然后冷空气又重新进入发电机内循环工作。一般规定经过空气冷却器后的冷风温度不超过 40℃，同时不低于 10℃，因为如果温度太高，会影响发电机允许出力提高的数值，太低会使空气中的水分在冷却器处凝结成小水珠，影响发电机的绝缘；热风温度不高于 60℃；空气冷却器进口水温不超过 30℃，不低于4℃；出水温差在 2～4℃。空气冷却器的进口水压随其型号的不同而略有差异，一般不超过0.2MPa，这个数值的通过调节冷却器进口的总调节阀和各分调节阀来实现的，要特别注意，不得使进水压力高于其允许值，以防止冷却器过压破裂，导致发电机绝缘降低。当冷却介质为水时称为水内冷方式，如三峡水电厂机组冷却方式为半水内冷系统，经过处理的循环冷却水

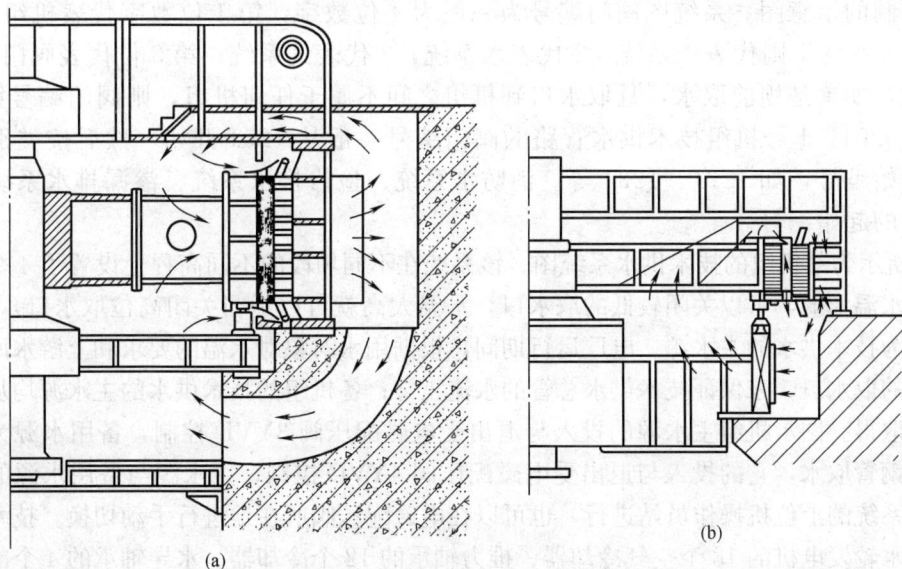

图 2-1　水轮发电机的冷却系统图

(a) 径向通风；(b) 轴向通风

直接通入定子绕组的空心导线内部和铁芯中的冷却水管，将运行时内部铜铁损所产生热量带走。采用水内冷却方式时，由于对冷却水的水质、水压、流量有严格要求，因此需单独设置供水系统。短时间的冷却水中断可能导致发电机温度急剧上升，因而对供水可靠性的要求严格得多。一般有主、备水源，可互相切换，冷却水中断超过一定时限后要作用于事故停机。

水轮机主轴密封用水对水质要求较高，一般采用洁净水，水压范围为 $0.05 \sim 0.2\text{MPa}$。水压太低，则密封效果不好；若水压太高，将会导致密封体磨损增大，时间长了会使密封效果变差。

水轮发电机空气冷却器实物如图 2-2 所示。

内部水冷式变压器，其冷却器装在变压器的绝缘油箱内。外部水冷式（即强迫油循环水冷式）是利用油泵将变压器油箱内的油送至特殊的、浸入冷却水中的油冷却器进行冷却。这种方式提高了散热能力，使变压器尺寸缩小，便于布置。为防止冷却水进入变压器油中，应使冷却器中的油压大于水压 $70 \sim 150\text{kPa}$。

图 2-2　水轮发电机空气冷却器实物

空气被压缩时将产生大量的热。为降低气温、提高效率、防止气缸内活塞产生积炭及润滑油分解，通常在气缸体及气缸盖周围包以水套，其中通入冷却水以带走热量。在两级或多级压缩时，空气经第一级压缩后，要用中间冷却器进行冷却，然后再进入第二级气缸进行第二次压缩。水冷式空气机的冷却水压或大于 0.2MPa，但不能超过 0.3MPa。

水头较高的电厂，有的用高压水来操作主阀及其他液压阀，这样可以节省油压设备或使油系统简化（应注意工作部件的防锈防蚀问题）。此外，射流泵的工作也是靠技术供水来传递能量的。

系统图是将主机与辅机或辅机与辅机之间的关系及其连接管路和自动化元件，用规定的符号绘制的示意图。系统图阀门编号为一般为 4 位数字，第 1 位数字代表机组号；第 2 位数字如果为 1 则代表油系统，2 代表水系统，3 代表气系统；第 3 位代表阀门号。对于水系统，如果是坝前取水，且取水口到机组之间不属于任何机组，则阀门编号第 1 位为 0，如 0201。1 号机组技术供水管路的阀门编号一般从 1201 开始，然后按类别选用不同的起始编号，如 1221、1231 等。消防水系统、检修排水系统、渗漏排水系统都会选用不同的起始编号。

图 2-3 所示为某机组的技术供水系统图。该系统在不同坝段的不同高程上设置了 4 个取水口（如果水温太低，可以关闭较低的取水口，水温太高就可以适当关闭高位取水口），使坝前取水作为技术供水的主水源。电厂运行期间，根据用水对象对水温的要求和上游水库水位投入不同的取水口，来保证技术供水总管的水流正常；各机组的技术供水的主水源均从技术供水总管取得。图示机组主水源的投入与退出受电磁配压阀 3YVD 控制，备用水源为本机组的压力钢管取水，它的投入与退出受电磁配压阀 4YVD 控制；主水源与备用水源的切换可在监控系统的上位机操作员站进行，也可以在电磁配压阀所在地进行手动切换。技术供水的对象为水轮发电机的 18 个空气冷却器、推力轴承的 12 个冷却器、水导轴承的 4 个冷却器和水轮机的主轴密封。以上各技术供水对象的主水源均取自技术供水总管，并受 3YVD 的控制，水轮机主轴密封的备用水源来自生活供水，并受 6YVD 的控制；其他供水对象的备

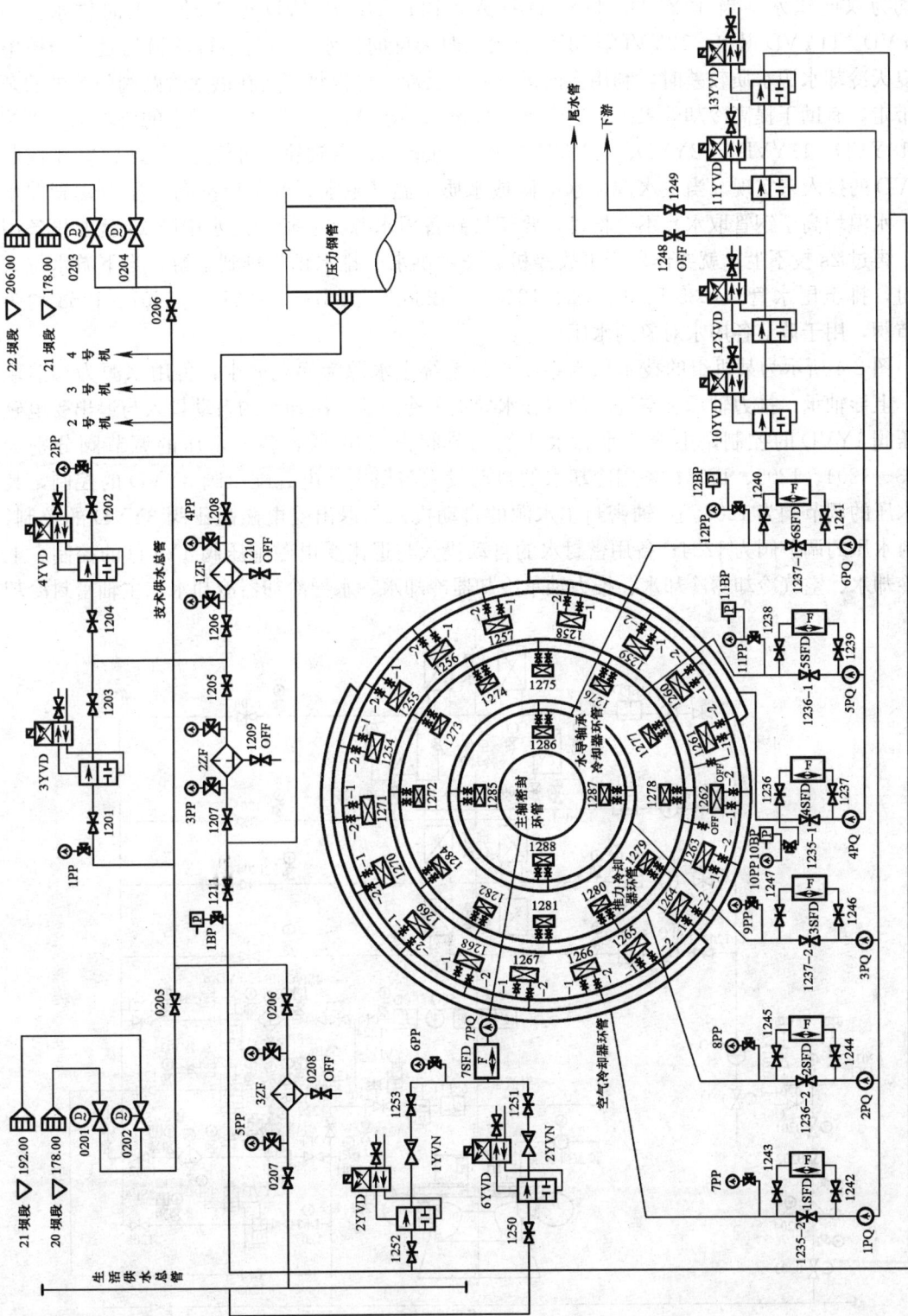

图 2-3 某机组技术供水系统图（主水源为坝前取水）

用水源来自本机组的压力钢管，并受 4YVD 的控制。除主轴密封外，各技术供水的供水对象均为双向供水，当 10YVD、11YVD 投入，12YVD、13YVD 退出时为正向供水；当 10YVD、11YVD 退出，12YVD、13YVD 投入时为反向供水。换向运行的目的是，当该电厂夏天冷却水源水质较差时，利用换向运行实现反冲，可以将堵塞在供水管路阀门等处的杂物带走，有助于提高冷却效果。机组启动时投技术供水就是按正、反向供水的要求来分别控制 10YVD、11YVD、12YVD、13YVD 的投入与退出；主轴密封水的投入要靠单独控制 2YVD 的投入来实现。当主水源供水故障或水质水温（主水源取水口都高于压力钢管取水口，水温均高于钢管取水）不合格时，要切换到备用水源。主轴密封水中断 2s 就要投备用水，再过 2s 投不上，就要作用于事故停机。技术供水的排水正常排到下游，当下游水位太高时，排至尾水管。1235-1、1235-2、1236-1、1236-2、1237-1、1237-2、1251、1253 均为调节阀，用于调节各用水对象的水压。

图 2-4 所示为某机组的技术供水系统。该系统主水源为蜗壳取水，备用水源为坝前取水。上导轴承、推力轴承、空气冷却器和水导轴承冷却器主冷却水的自动投入与退出受电磁配压阀 1YVD 的控制，主冷却水总水压的调节阀为 1202 阀，各分水压的调节阀分别为 1203、1204、1205、1206；备用冷却水的自动投入与退出受电磁配压阀 2YVD 的控制，其总水压的调节阀为 1208。主轴密封主水源的自动投入与退出受电磁配压阀 3YVD 的控制，密封水压的调节阀为 1224；备用密封水的自动投入与退出受电磁配压阀 4YVD 的控制。上导冷却水、空气冷却器冷却水、推力轴承冷却器冷却水、水导冷却器冷却水、主轴密封冷却

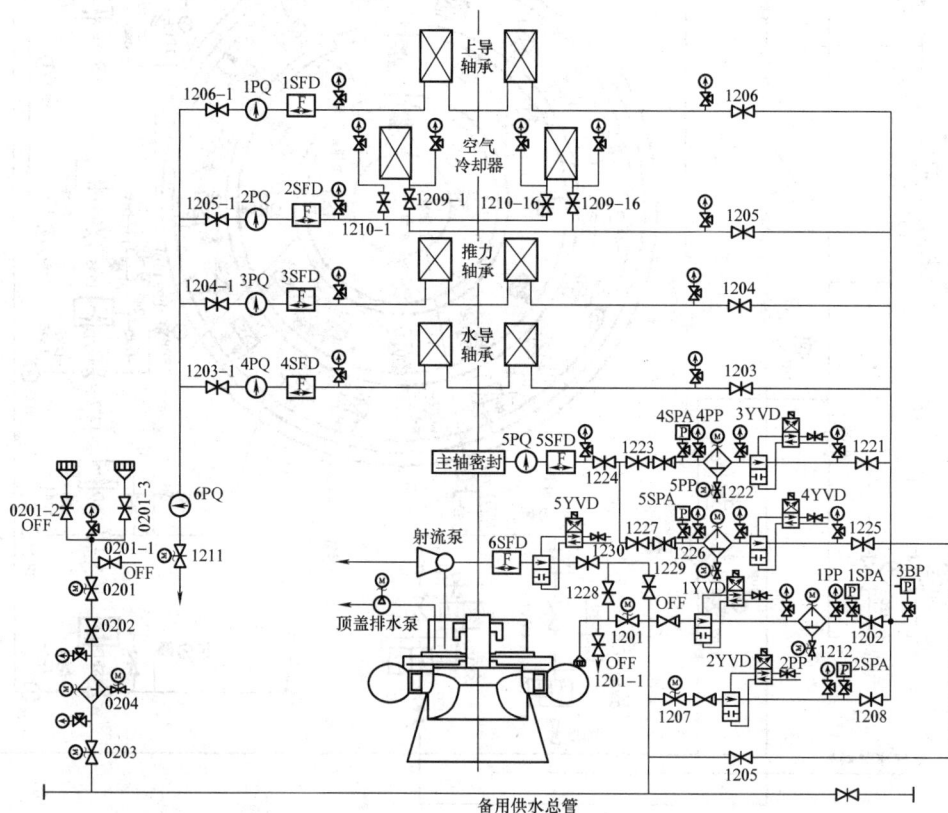

图 2-4 某水电厂技术供水系统图（主水源为本机组压力钢管取水）

水中断信号分别由 1SFD、2SFD、3SFD、4SFD、5SFD 示流信号器发出，并由机组控制回路自动投入相应的备用水。1201-1 阀下面接的是低压气管，当取水口堵塞时，将 1228 阀和 1201 阀关闭，将 1201-1 阀打开，用气吹扫取水口的冰及杂物。当水轮机顶盖水位升高到一定数值时，5YVD 自动启动，技术供水主水源的水经 1228 阀、1230 阀、5YVD、6SFD 进入射流泵并抽吸顶盖的水到下游。在技术供水系统的机组总排水管末端，一般不设阀门，以防误关闭而造成事故。但该电厂的尾水位较高，检修时为防止尾水倒灌，所以必须设置，机组投入运行前该阀门已调节到需要的开度，并有防止误操作的措施。

水电厂技术供水系统中，各用水设备对水量、水压、水质、水温均有一定的要求，其总原则是水量足够、水压合适、水质良好、水温适宜。水压的调整由总水压调节阀与分水压调节阀配合调整，直至各冷却器的水压合格为止。机组运行中若需要改变调节阀的开度，应先将阀门开度关小一些，确认压力表计工作正常后，再将调节阀开大一定开度，直到水压满足要求为止。调节阀先关后开的原则是防止压力表计损坏时避免水压过高而损坏冷却器。

2.1.2 滤水器的自动控制

技术供水系统的用水设备对水量、水压、水温及水质均有要求，为此，常在机组主供水管路上应装设滤水器。当采用旋转式滤水器时，可装设 1 个；当过水量大于 $1000 \mathrm{m}^3 / \mathrm{h}$ 时，为使滤水器尺寸不致过大，宜装设 2 个。当采用固定式滤水器时，宜装设 2 个。滤水器应装设冲污排水管路。对大容量机组，多泥沙水电厂滤水器的冲污水应排至下游尾水。中型水电厂往下游排污有困难，且滤水器的排污水量不大时，可排至集水井。

现以 DKX-1 型全自动清污滤水器为例来说明其工作原理。

如图 2-5 所示，滤水器电动机控制回路与排污控制回路均为由其自身电动机引过来的交流回路，交流控制回路是否有电分别由 2PL、4PL 电源信号灯来监视。滤水器电气控制箱最上部的两个绿灯分别为 2PL 和 4PL，当冲洗主开关置于"0"时，2PL 灯灭；同理，当排污主开关置于"0"时，4PL 灯灭。滤水器电动机启动就意味着在进行冲洗工作，排污阀开启就意味着在进行排污工作。

冲洗电动机的启动方式有 3 种：第 1 种方式是滤水器前后的差压达到了启动数值，回路 4 的 1SP1 触点闭合；第 2 种方式是手动按下滤水器电气控制箱上的手动冲洗按钮，回路 5 的 1SB 触点闭合；第 3 种方式是满足

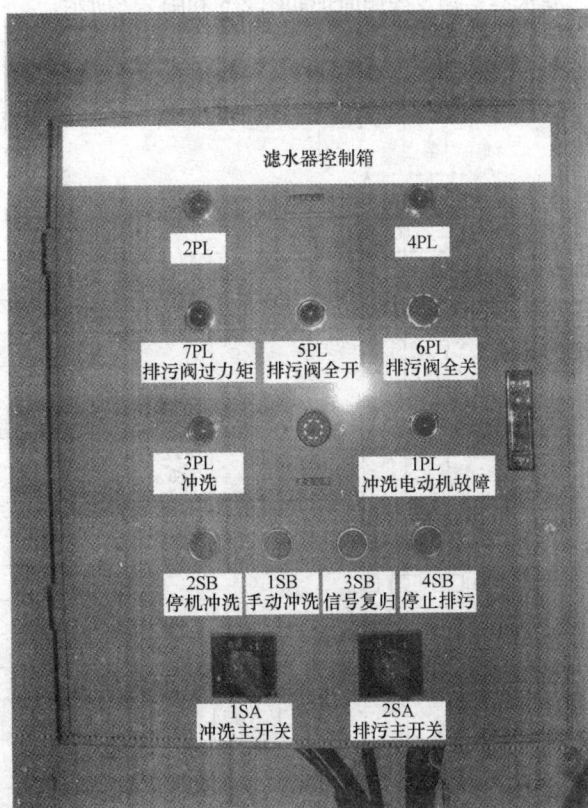

图 2-5 DKX-1 型全自动清污滤水器电气控制箱

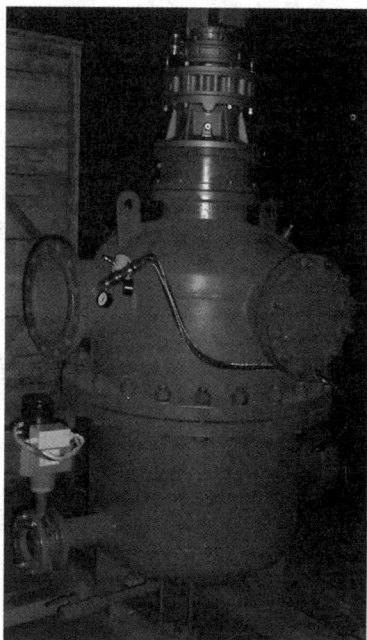

图 2-6　滤水器实物

差压正常，滤水器电动机没有启动过，定时时间到 3 个条件后，回路 6 的 2KT 延时闭合的动合触点闭合。结果是 PC 继电器励磁记录冲洗次数；1QC 励磁，其触点闭合，启动冲洗电动机，同时回路 13 的触点使冲洗运行灯 3PL 亮；1K 励磁，回路 7 的接点闭合自保持，回路 15 的触点闭合，2QC 励磁，启动排污电动机正转，将排污阀打开到全开位置，则通过开向行程限位开关 3PS 和 2PS，使排污阀全开灯 5PL 绿灯亮；1KT、3KT 励磁记录冲洗时间。冲洗时间到，回路 7 的 1KT 延时开启的动断触点打开，复归冲洗电动机启动回路各继电器和回路 15 的 2QC，则回路 18 的 1K 和 2QC 的动断触点使 3QC 励磁，排污电动机反向转动将排污阀关闭，并通过关向行程限位开关使排污阀全关，灯 6PL 亮。如果冲洗时间到，但滤水器前后差压还是大于启动数值，则 1SP1 的触点一直闭合，冲洗电动机一直处于启动状态。到了 3KT 的记录时间，回路 11 的 3KT 延时闭合的动合触点闭合，通过 2K 发差压过高报警，通过 PBU 发冲洗过时报警。信号复归按钮 3SB 只能复归冲洗过时报警，按下 2SB 停止冲洗按钮可复归冲洗电动机和差压过高报警。

滤水器实物及操作原理如图 2-6 和图 2-7 所示。

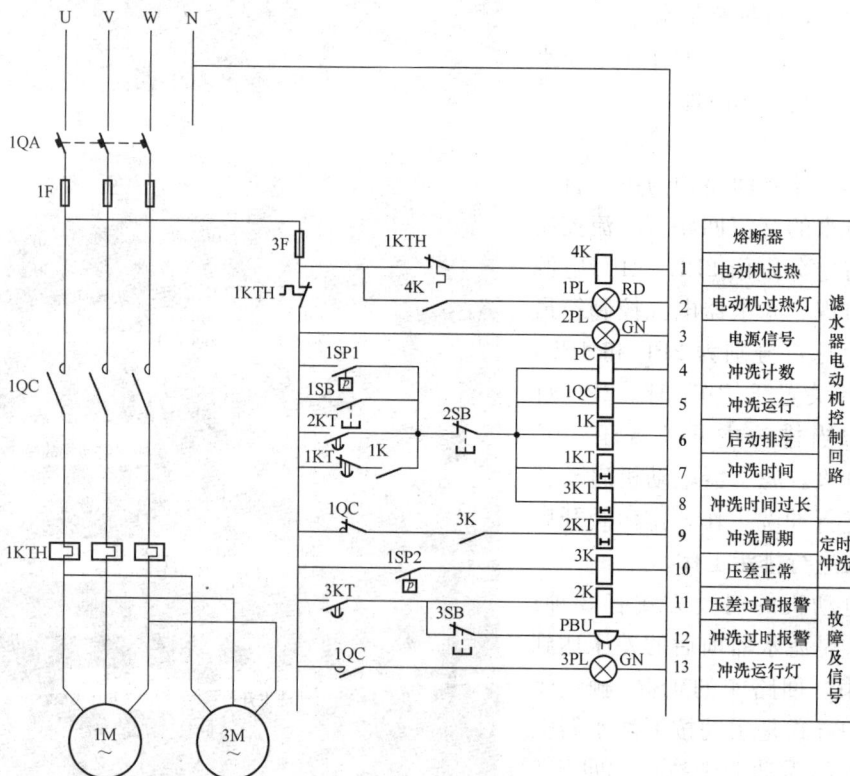

图 2-7　滤水器操作原理图（一）

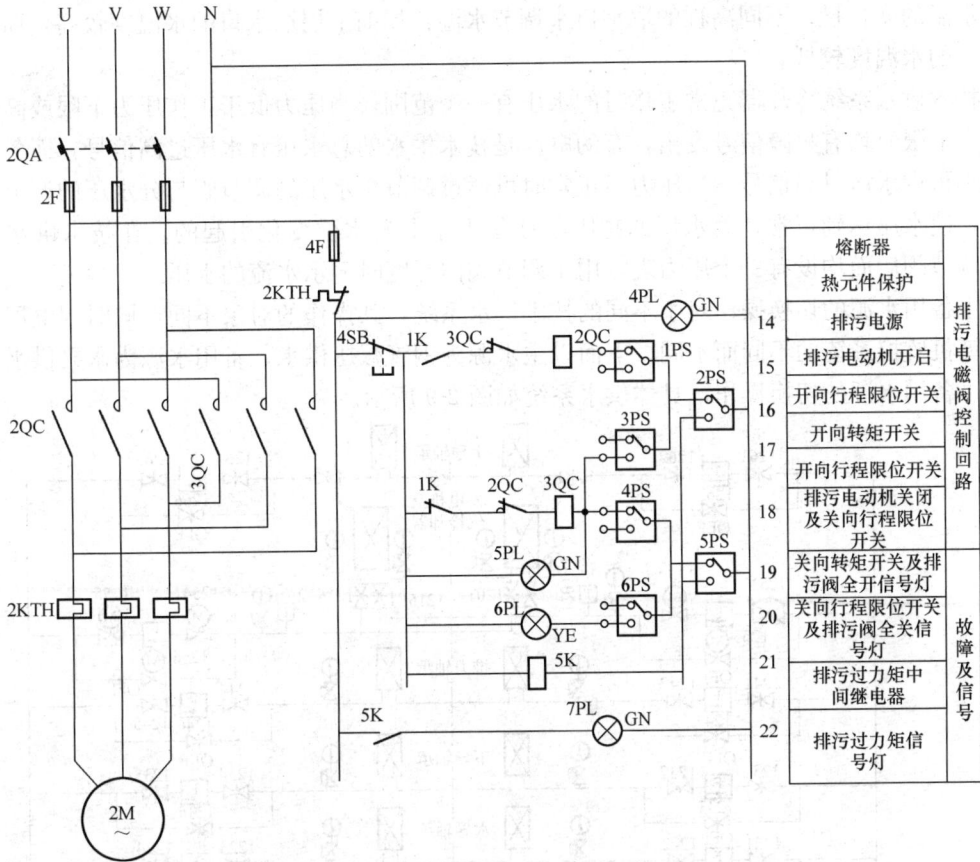

图 2-8 滤水器操作原理图（二）

熔断器	排污电磁阀控制回路
热元件保护	
排污电源	
排污电动机开启	
开向行程限位开关	
开向转矩开关	
开向行程限位开关	
排污电动机关闭及关向行程限位开关	
关向转矩开关及排污阀全开信号灯	故障及信号
关向行程限位开关及排污阀全关信号灯	
排污过力矩中间继电器	
排污过力矩信号灯	

2.1.3 技术供水系统的运行方式与操作

机组正常工作期间，开机与停机过程中的技术供水都是自动投入与退出的，一般通过接入控制系统的电磁配压阀和水力电控开关阀来实现，这些阀门只有开、关两种状态。当主水源由于故障中断时，控制系统会根据示流信号器发出的信号自动投入备用水源，并向上位机报警台发相应的光字信号和语音信号。各油润滑的轴承冷却器和发电机空气冷却器冷却水的是由同一个电磁配压阀来控制的，而备用冷却水源也相同，并且当备用水源投不上时也不会作用于停机。因为当水流中断后，轴承的瓦温并不会快速上升，而是运行一段时间后才会随油温的上升而上升。而橡胶瓦的导轴承的润滑水和主轴密封的密封水则由单独的电磁阀控制，并有单独的备用水源，当备用水源投不上时会作用于事故停机。橡胶瓦导轴承的润滑水中断，瓦温会很快上升并引起烧瓦事故，而密封水中断则压力水会从主轴和顶盖之间上溢，破坏油润滑的导轴承的正常工作。上述电磁配压阀和水力电控开关阀都有在监控系统中的远方操作及在现地的手动操作2种方式。

正反向供水的技术供水系统应根据瓦温、水压、水质、总冷却水量等情况进行定期切换；正反向供水阀门只能在全开或全关位置工作。

技术供水系统的用水对象对水温有一定的要求。坝前取水作为主水源的系统会根据不同季节水温的变化投入不同高程的取水口来调节水温：坝前上层取水口的水温度较高，而下层取水口的水温度较低。

技术供水系统冷却器正常工作时的水压有一个范围，当压力低于工作压力下限或高于工作压力上限时均有故障信号发出，有的电厂是技术供水的总水压有水压过高信号，而各分水压就不再设水压过高信号。当压力不正常时可通过调节总水压的调节阀与分水压的调节阀的开度，使水压达到正常，而水压的越限往往是由于上游水位变化引起的。在技术供水系统中，调节阀后面均设有一个压力表，用于调节阀门开度时显示水流的水压。

主备用水源的切换操作对于不同的技术供水系统，其操作的对象不同，同时因电厂具体的计算机监控系统的不同而不同。下面以主水源为钢管减压供水，备用水源为水泵供水为例说明主备用水源的切换操作，具体供水系统如图2-9所示。

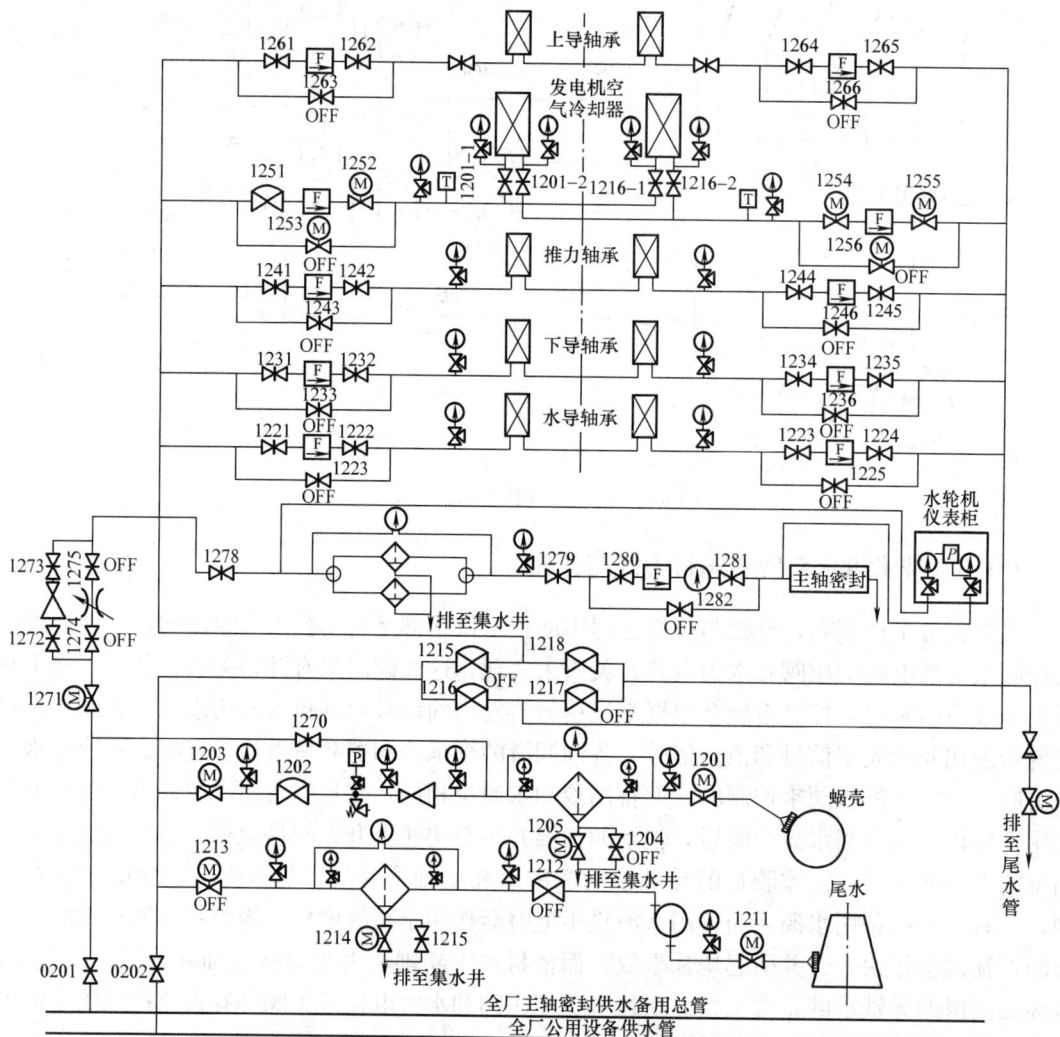

图2-9 某水电厂技术供水系统图

图2-9中主备用水源的切换操作步骤如下：

（1）检查技术供水总供水电动阀1203控制方式在远方自动，阀门在开启位置，其状态指示为"全开"。

（2）检查备用水总供水电动阀 1213 控制方式在远方自动，阀门在开启位置。

（3）检查备用技术供水泵控制方式在远方控制，控制状态指示正确。

（4）在计算机监控系统上将技术供水总供水电动阀 1203 关闭。

（5）在计算机监控系统上检查技术供水总供水电动阀 1203 在关闭位置，其状态指示为"全关"。

（6）在计算机监控系统上将备用供水泵开启。

（7）在计算机监控系统上检查备用供水泵状态指示为"运行"。

（8）检查技术供水方式由钢管减压供水转换至水泵供水正常。

（9）在计算机监控系统上检查各部水压、流量正常。

当冷却水中的含沙量增多，并且泥沙在冷却器的淤积影响到冷却效果时，除了适当提高冷却水压冲洗外，还可采取倒换水向的方式，从相反的方向冲洗冷却器。现以图 2-3 所示技术供水系统为例来说明技术供水由正向切至反向冲洗的操作。反向冲洗前，机组处于正向供水方式的停止状态，即 10YVD、12YVD、13YVD 处于退出状态，而 11YVD 处于投入状态。

（1）检查技术供水总管水压表 1PP 水压正常。

（2）检查正向供水电磁配压阀 10YVD 处于退出状态，其液压阀处于关闭状态。

（3）将反向供水排水电磁配压阀 12YVD 投入，检查其液压阀已打开。

（4）将正向供水排水电磁配压阀 11YVD 退出，检查其液压阀已关闭。

（5）检查反向供水电磁配压阀 13YVD 处于退出状态，其液压阀处于关闭状态。

至此，技术供水处于反向供水方式的停止状态，即 10YVD、11YVD、13YVD 处于退出状态，而 12YVD 处于投入状态。

（6）全关空气冷却器反向供水阀 1235-2。

（7）全关推力冷却器阀反向供水阀 1236-2。

（8）全关水导冷却器阀反向供水阀 1237-2。

（9）全开空气冷却器反向供水排水阀 1235-1。

（10）全开推力冷却器阀反向供水排水阀 1236-1。

（11）全开水导冷却器阀反向供水排水阀 1237-1。

以上操作均在静水中进行。

（12）将反向供水电磁配压阀 13YVD 投入，检查其液压阀已打开。

（13）调节空气冷却器反向供水阀 1235-2 至空气冷却器水压 7PP 水压正常。

（14）调节推力冷却器阀反向供水阀 1236-2 至推力冷却器水压 8PP 水压正常。

（15）调节水导冷却器阀反向供水阀 1237-2 至水导冷却器水压 9PP 水压正常。

至此，技术供水处于反向供水的运行方式。

（16）监视反向冲水 10min。

（17）将反向供水电磁配压阀 13YVD 退出，检查其液压阀已关闭。

（18）将正向供水排水电磁配压阀 11YVD 投入，检查其液压阀已打开。

（19）将反向供水排水电磁配压阀 12YVD 退出，检查其液压阀已关闭。

（20）全关空气冷却器正向供水阀 1235-1。

（21）全关推力冷却器阀正向供水阀 1236-1。

（22）全关水导冷却器阀正向供水阀 1237-1。

（23）全开空气冷却器正向供水排水阀 1235-2。

（24）全开推力冷却器阀正向供水排水阀 1236-2。

（25）全开水导冷却器阀正向供水排水阀 1237-2。

至此，技术供水处于正向供水方式的停止状态，即 10YVD、12YVD、13YVD 处于退出状态，而 11YVD 处于投入状态。

（26）将正向供水电磁配压阀 10YVD 投入，检查其液压阀已打开。

（27）调节空气冷却器正向供水阀 1235-1 至空气冷却器水压 10PP 水压正常。

（28）调节推力冷却器阀正向供水阀 1236-1 至推力冷却器水压 11PP 水压正常。

（29）调节水导冷却器阀正向供水阀 1237-1 至水导冷却器水压 12PP 水压正常。

至此，技术供水处于正向供水的运行方式。

（30）将正向供水电磁配压阀 10YVD 退出，检查其液压阀已关闭。

2.1.4 技术供水系统的巡回检查与常见故障的处理

不同技术供水系统的巡回检查项目各不相同，下面全面给出各技术供水系统都有的检查内容：

（1）技术供水总管水压力正常，各轴承冷却器、发电机空气冷却器冷却水压力正常，无供水中断或其他异常信号。

（2）主轴密封水压正常，无供水中断或其他异常信号。

（3）各电动阀、电磁配压阀、水力电控阀接线完好，电源投入正常。

（4）各压力开关、流量开关及传感器接线完好，工作正常。

（5）滤水器动力控制柜各电源投入正常，切换把手位置正确，状态指示正确。

（6）滤水器上压力表指示的压差与滤水器状态一致。

（7）技术供水系统中各常开、常闭阀门状态正确。

（8）技术供水系统各个部位无漏水现象。

（9）备用水泵电动机动力电源投入，自动空气开关合上，控制柜上各信号指示灯指示正常。

（10）备用供水泵进、出口阀全开，管路系统各阀门位置正确。

（11）水泵和电动机附近无妨碍运转的杂物。

技术供水系统常见的故障和事故有各冷却器冷却水中断故障、橡胶瓦导轴承润滑水压降低故障、橡胶瓦导轴承润滑水中断故障、橡胶瓦导轴承润滑水中断事故、主轴密封水中断故障及主轴密封水中断事故。发生以上各种故障或事故时的现象因不同水电厂的具体设备及监控系统的不同而各有不同。下面以图 2-4 所示的技术供水系统为例说明常见故障事故的处理。

当发生推力轴承冷却水中断故障时，故障现象为：中央控制室监控系统电铃响，语音报警，监控系统上位机报警信息有"机组技术供水中断"信号；监控系统上检查推力水压 1204 阀前的 PP 水压不合格，也可能总水压 3BP 同时不合格；现地检查推力轴承冷却水或机组冷却水确已中断。故障原因分析：推力轴承冷却水压为零（同时 3BP 也为零），可能是常开阀、电磁阀误动或发卡；推力轴承冷却水压不足，可能是调节阀 1204 误动，或分管路有漏水之处；推力轴承冷却水压不足、同时 3BP 也不足，可能是调节阀 1202 误动、滤过器堵塞或冷却水供水总管路有漏水之处。故障处理：若常开阀、电磁阀误关，则打开即可；若常开阀、电磁阀故障（发卡），则可投入备用水电磁阀 2YVD 来恢复水压，然后根据情况做好措施，检修阀门或电磁阀。检查总水压正常，而推力轴承冷却水压不合格，则应调整 1204 阀来恢复水压。如果供水管路有漏水之处，则应设法堵塞使水压恢复正常。若无法堵塞和无法保证机组的正常供水，则应停机处理。若检查总水压过低时，先调节 1202 阀来提高水压，同时监视推力、发电机空气冷却器、上导和水导水压。

当发生主轴备用密封水投入故障（主轴密封水中断故障）时，故障现象为：中央控制室监控系统电铃响，语音报警，监控系统上位机报警信息有"主轴密封水中断故障"信号；监控系统上检查主轴备用密封水电磁阀 4YVD 投入；现地检查主轴备用密封水示流继电器 5SFD 动作。故障原因分析：由于运行中主轴密封主供水管路上的滤过器堵塞引起水压不足，导致备用水电磁阀 4YVD 动作；由于管路中漏水引起；由于管路中阀门误关引起。故障处理：因滤过器堵塞而引起的水压不足，可进行滤过器清扫；如果因管路中漏水引起，则应在尽量短的时间内正常停机或紧急停机；如果因管路中有阀门误关引起，则打开阀门或调整阀门开度使水压恢复正常。

当发生主轴备用密封水中断事故时，事故现象为：中央控制室监控系统蜂鸣器响，语音报警，监控系统上位机报警信息有"主轴备用密封水中断事故"信号；调速器事故电磁阀动作，紧急停机；导叶全关，开度限制全闭；顶盖排水泵可能启动；主轴密封水水压为零。事故原因分析：发生主轴密封水中断故障的同时，主轴备用密封水电磁阀 4YVD 不能投入；主轴密封水中断由于管路大量跑水引起，主轴备用密封水电磁阀 4YVD 投入后仍跑水严重或水导备用润滑水电磁阀 4YVD 前后阀门误关，不能正常供水。事故处理：停机过程中监视自动器具动作情况，不良时手动帮助；机组全停后，复归主轴备用密封水电磁阀 4YVD，做好安全措施后，联系检修处理。

2.1.5 技术供水系统的检修、恢复措施及各种试验

机组检修后，开机前应做三充试验。技术供水系统充水试验的目的是确认各冷却器管路阀门及连接处不漏水，表计指示正常。机组大修后技术供水系统常做的充水试验有机组冷却水充水试验、机组备用冷却水充水试验、润滑水充水试验、备用润滑水充水试验、主轴密封水充水试验、主轴备用密封水充水试验、钢管充水试验、蜗壳充水试验、尾水管充水试验等。各充水试验的操作因不同的技术供水系统而各不相同，但操作的原则基本相同。下面以图 2-4 所示的技术供水系统为例说明充水试验的操作。

一、机组冷却水充水试验

试验条件是机组大修措施已恢复并且钢管已充水。机组冷却水充水试验操作票如下：

(1) 检查备用冷却水电磁阀 2YVD 在关闭状态。

(2) 投入冷却水电磁阀 1YVD。

(3) 检查总水压在正常范围内。

(4) 检查推力水压在正常范围内。

(5) 通过操作 1204 阀，检查推力示流继电器 3SFD 及流量开关工作正常。

（6）检查上导水压在正常范围内。

（7）通过操作 1206 阀，检查上导示流继电器 1SFD 及流量开关工作正常。

（8）检查发电机冷却水水压在正常范围内。

（9）通过操作 1205 阀，检查空冷示流继电器 2SFD 及流量开关工作正常。

（10）检查水导水压在正常范围内。

（11）通过操作 1203 阀，检查水导示流继电器 4SFD 及流量开关工作正常。

（12）检查各阀门、滤过器、管路无漏水现象。

（13）检查各冷却器无漏水现象。

（14）复归冷却水电磁阀 1YVD。

（15）检查总水压为零。

（16）检查各部分水压（调节阀后的水压）为零。

机组备用冷却水充水试验、润滑水充水试验、备用润滑水充水试验、主轴密封水充水试验、主轴备用密封水充水试验的操作与机组冷却水充水试验原则相同。

二、机组钢管充水试验

试验条件是机组大修措施已恢复，主阀大修措施已恢复，机组各种试验已做完。机组钢管充水试验操作票如下：

（1）检查主阀全关。

（2）主阀围带工作正常。

（3）关闭钢管进人孔。

（4）关闭钢管排水阀。

（5）技术供水阀 1201、1207、1205 关闭（或 1YVD、2YVD、3YVD、4YVD 全关，电源、油源工作正常）。

（6）打开检修闸门充水阀。

（7）检查检修闸门平压。

（8）打开检修闸门。

（9）关闭检修闸门进水阀。

三、机组蜗壳充水试验（机组装有竖轴蝶阀，见图 5-23）

试验条件是机组大修措施已恢复，主阀大修措施已恢复，机组钢管充水试验已做完。机组蜗壳充水试验操作票如下：

（1）检查调速器工作正常，导叶开度、开限为零。

（2）检查压油装置系统工作正常，油压油面正常。

（3）检查接力器锁锭投入。

（4）投入风闸，检查系统工作正常。

（5）检查尾水闸门提起。

（6）主阀油泵切换把手切至"手动"位置。

（7）检查主阀油泵启动，油压合格。

（8）电磁阀 15YVD 推向开侧，检查旁通阀打开。

（9）检查蜗壳、尾水管进人孔、排水阀、水轮机顶盖有无漏水之处。

（10）检查主阀前后水压均压，水压锁锭拔出。

（11）电磁空气阀 34YVA 推向排风。

（12）检查围带风压为零。

（13）电磁阀 16YVD 推向开侧，开主阀。

（14）检查主阀全开，主阀全开灯亮。

（15）主阀油泵切换把手切至"自动"位置。

（16）检查主阀油泵停止。

2.1.6　消防水系统图

图 2-10 所示的消防水系统有 2 路水源，主水源的水取自上游，并经由常开的电动阀 1DF 和 0240 常开阀向消防供水干管供水。当主水源水压不能满足要求时，由备用水源取水，备用水源取自尾水并经消防水泵向消防供水干管供水。消防水泵有 2 台，其中 1 台工作，1 台备用，并采用火灾自动报警及自动灭火的运行方式。消防水系统主要用于发电机（12YV、15YV）、变压器（11DF、21DF）、油系统（3DF、4DF）灭火。

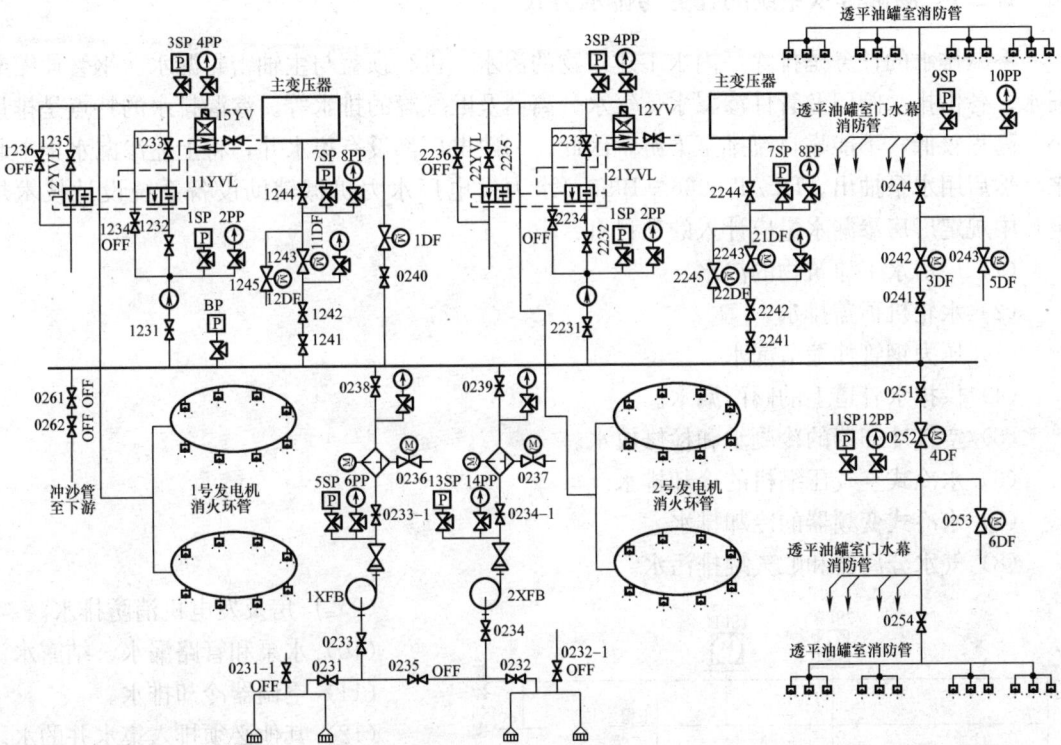

图 2-10　消防水系统图

发电机在运行时可能由于定子绕组匝间短路或接头开焊等事故而起火。为了避免事故扩大，应立即采取灭火措施。发电机采用喷水灭火方式时，常在定子绕组的上方与下方各布置灭火环管一根，在该环管上对着绕组的方向交错钻有两排直径为 2～5mm 的小孔，孔的间距为 30～100mm，以便均匀地向绕组喷水灭火。灭火环管进口处的供水压力应不小于 0.20～0.25MPa。布置在发电机风罩内的火灾探测器探知火情后，立即将信号送至上位机进行报警，并打开电磁阀 15YV（或 12YV），结果是 11YVL 开启，12YVL 关闭，压力水进入环管喷水灭火。12YVL平时是开启的，可将漏入发电机消火管中的水泄入排水系统。当电磁阀15YV发卡不能投入，或是电磁阀15YV投入但11YVL不能开启时，需手动开启1234阀，向发电机灭火环管供水灭火；若此时12YV不能关闭，则需手动关闭1235阀，才能使发电机灭火的水压满足要求。变压器与油库灭火系统的自动控制原理与发电机灭火系统相同。

2.2 排水系统的运行

水电厂生产过程中，需要排除各种各样的水，如果排水系统发生事故，则会危及设备和人身安全。排水系统由厂房渗漏排水和机组检修排水两部分组成。对于大型水电厂，检修排水与渗漏排水系统应分开设置；对于中型水电厂，两系统宜分开设置，但通过技术论证后也可共用一套排水设备。当共用1套排水设备时，应考虑安全措施（如设置止回阀、隔离阀和规定严格操作程序等），严防尾水倒灌淹没厂房。

2.2.1 渗漏排水系统的任务与排水方式

渗漏排水的任务是排除厂内水工建筑物的渗水、机组顶盖与主轴密封漏水、钢管伸缩节漏水、各供排水阀门及管件渗漏水、气水分离器及贮气罐的排水等。渗漏排水的特点是排量小、高程较低，不能靠自流排至下游。因此，一般电厂都设有集水井，将上述渗漏水集中起来，然后用水泵抽出。DL/T 5066—1996《水力发电厂水力机械辅助设备系统设计技术规定》中规定厂房渗漏水量应计入的项目有：

（1）厂房水工建筑物的渗水。

（2）水轮机顶盖排水。

（3）压力钢管伸缩节漏水。

（4）供排水管道上的阀门漏水。

（5）空气冷却器的冷凝水和检修放水。

（6）水冷式空气压缩机的冷却排水。

（7）水冷式变频器的冷却排水。

（8）气水分离器和贮气罐排污水。

（9）厂房及发电机消防排水。

（10）水泵和管路漏水、结露水。

（11）空调器冷却排水。

（12）其他必须排入集水井的水。

渗漏排水均采用将厂内的渗漏水通过排水管或排水沟引至集水井，然后由渗漏排水泵排至下游的间接排水方式。集水井布置在厂房底层，最低一层设备及该层地面的渗漏水可依靠自流排至集水井。

如图2-11所示，集水井死容积取决于水泵的吸水底阀与井底的距离，

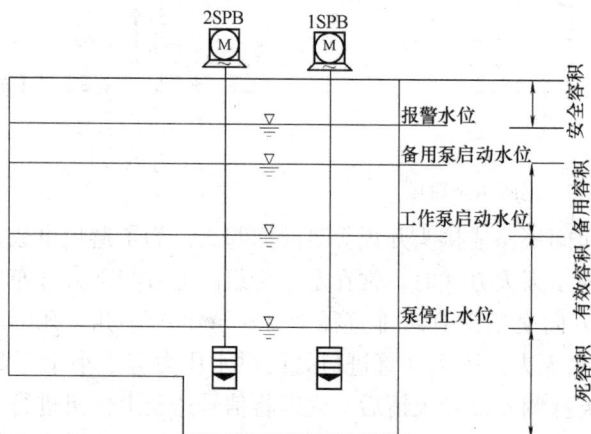

图2-11 集水井容积示意图

并且深井泵的第一级叶轮须浸没在水下 1~3m。备用容积一般按工作泵启动水位与备用泵启动水位之间有 0.5m 的距离来确定。报警水位可按高出备用泵启动水位 0.1~0.2m 来考虑。备用泵的启动水位一般应低于厂房最低排水地面的高程。

2.2.2 渗漏排水系统的自动控制

由于渗漏水的来水情况很难预计，因此厂内渗漏排水设备应自动操作，集水井应设置水位信号装置和报警装置。渗漏排水泵采用深井泵时，深井泵的轴承润滑水管上宜设自动控制供水阀和示流信号器。深井泵在启动前必须向橡胶轴承内灌注润滑水，防止烧坏橡胶瓦。水泵启动运转正常后 2min 方能切断润滑水。图 2-12 所示为某电厂的渗漏排水系统，该系统中 2 台深井泵的控制回路图如图 2-13、图 2-14 所示。

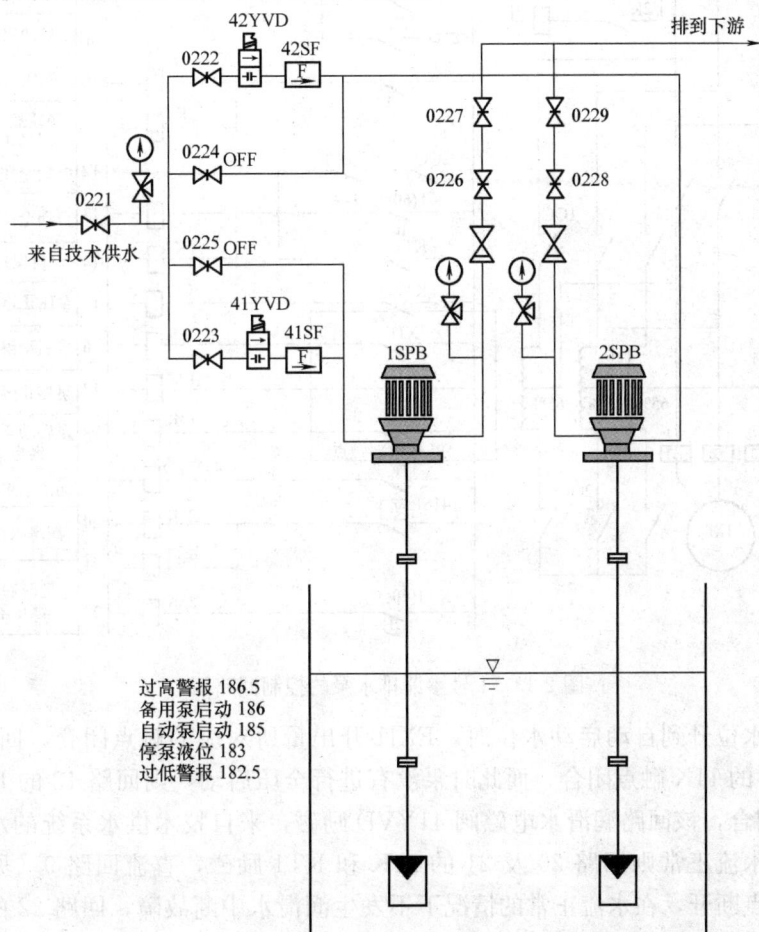

图 2-12 渗漏排水系统

渗漏排水泵有 2 台，均为自动控制，且是轮流启动互为备用。2 台泵的操作把手的开入量及集水井水位传感器的开入量均送入 PLC 相应的模块，PLC 对开入量进行逻辑控制后，送出开出量 FXJ1（1 号泵自动或备用启动）、FXJ2（1 号泵停止）、FXJ3（1 号泵启动不成功）、FXJ4（2 号泵自动或备用启动）、FXJ5（2 号泵停止）、FXJ6（2 号泵启动不成功）。

下面以 1 号泵为自动泵，2 号泵为备用为例说明其自动控制过程。

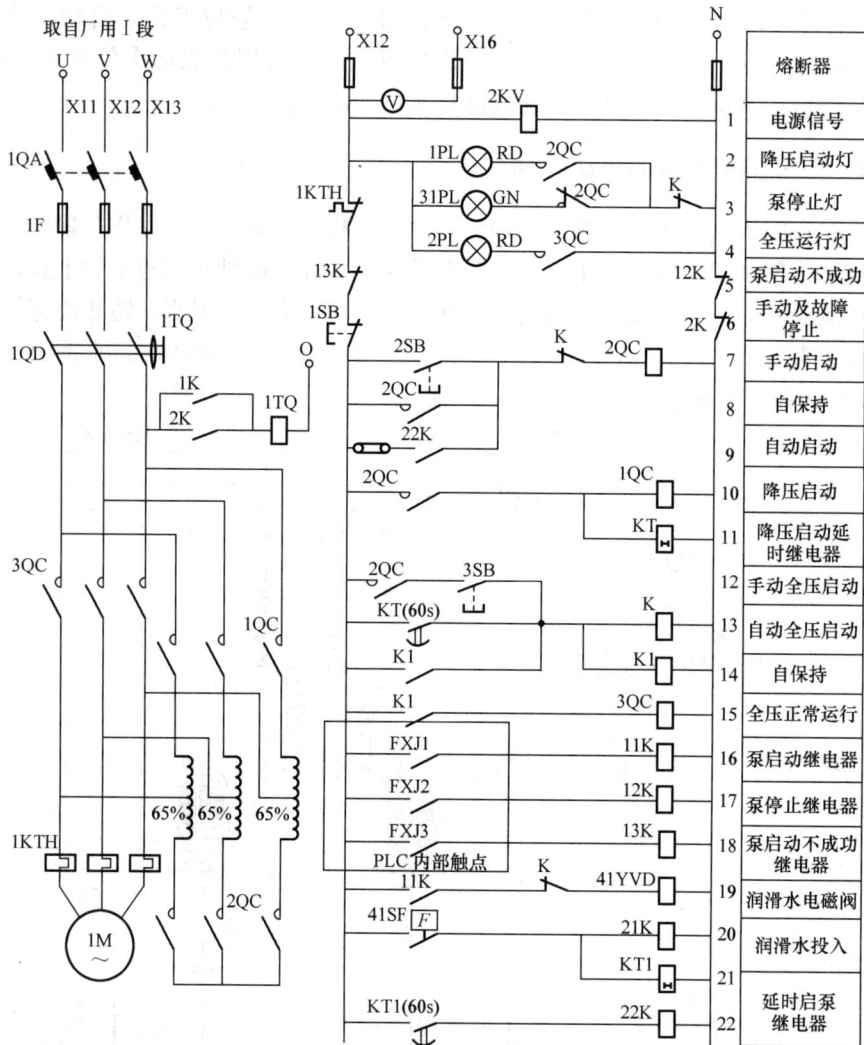

图 2-13 1号渗漏排水泵的控制回路图

当集水井水位升到自动启动水位时，FXJ1 开出量所对应的触点闭合，回路 16 的 11K 励磁，回路 19 的 11K 触点闭合，而此时泵没有进行全压启动，则回路 13 的 K 失磁，回路 19 的 K 触点闭合，该回路润滑水电磁阀 41YVD 励磁，来自技术供水系统的水向深井泵充启动润滑水，水流正常则回路 20 及 21 的 21K 和 KT1 励磁，直流回路 9（见图 2-15）的 21K 的动断触点断开，在水流正常的情况下不发生润滑水中断故障，回路 22 的时间继电器 KT1 延时闭合的动合触点延时闭合，22K 励磁其回路 9 的动合触点闭合，2QC 励磁，则：①回路 8 的触点闭合自保持；②回路 10 的触点闭合，使 1QC 和 KT 励磁；③回路 2 的触点闭合，降压启动灯亮。1QC 和 2QC 励磁使 1 号泵电动机主触头闭合，深井泵电动机降压启动。KT 励磁，其回路 13 的触点延时 60s 闭合，使 K 和 K1 励磁，则回路 3、7、19 的 K 动断触点断开。同时，回路 14、15 的 K1 动合触点闭合，结果是：①回路 7 降压启动回路断开；②回路 15 全压正常运行回路接通，3QC 励磁，深井泵正常运行，同时回路 4 的全压运行红灯亮；③回路 3 的 K 触点断开，降压启动灯灭；④回路 14 的 K1 动合触点闭合自保持；

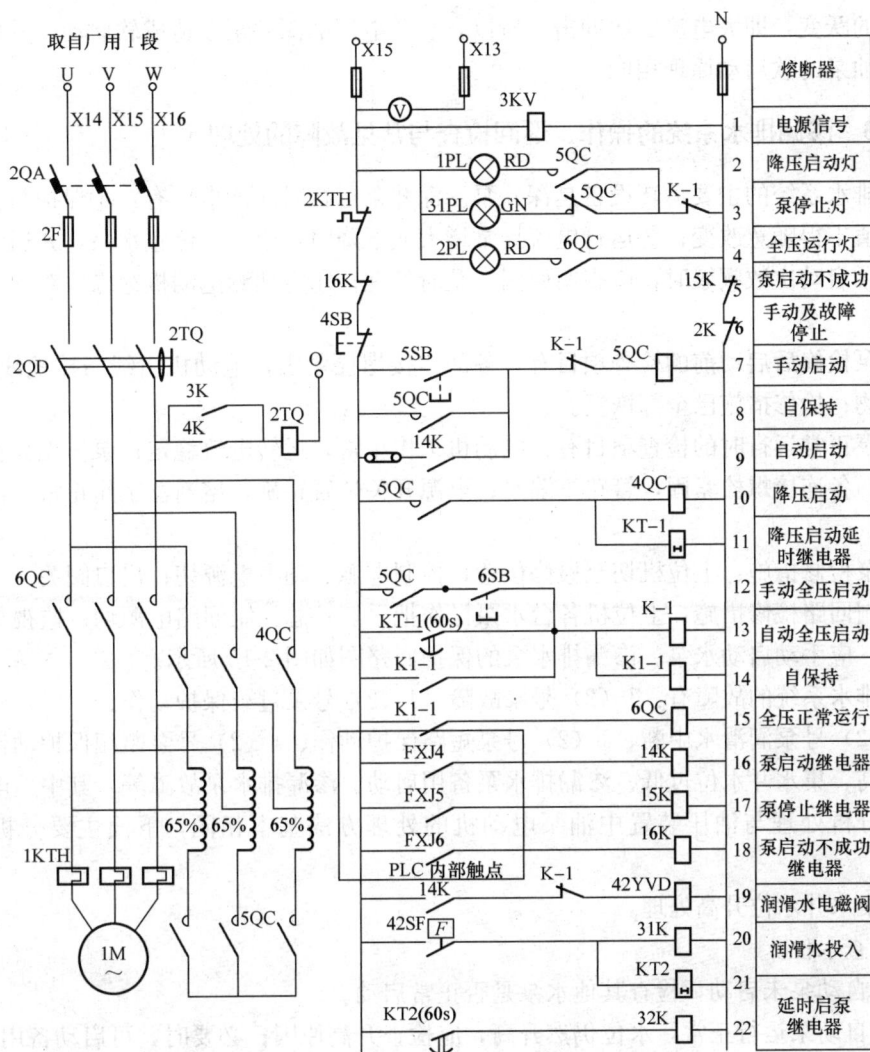

图 2-14　2 号渗漏排水泵的控制回路图

⑤回路 19 的 K 触点断开，退出润滑水。

　　1 号深井泵启动后有两种结果，一种结果是水位下降；另一种结果是来水量大于抽出的水量，水位继续上升。如果水位下降到泵停止水位，则回路 17 的 FXJ2 闭合，12K 励磁，回路 5 的 12K 动断触点断开，1 号泵停止，同时回路 5 以后的回路复归，则回路 3 的 1 号泵停止绿灯亮。如果水位继续上升到备用泵启动水位时，2 号泵启动，两台抽水正常情况下水位会下降，下降到泵停止水位，则 1 号泵回路 17 的 FXJ2 闭合，2 号泵回路 17 的 FXJ5 闭合，两台泵均停止。

　　上述深井泵采用的是降压启动，就是利用启动设备将电源电压适当降低后加到电动机（笼型）的定子绕组上进行启动，待电动机启动运转后，再使其电压恢复到额定值正常运行。但是，由于电动机转矩与电压的平方成正比，降压启动使电动机的启动转矩大为降低，电动机需要在空载或轻载下启动。同时，电动机在端电压降至正常值的 65% 甚至更低的电压时，相应启动时间过长，并且电动机在通过开关短接或切除启动设备加入全压时，电压的突变会

43

产生电流的跃变，即大电流二次冲击。所以，有些电厂的深井泵改造成软启动，其原理与油压装置中油泵的软启动原理相同。

2.2.3 渗漏排水系统的操作、巡回检查与常见故障的处理

渗漏排水系统的主要运转设备是深井泵。深井泵运行时注意事项有：①保护与自动装置良好，定值不得随意改变；②运行电流异常增大或下降时，应立即停止水泵，并通知检修处理；③水泵启动次数频繁时，应查明原因，及时处理；④定期测电动机绝缘，对地绝缘不低于5MΩ。

深井泵检修后启动前的检查项目有：各部连接螺栓紧固；电动机引线与接地线已接好，周围无异物；检修措施已全部恢复。

深井泵正常运行时的检查项目有：电动机工作正常，运转电流稳定；泵体无异音，吸水管不振动；各连接螺栓紧固，管路不漏水；电源开关位置正确，熔断器工作正常；停止后不倒转。

深井泵检修措施：上位机切至检修位置，控制电源、动力电源切；出口阀关。

总控制回路检修措施：上位机各台水泵操作把手切；总控制回路电源切；监视集水井水位升高时，应手动启动水泵。渗漏排水泵的保护回路图如图2-15所示。

渗漏排水系统的故障有：1（2）号泵故障、1（2）号泵过载保护动作、1（2）号泵电源消失、1（2）号泵润滑水中断、1（2）号泵短路保护动作、1（2）号泵断相保护动作、集水井水位过高、集水井水位过低、渗漏排水泵备用启动、渗漏排水泵故障等。其中，电动机部分的故障分析处理与油压装置中油泵电动机的处理方法基本相同，下面主要分析其他的故障。

（1）集水井水位升高处理。

1）检查水位。

2）若自动泵未启动，检查其他水泵是否正常启动。

3）若自动泵运行正常，水位仍然升高，应检查升高原因；必要时，可启动备用泵。

（2）备用泵启动处理。

1）检查水位。

2）自动泵未启动时，应查明原因。

3）若自动泵、备用泵同时在运行，则应查明原因；必要时，应启动手动备用泵。

（3）集水井水位过高处理。

1）检查水位。

2）立即启动备用泵排水。

3）查明水位过高原因，设法处理。

（4）集水井水位过低处理。

1）检查水位。

2）若水泵未停止，则应立即停止。

3）通知检修处理。

依靠水润滑的深井泵橡胶轴承常常出现烧瓦故障，其原因主要是，深井泵在启动前的充润滑水时间虽然达到规定值，但由于吸水阀漏水导致运行前润滑水量不足而引起烧瓦；在集

	电源	
	开关	
	熔断器	
1	直流电源监视继电器	1号渗漏排水泵直流回路
2,3	渗漏泵启动不成功	
4,5	综合保护动作	
6	备用泵动作	
7,8	渗漏泵故障	
9	润滑水中断	
10	水位降低	渗漏集水井水位信号
11	水位升高	
12	水位过高	
13	水位超高	
14,15	渗漏泵启动不成功	2号渗漏排水泵直流回路
16,17	综合保护动作	
18	备用泵动作	
19,20	渗漏泵故障	
21	润滑水中断	

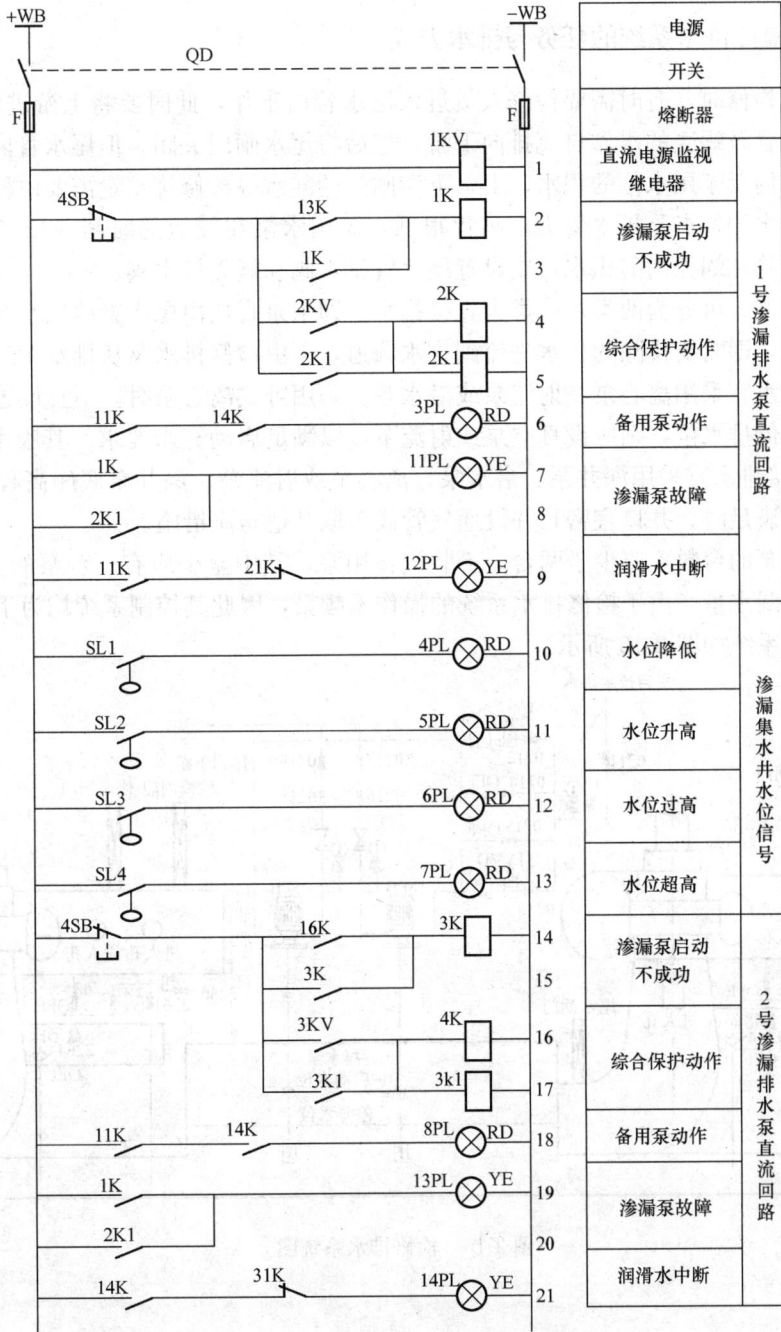

图 2-15 渗漏排水泵的保护回路图

水井水位降至停泵水位后，由于水位计浮子被卡住或控制回路元件失灵，致使水泵不能停运而空转，此时，橡胶轴承得不到水润滑而被磨损。大多数水电站均有此类故障发生，为解决上述问题，实际中对深井泵的润滑水系统进行了改造，具体方法是将图 2-12 中的电磁阀去掉，这样无论深井泵是运行还是停止，润滑水始终投入，从而解决了润滑水量不足或空转缺水引起的烧瓦故障。

2.2.4 检修排水系统的任务与排水方式

机组大型检修时，有时需要检修人员进入尾水管内工作，此时要将上游进水闸门关闭，闸门后压力钢管及蜗壳的水靠自流排向下游，然后将尾水闸门关闭。但尾水管内的积水，蜗壳和压力管道内低于尾水位的积水，上、下游闸门的漏水等检修排水量需要由检修排水系统排出。检修排水的特点是排水量大，高程很低，需用水泵在较短的时间（4～6h）内排除。为了排干尾水管和蜗壳内的积水，要设置尾水管排水阀和蜗壳排水阀。

检修排水方式可分为两类，一类为直接排水，即水泵直接由尾水管内抽水至下游；另一类为间接排水，即需要排除的积水先流到排水廊道，再由检修排水泵从排水廊道集水井抽水排出。直接排水宜采用离心泵、射流泵或潜水泵。采用卧式离心泵时，不宜设置底阀。如水泵位置高于最低排水位，则应设真空泵或射流泵，以满足启动充水要求，其吸水时间宜取5～15min。间接排水宜采用深井泵、潜水泵、离心泵或射流泵。深井泵底座高程宜高于最高尾水位，不能满足时，井口宜密封并设通气管或采取其他防淹措施。

检修排水泵的台数不应少于两台，不装设备用泵，其中至少应有一台泵的流量大于上、下游闸门总的漏水量。由于检修排水系统的操作不频繁，因此其控制系统均为手动控制。

检修排水系统如图 2-16 所示。

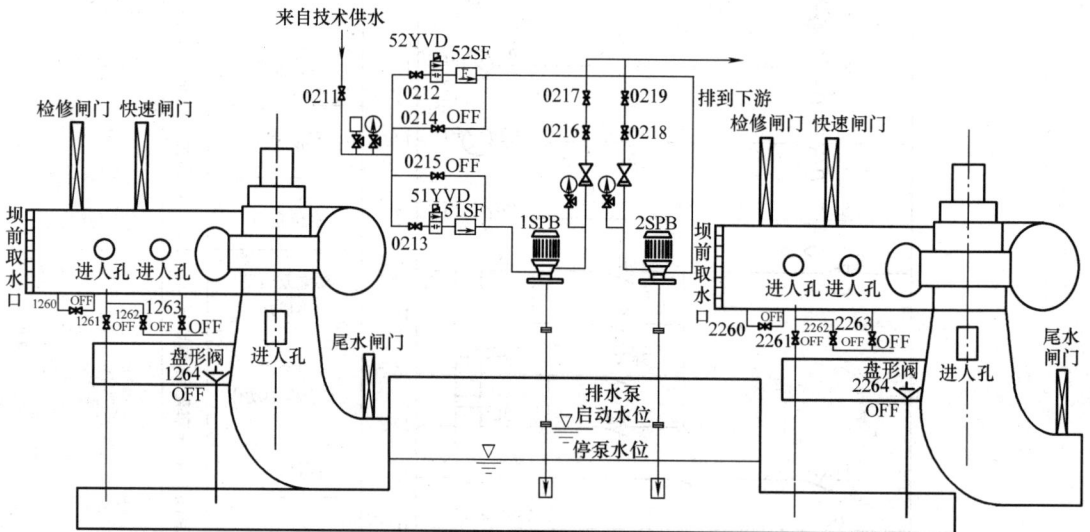

图 2-16　检修排水系统图

3 气系统的运行

3.1.1 水电厂压缩空气的用途与组成

一、压缩空气的用途

由于压缩空气具有弹性，是储存压能的良好介质，因此，用它来储备能量作为操作能源是非常合适的。同时，压缩空气使用方便、易于储存和输送，所以在水电厂中得到了广泛的应用。机组的安装、检修与运行过程中都要使用压缩空气。

水电厂中以下部分需使用压缩空气：

(1) 水轮机调节系统及进水阀操作系统的油压装置用气。

(2) 机组停机时制动用气。

(3) 机组作调相运行时转轮室充气压水及补气。

(4) 维护检修及吹污清扫用气。

(5) 水轮机主轴检修密封及进水阀空气围带用气。

(6) 机组轴承气封、发电机封闭母线微正压用气。

(7) 水轮机强迫补气用气。

(8) 灯泡贯流式机组发电机舱密闭增压散热用气。

(9) 水泵水轮机压水调相和水泵充气压水启动用气。

(10) 配电装置和发电机空气断路器用气。

(11) 在寒冷地区闸门、拦污栅等处防冻吹冰用气，其工作压力一般为 $300\sim400$ kPa。

根据上述用户的性质及对压缩空气压力的要求不同，水轮机调节系统的操作油压装置均设在水电厂主厂房内，且要求气压较高，一般工作压力为 2.5MPa。目前，国内已采用工作压力为 4MPa 及 6MPa 的油压装置，故其组成的压缩空气系统称为厂内中压压缩空气系统。机组制动、机组调相压水、机组维护检修用气等均在厂内，且要求气压均为 0.7MPa，故称为厂内低压压缩空气系统。根据电厂的具体情况，厂内中低压压缩空气系统可组成联合压缩空气系统。空气断路器一般布置在厂外，其工作压力为 $2\sim2.5$ MPa，但为了使压缩空气干燥，一般要求气压在 4MPa 以上，其所组成的系统称为厂外中压压缩空气系统。水工闸门、拦污栅和调压井等防冻吹冰用气均在厂外，且要求压缩空气的气压为 0.7MPa，故称为厂外低压压缩空气系统。

二、压缩空气系统的任务和组成

压缩空气系统的任务就是及时地供给用气设备所需要的气量，同时满足用气设备对压缩空气气压、清洁和干燥的要求。为此，必须正确地选择压缩空气设备，设计合理的压缩空气系统，并实行自动控制。

压缩空气系统由以下四部分组成：

(1) 空气压缩装置。空气压缩装置包括空气压缩机、电动机、贮气罐及油水分离器等。

（2）供气管网。供气管网由干管、支管和管件组成。管网将气源和用气设备联系起来，输送和分配压缩空气。

（3）测量和控制元件。测量和控制元件包括各种类型的自动化元件，如温度信号器、压力信号器、电磁空气阀等，其主要作用是保证压缩空气系统的正常运行。

（4）用气设备。如油压装置压力油罐、制动闸、风动工具等。

3.1.2 空气压缩机及其附属设备

一、空气压缩机的分类与结构

空气压缩机是以原动机为动力，将自由空气加以压缩的机械，其广泛地应用在工业中。由于各个用户所需要气体的压力和排气量不同，因此有许多型式。按作用原理分，有往复式、离心式、回转式，水电厂常采用往复活塞式和螺杆式空气压缩机；按冷却方式分为水冷式和风冷式空气压缩机；按产生的压力大小分为低压（1.0MPa以下）、中压（1.0～10MPa）和高压（10MPa以上）空气压缩机。

活塞式空气压缩机的工作原理是：当活塞下行时，气缸上部容积变大，缸内压力降低，吸气阀克服弹簧张力自行打开，空气被吸入缸内而完成吸气过程；当活塞上行时，气缸上部容积变小，压力升高，吸气阀自动关闭，缸内的空气被压缩，从而完成压缩过程。当缸内的气压升高到能克服排气阀的背压与弹簧力之和时，排气阀打开，排出压缩空气，完成排气过程。

空气在气缸内被压缩时，其温度会急剧升高，而气缸中温度过高会引起润滑油的分解，因此，排气量较大且气压较高的空气压缩机大多进行多级压缩，并在级间进行冷却和油水分离，以提高压缩空气的质量，其结构如图3-1所示。空气压缩机的冷却方式有风冷和水冷两种，采用水冷却的空气压缩机需要设置冷却器及配套的冷却水系统。压缩空气经冷却后，凝结出的油水、污物，由各级油水分离器的排污阀排出。空气压缩机停止时，电磁排污阀中的电磁阀处于失磁状态，排污阀处于打开状态；空气压缩机启动时，通过时间继电器控制电磁阀延时励磁，待空气压缩机空载启动后，将排污阀关闭，向贮气罐供气。

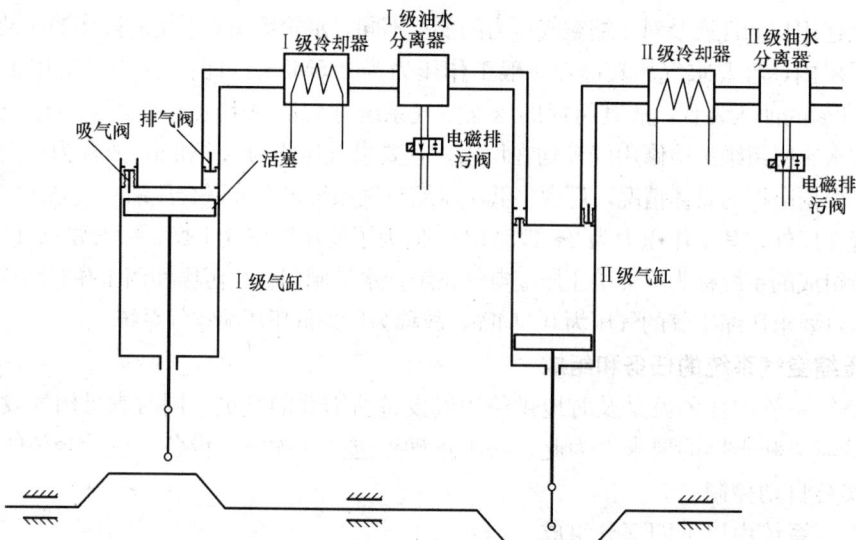

图3-1 活塞式空气压缩机结构示意

　　在吸气管的入口常设置空气过滤器，用来过滤空气中所含的尘埃。空气压缩机除气缸的冷却外，还有中间冷却器和机后冷却器，其作用是使压缩后的高温气体得到冷却，以减少功耗和降低终温。冷却后的压缩空气不仅含有大量水滴，而且带有油滴，这是空气在空气压缩机中流动，冲击润滑油所形成的。所以，在空气冷却器后设置油水分离器，其作用是分离压缩空气中所含的油分和水分，使压缩空气得到初步净化。贮气罐能缓和活塞式空气压缩机由于断续动作而产生的压力波动，还可以作为气能的储存器。为了防止空气压缩机停机后或吸气过程中贮气罐内的压缩空气倒流，在空气压缩机与贮气罐之间及管道上装有止回阀。为了对压缩空气进行热力干燥，降低其相对湿度，满足用气设备对压缩空气的干燥要求，需要在高压贮气罐和用气设备之间装减压阀。

二、空气压缩机和贮气罐及附属设备的规定

　　(1) 满足用户对供气量、供气压力、清洁度和相对湿度等的要求。

　　(2) 当采用综合供气系统时，空气压缩机的总生产率、贮气罐的总容积应按几个用户可能同时工作时所需的最大耗气量确定。选择空气压缩机台数和贮气罐个数时，应便于布置。

　　(3) 在一个压缩空气系统中，至少应设 2 台空气压缩机，其中 1 台备用。但对机组压水调相和检修用压缩空气系统，宜不设备用空气压缩机。

　　(4) 在选择空气压缩机时，应考虑当地海拔对空气压缩机生产率的影响。

　　(5) 当空气压缩机吸气的空气湿度较大时，应计及因压缩和冷却作用使空气中的水蒸气大部分凝结成水分，从而降低了排气量的影响。

　　(6) 空气压缩机上应有监视和保护元件，应能自动操作和控制。

　　(7) 在贮气罐上应装设与空气压缩机容量、排气压力相适应的安全阀和压力过高、过低信号装置。

　　压缩空气系统的测量和控制宜通过装在贮气罐或供气总干管上的压力信号器的监测信号来实现。在下述部位应根据需要装设有关的自动化元件和表计：

　　(1) 在空气压缩机出口装设温度继电器，以监视空气压缩机的排气温度。在空气压缩机出口气水分离器上装设自动阀，空气压缩机启动时延时关阀，使其无负荷启动；空气压缩机停机时打开，起卸荷作用，气水分离器自动排污。

　　(2) 在贮气罐上装设安全阀、压力表和排污阀。

　　(3) 在机组制动管道上装设自动给、排气用的电磁空气阀和监测管内气压用的压力信号器（压力控制器）及压力表。

　　(4) 在进水阀围带给气管道上装设自动给、排气用的电磁空气阀及监测用的压力信号器。

　　(5) 机组的压水调相充气应是自动控制的，应装设自动阀门和相应的监测表计。

　　(6) 在自动运行的水冷式空气压缩机冷却进水管道上应装设自动阀门，在排水管道上应装设示流信号器。

3.2　中压气系统的运行

3.2.1　中压气系统图

　　按照规程 DL/T 5066—1996 的规定，压缩空气系统按照其最高工作压力，划分为高压

（10MPa 以上）、中压（1.0～10MPa）和低压（1.0MPa 以下）3 个压力范围。水电厂习惯上的高压气系统实际上是规程的中压气系统。

图 3-2 所示的中压气系统的主要供气对象是油压装置中的压力油罐。为保证油压装置用气的质量，将空气压缩机产生的高于用气压力的压缩空气送入贮气罐 4AV、5AV，经减压阀减压至一定压力后送入贮气罐 6AV，经 0314 阀供给各机组的油压装置使用。在减压的过程中，压缩空气中的水分和油分会析出，从而提高了压缩空气的干度；规程规定减压比一般不低于 1.2。0309 阀后的减压阀与 0311 阀后的减压阀互为备用。为了防止减压阀失效后高压气直接进入贮气罐 6AV，在每个减压阀后安装了安全阀。

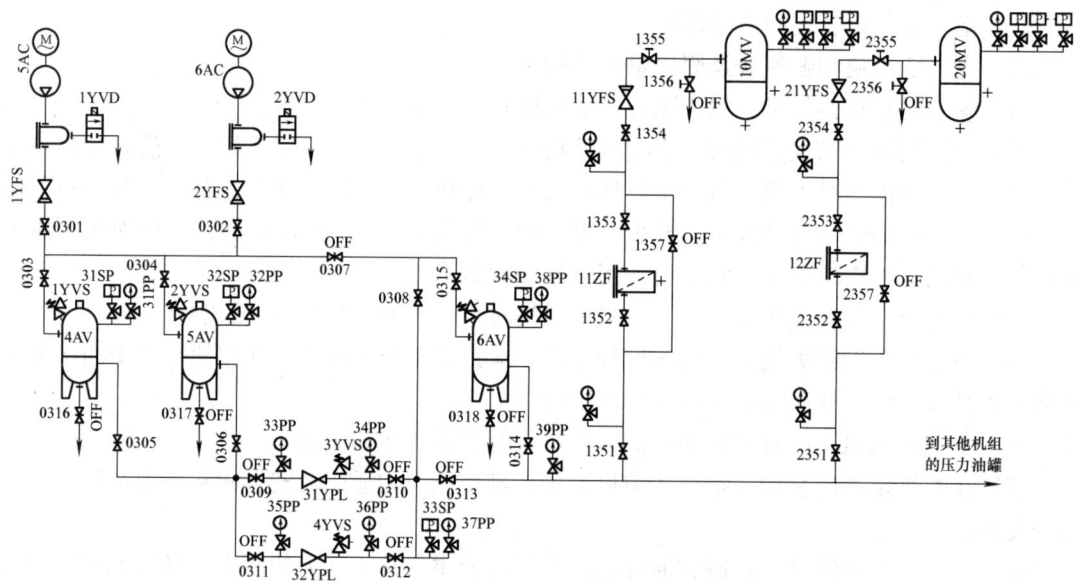

图 3-2 中压气系统图

3.2.2 中压空气压缩装置的自动控制

图 3-2 所示的中压气系统有 2 台中压空气压缩机，1 台工作，1 台备用。中压空气压缩机的参数见表 3-1，以其中的 1 台空气压缩机为例，说明其自动控制。控制原理见图 3-3。

表 3-1　　　　　　　　　　　　　中压空气压缩机的参数

名　称		单　位	参　数
型　号			V1/60-1
排气量		m³/min	1
最后排气压力		MPa	3.0
形　式			V
级　数			3
冷却方式			风冷
气缸数		个	4（其中两个 I 级）
气缸直径	I 级	mm	125
	II 级	mm	90
	III 级	mm	48

名　　称		单　位	参　数
活塞行程		mm	60
曲轴转速		r/min	970
曲轴功率		kW	15
各级的压力	Ⅰ级	MPa	0.29～0.33
	Ⅱ级	MPa	1.48～1.65
	Ⅲ级	MPa	3.0
外形尺寸（连冷却器，电动机和底座）		mm×mm×mm	1975×1000×1175
质量		kg	950
润滑			压力供油润滑
油泵型式			齿轮泵
油泵排油量		L/h	250
油路中的压力		MPa	0.1～0.3
润滑油			19 号压缩机油（SYB1316-60Z）
润滑油消耗量		g/h	60
阀片	Ⅰ、Ⅱ级		条状阀
	Ⅲ级		杯状阀
空气过滤器型号			CA10-1109
各级排气温度		℃	≤190（Ⅰ级进气温度≤40时）
Ⅰ、Ⅱ、Ⅲ级冷却器			螺旋管式、气冷

一、自动启动

空气压缩机转换把手置于自动位置，当气系统降低到工作空气压缩机自动启动压力 2.8MPa 时，回路 29 的压力传感器 4SP 触点闭合，加上 7K 处于失磁状态，则 6K1 和 6K2 励磁，回路 30 的 6K2 动合触点闭合自保持，防止气压上升但还没到空气压缩机停止气压时 4SP 触点断开而引起空气压缩机停止。回路 2 的 6K1 触点闭合，而此时空气压缩机无故障，则 1QC 励磁；空气压缩机启动的同时，回路 5 中 1QC 辅助触点闭合，1K 和 1KT 励磁，回路 7 的 1KT 触点延时 18s 闭合。延时 18s 是为保证空气压缩机启动时，排污电磁阀处于失磁（打开）状态，从而使空气压缩机空载启动。回路 13 的 1K 闭合，启动 2KT，其触点延时 18s 闭合以保证在空气压缩机空载启动期间造成的三级排气降低时不发三级排气降低信号。18s 后，回路 7 的 1KT 触点闭合，2K 励磁，加上 11K 失磁，则排污电磁阀 YV 励磁，排污阀关闭，系统压力上升。当系统压力上升到工作空气压缩机停止压力 3.0MPa 时，回路 31 的 4SP 触点闭合，7K 励磁，回路 29 的 7K 动断触点打开，则 6K1 和 6K2 失磁，回路 2 的 6K1 触点打开，使空气压缩机停止，回路 30 的 6K2 动合触点打开，失去自保持。

二、备用启动

空气压缩机转换把手置于备用位置，当气系统降低到备用空气压缩机自动启动压力 2.6MPa 时，回路 32 的压力传感器 5SP 触点闭合，加上 9K 处于失磁状态，则 8K1 和 8K2 励磁，回路 33 的 8K2 动合触点闭合自保持，以防止气压上升但还没到空气压缩机停止气压

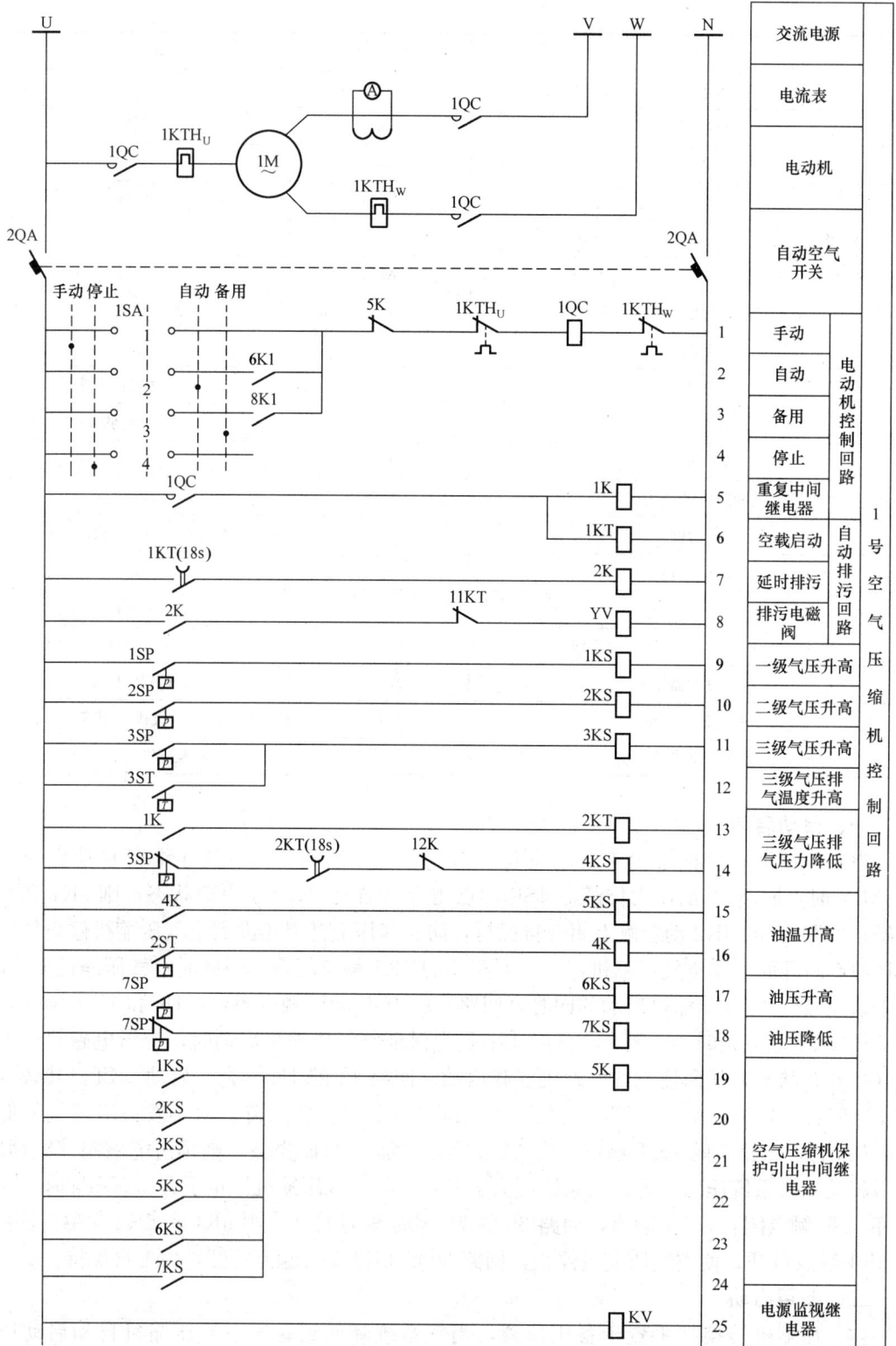

图 3-3　中压空气压缩机控制回路图（一）

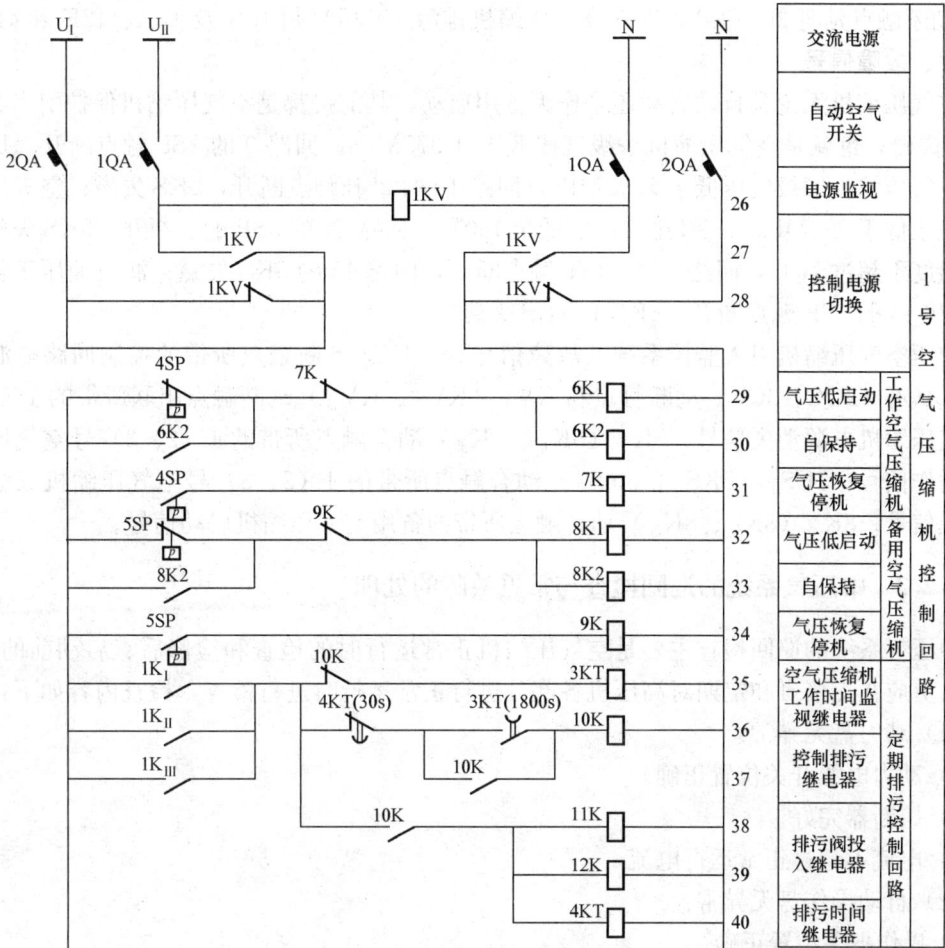

图 3-3　中压空气压缩机控制回路图（二）

时 5SP 触点断开而引起空气压缩机停止。回路 3 的 8K1 触点闭合，而此时空气压缩机无故障，则 1QC 励磁；空气压缩机启动的同时回路 5 中 1QC 辅助触点闭合，1K 和 1KT 励磁，回路 7 的 1KT 触点延时 18s 闭合。延时 18s 是为保证空气压缩机启动时，排污电磁阀处于失磁（打开）状态，从而使空气压缩机空载启动。回路 13 的 1K 闭合，启动 2KT，其触点延时 18s 闭合，以保证在空压机空载启动期间造成的三级排气降低时不发三级排气降低信号。18s 后，回路 7 的 1KT 触点闭合，2K 励磁，11K 失磁，则排污电磁阀励磁，排污阀关闭，系统压力上升；当系统压力上升到工作空气压缩机停止压力 3.0MPa 时，回路 34 的 5SP 触点闭合，9K 励磁，回路 32 的 9K 动断触点打开，则 8K1 和 8K2 失磁，回路 3 的 8K1 触点打开，使空气压缩机停止，回路 33 的 8K2 动合触点打开，失去自保持。

三、定期排污

空气压缩机运行中，回路 35 的 $1K_I$ 闭合，启动 3KT，其触点 30min 后闭合，使 10K 励磁。同时，回路 37 的触点闭合自保持，回路 38 的触点闭合，使 11K、12K、4KT 励磁，回路 8 的 11KT 动断触点打开，使排污电磁阀打开，开始排污；回路 14 的 12K 动断触点打开，保证在空气压缩机排污期间造成的三级排气降低时不发三级排气降低信号；回路 36 的

4KT 动断触点延时 30s 打开，即在空气压缩机排污 30s 后复归 10K 及 11K、12K 和 4KT。

四、故障信号

空气压缩机无论是自动启动还是作为备用启动，其前提都是空气压缩机保护引出、继电器 5K 失磁，也就是空气压缩机一级气压低于 0.375MPa，回路 9 的 1SP 触点断开，1KS 失磁；空气压缩机二级气压低于 1.92MPa，回路 10 的 2SP 触点断开，2KS 失磁；空气压缩机三级气压低于 3.2MPa，三级排气温度低于 160℃，回路 11 的 3SP 触点断开，3KS 失磁；润滑油温度不超过 70℃，回路 16 的 2ST 触点断开，回路 15 的 5KS 失磁；润滑油压正常，回路 17 和 18 的 7SP 触点断开，6KS 和 7KS 失磁。

中压空气压缩机引入监控系统的故障信号有：1KV 动断触点所带的控制回路电源消失信号；1QC（2QC、3QC）动断触点和 KV_I（KV_{II}、KV_{III}）动断触点串联所带的 1（2、3）号空气压缩机电源消失信号；$5K_I$（$5K_{II}$、$5K_{III}$）动合触点所带的 1（2、3）号空气压缩机保护动作信号；$5KS_I$（$5KS_{II}$、$5KS_{III}$）动合触点所带的 1（2、3）号空气压缩机三级气缸气压低信号；$8K_I$（$8K_{II}$、$8K_{III}$）动合触点所带的备用空气压缩机启动信号。

3.2.3 中压气系统的巡回检查与常见故障的处理

中压气系统的巡回检查主要是空气压缩机正常运行时的检查和检修后、启动前的检查。值班人员应在交接班和定期对高压机各部分进行正常运行时进行检查，检查内容如下：

（1）动力盘无异常：

1）动力电源开关位置正确。

2）熔断器完好。

3）电流不超过正常运行电流。

（2）自动操作盘无异常：

1）操作把手位置正确。

2）交流操作电源投入。

3）无故障信号。

4）各表计指示正常，各压力整定值符合表 3-2 中规定。

表 3-2　　　　　　　　　　　中压气系统各表计压力整定值

项目用途	名　称	压力整定值（MPa）			
		过　低	正常启动	正常停止	过　高
一级气缸压力过高	1SP	—	—		0.375
二级气缸压力过高	2SP	—	—		1.92
三级气缸压力过高	3SP	—	—		3.2
自动启动和停止	4SP	—	2.8	3.0	
备用启动和停止	5SP	—	2.6	3.0	
贮气罐压力不正常	6SP	2.2			3.1
润滑油压力不正常	7SP	0.08			0.32

（3）轴箱油面、油色合格，油温正常（不超过 70℃），无漏油、甩油现象。

（4）风扇皮带无裂纹，运行中皮带不打滑。

（5）电动机接地线和靠背轮安全罩完好。

（6）电动机、空气压缩机运行中，各部无异音，无焦味，无剧烈振动。三级气缸排气温度不超过 160℃。

（7）各阀门及管路连接处不漏气，减压阀工作正常。

（8）空载电磁阀线圈不过热，空载启动正常，排污正常。

（9）空气压缩机系统各阀门位置正确（视当时运行方式）。

（10）各连接螺栓紧固，不剧烈振动、窜动。

（11）继电器触点位置正确，无烧黑现象。

（12）冷却装置工作正常。

空气压缩机检修后、启动前的检查项目有：

（1）旋转设备周围无异物。

（2）电动机引线、接地线已接好，绝缘合格。

（3）各连接螺栓紧固，吸气网良好。

（4）冷却装置能正常工作。

（5）油槽油面合格。

（6）触点压力表定值正确，触点无烧黑现象。

（7）操作盘端子螺栓紧固，各继电器触点位置正确，无烧黑现象；热元件（中压空气压缩机）未动作。

（8）检修措施已全部恢复。

值班人员发现运行中的空气压缩机有下列情况之一时，应立即停机，操作把手放切，断开动力电源和操作电源，将备用的中压空气压缩机投入"自动"，并通知检修人员处理。

（1）中压空气压缩机某级气缸或曲轴箱内有异音及异常振动。

（2）电动机有绝缘焦味或冒烟，运行电流超过额定值，并出现剧烈振动。

（3）一级或二级压力过高，超过整定值。

（4）三级排气温度超过 160℃。

（5）润滑油压过高或过低，油温超过 70℃。

（6）空气压缩机各接合处发现漏油、漏气。

空气压缩机在运行过程中常见会出现各种各样的故障与事故，而对于故障与事故处理会因不同型号的空气压缩机及其控制系统的不同而各有不同。下面以 V1/60-1 型中压空气压缩机为例加以说明。

一、备用空气压缩机启动或气系统压力过低（低压气系统在机组调相压水时除外）

故障现象：监控系统出"中压机故障"语音报警相应光字牌亮。

故障处理：

（1）检查系统压力，若自动空气压缩机未启动，则检查 4KP 的整定值是否变动或 6ZJ1 不动作的原因，并检查交、直流操作熔断器有无熔断；若故障信号或热元件未复归，则应复归设法恢复。

（2）若自动和备用空气压缩机都在启动运转，则应检查系统有无跑风处，若跑风，则设法使其与系统断开。

（3）因检修班组用风过多时，应通知有关人员减少用风量。

（4）若空气压缩机启动不带负荷，则应检查空载电磁阀工作情况，有异常则及时处理；排污阀在开启时立即关闭。

二、贮气罐压力升高

故障现象：监控系统出"中压机故障"语音报警相应光字牌亮。

故障处理：

（1）检查系统压力。

（2）空气压缩机不能自动停止时，应立即手动停止，并通知检修处理。

（3）检查4SP整定值是否变动或6K1未复归的原因。

（4）由于压力升高而引起贮气罐安全阀动作时，应手动排气，调整压力。

三、油压异常处理

故障现象：监控系统出"中压机故障"语音报警相应光字牌亮。

故障处理：

（1）机复归光字牌。

（2）试验良好后，空气压缩机放原状态运行。

（3）温低而引起油压异常时，应将门关好，冬季将室内电热投入。

（4）空气压缩机油过滤器滤芯的压降超过规定值时，监控器将发出报警信号，此时必须更换滤芯。

（5）确认是因泄油阀堵塞或过油量减小而造成润滑油压力过高时，应通知检修人员处理。

（6）确认是因泄油阀过油量增大或吸油滤网堵塞而造成油压过低时，应通知检修人员处理。

3.3 低压气系统的运行

3.3.1 低压气系统空气压缩装置的自动控制

图3-4所示的低压气系统的主要供气对象是机组的制动装置和主轴空气围带密封。该电厂水轮机的安装高度较低，停机后主轴工作密封不起作用，为了防止尾水倒灌，需向主轴空气围带密封充低压气。下面以其中一台空气压缩机为例说明其自动控制过程。该空气压缩机的冷却方式为水冷，电动机为三相绕组式转子异步电动机，所以其转子回路装有频敏变阻器，用于获得较大的启动力矩，其自动控制回路如图3-5和图3-6所示。

频敏变阻器的工作原理是：空气压缩机启动时，回路3的1ZJ动合触点闭合，使1QC励磁，1QC主触头闭合，将电动机定子接入三相电源开始启动。此时，频敏变阻器（频敏变阻器实际上是一个特殊的三相铁芯电抗器，它有一个三柱铁芯，每个柱上有一个绕组；三相绕组一般接成星形；频敏变阻器的阻抗具有与电流频率成正比例变化的特性）串入转子回路，而转子电流频率最大，阻抗值最高，电动机就可以获得较大启动转矩。此时，回路4的时间继电器KT也通电并开始计时，达到整定时间（用于等待转速接近额定转速或电流表接

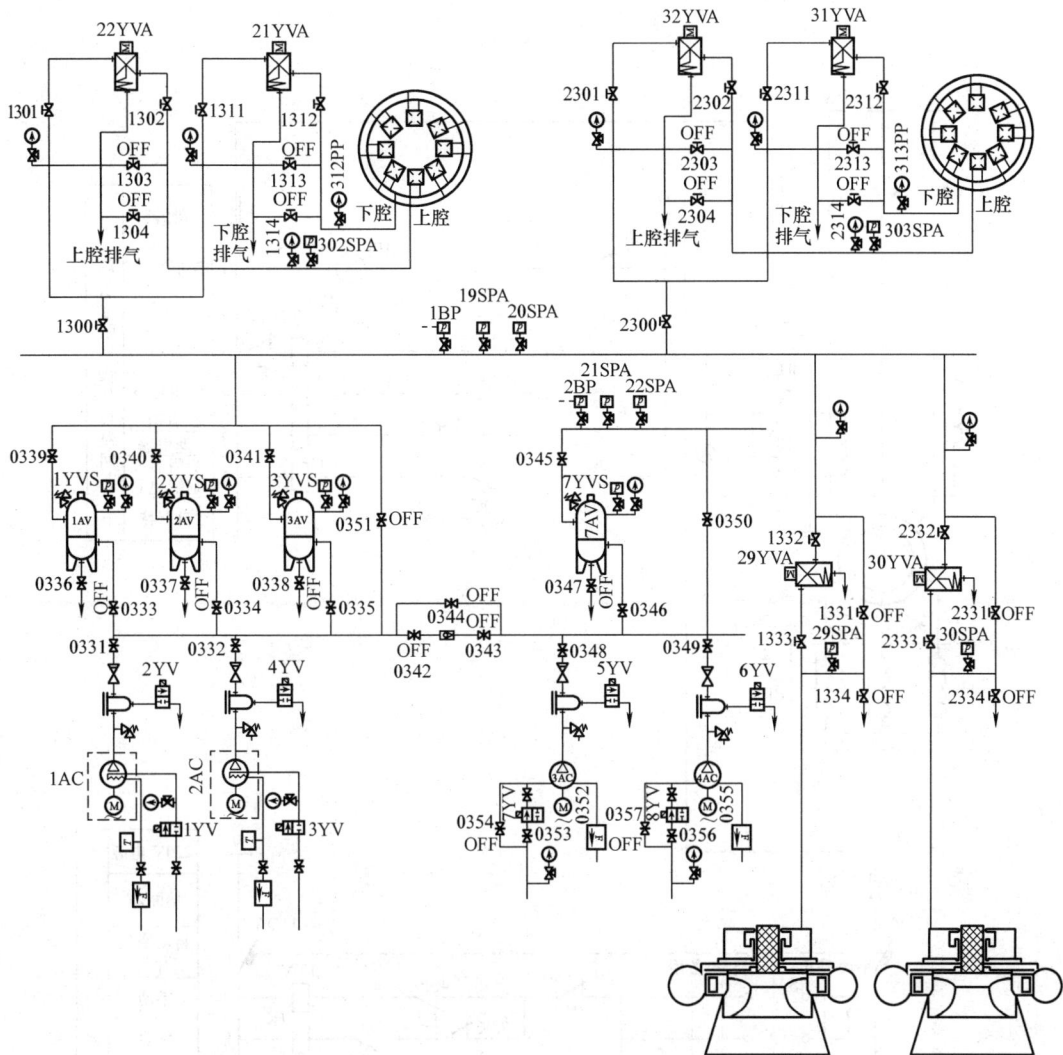

图 3-4　低压气系统图

近额定电流）后，回路 5 的 KT 延时闭合的动合触点闭合，从而接通了中间继电器 ZJ 线圈回路，ZJ 动合触点闭合，使接触器 2QC 线圈回路得电，2QC 的动合触点闭合，将频敏变阻器短路切除，启动过程结束。

　　电动机过载保护的热继电器 KR 接在电流互感器二次侧，这是因为电动机容量大。为了提高热继电器的灵敏度和可靠性，故接入电流互感器的二次侧。另外，在电动机启动期间，即回路 5 的 KT 延时闭合的动合触点闭合之前，中间继电器 ZJ 失磁，其动断触点将继电器的热元件短接，是为了防止启动电流大而引起热元件误动作。进入运行期间，即回路 5 中 KT 延时闭合的动合触点闭合之后，ZJ 动断触点断开，热元件接入电流互感器二次回路进行过载保护。

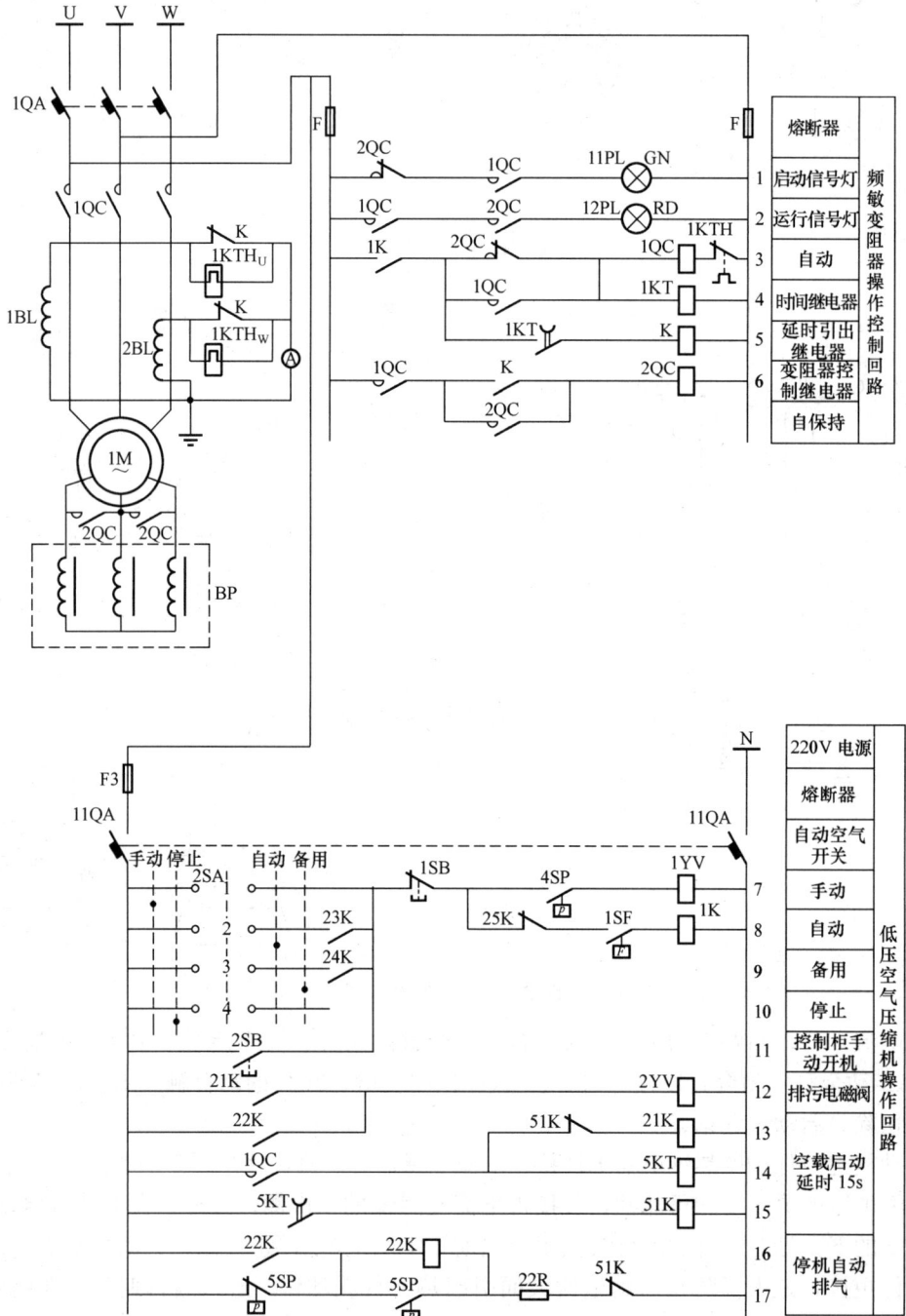

图 3-5 低压空气压缩机操作回路

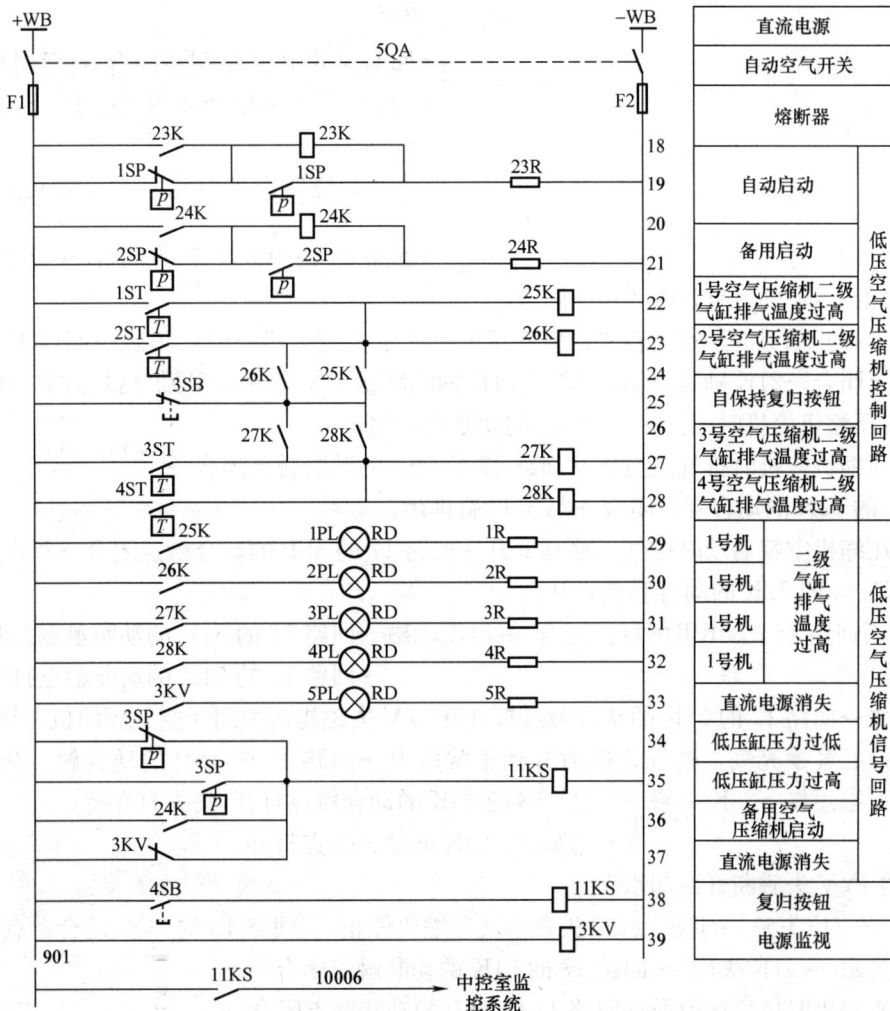

图 3-6 　低压空气压缩机的控制与信号回路

The diagram (图3-6) contains the following labels and circuit references:

Top: +WB, −WB, 5QA, F1, F2

Right-side table (control and signal circuits):

直流电源	
自动空气开关	
熔断器	
自动启动	低压空气压缩机控制回路
备用启动	
1号空气压缩机二级气缸排气温度过高	
2号空气压缩机二级气缸排气温度过高	
自保持复归按钮	
3号空气压缩机二级气缸排气温度过高	
4号空气压缩机二级气缸排气温度过高	
1号机	二级气缸排气温度过高
1号机	
1号机	
1号机	
直流电源消失	低压空气压缩机信号回路
低压缸压力过低	
低压缸压力过高	
备用空气压缩机启动	
直流电源消失	
复归按钮	
电源监视	

Circuit numbers 18–39 on the right. Components labeled: 23K, 1SP, 23R, 24K, 2SP, 24R, 1ST, 25K, 2ST, 26K, 3SB, 25K, 26K, 27K, 28K, 3ST, 27K, 4ST, 28K, 25K, 1PL RD, 1R, 26K, 2PL RD, 2R, 27K, 3PL RD, 3R, 28K, 4PL RD, 4R, 3KV, 5PL RD, 5R, 3SP, 11KS, 24K, 3KV, 4SB, 11KS, 3KV, 901, 11KS, 10006 → 中控室监控系统

一、自动启动

2SA 切自动,回路 8 的 2SA 触点闭合——→

气压降低→回路 19 的 1SP 的动断触点闭合——→ 　→1YV 励磁 → 投入冷却水

23K 励磁→回路 18 的 23K 的动断触点闭合自保持;

　　　　　└→回路 8 的 23K 的动断触点闭合——→

润滑油压正常 → 回路 7 的 4SP 的动断触点闭合——→

→ 水流正常 → 回路 8 的 1SF 的动断触点闭合——→

气温正常→回路 22 的 25K 失磁→回路 8 的 25K 的动断触点闭合——→ 　→回路 8 的 1K

励磁 → 回路 3 的 1K 的触点闭合 → 1QC 励磁 → 回路 1 的 1QC 的触点闭合 → 启动信号灯亮;

→ 回路 4 的 1QC 的触点闭合,经延时使 2QC 励磁,转子回路 2QC 主触头闭合,运行信号灯亮;

→ 空气压缩机定子 1QC 回路主触头闭合;

→ 回路 14 的 1QC 的触点闭合 → 5KT 励磁

→ 回路 15 的 5KT 的触点延时 15s 后闭合。

回路 15 的 5KT 的触点闭合之前空气压缩机处于空载运行 → 51K 失磁 → 回路 13 的 51K 的动断触点闭合 → 21K 励磁 → 回路 12 的 21K 的动断触点闭合 → 2YV 励磁排污阀打开排污。

空气压缩机停机时回路 17 的 51K 的动断触点闭合 ─────────

空气压缩机停机时排气压力低 → 回路 17 的 5SP 的动断触点闭合 → 22K 励磁

→ 回路 13 的 22K 的动合触点闭合 → 2YV 励磁排污。

空气压缩机空载启动时排气压略有上升 → 回路 17 的 5SP 的动合触点闭合 → 22K 失磁

→ 回路 13 的 22K 的动合触点打开。

15s 后回路 15 的 5KT 的触点闭合 → 51K 励磁 → 回路 17 的 51K 的动断触点打开;

→ 回路 13 的 51K 的动断触点打开

→ 21K 失磁 → 回路 12 的 21K 的动合触点打开 → 2YV 失磁排污关闭 → 空气压缩机二级排气压力上升并向贮气罐充气,贮气罐压力升到正常压力 → 回路 19 的 1SP 的动合触点闭合,将 23K 线圈两端短接 → 23K 失磁 → 回路 18 的 23K 的动合触点打开,失去自保持;

→ 回路 8 的 23K 的动合触点打开

→ 回路的 1YV 失磁断开冷却水。

→ 回路 8 的 1K 失磁 → 1QC、2QC 失磁空气压缩机停止 → 回路 13 的 1QC 动合触点打开

→ 5KT 失磁 → 51K 失磁 → 回路 17 的 51K 的动断触点闭合 ─────────

空气压缩机停机时排气压力低 → 回路 17 的 5SP 的动断触点闭合 →

22K 励磁 → 回路 13 的 22K 的动合触点闭合 → 2YV 励磁排污阀打开排污。

二、备用启动

由图 3-5 和图 3-6 不难看出,低压空气压缩机的备用启动控制过程与自动启动大致相同。不同之处是,作为备用的空气压缩机的 2SA 要切备用,而该空气压缩机的启动与停止均由 2SP 和 24K 来控制。

三、手动启动

当 2SA 切换开关切到手动位置时,空气压缩机会启动,即使贮气罐压力没有升到正常压力,将 2SA 切换开关切到停止位置时,空气压缩机也会停止。

四、控制柜手动启动

无论 2SA 切换开关在什么位置,都可以通过按下控制柜上的空气压缩机启动按钮将空气压缩机启动。同样,贮气罐压力没有升到正常压力时,也可通过按下控制柜上的空气压缩机停止按钮将空气压缩机停止。

五、故障信号

当发生下列故障时，空气压缩机将不能自动启动：

(1) 空气压缩机润滑油压不正常，回路 7 的 4SP 动合触点打开。

(2) 冷却水电磁阀投入，但冷却水压或水流不正常，回路 8 的 1SF 动合触点打开。

(3) 1 号空气压缩机二级排气温度高于 160℃，回路 22 的 1ST 动合触点闭合，25K 励磁，回路 24 的 25K 动合触点闭合，并通过复位按钮自保持，使回路 8 的 25K 动断触点打开。也就是说，只要空气压缩机的二级排气温度曾经超过 160℃，即使后来排气温度正常了，空气压缩机也无法启动，包括手动启动，必须通过按动回路 25 的复位按钮 3SB，才能使 25K 失磁，复归回路 8 的 25K 动断触点。2、3 号和 4 号空气压缩机二级排气温度高于 160℃时也是同样的结果。

当发生下列故障时，会有相应的故障信号出现：

(1) 1、2、3 号和 4 号空气压缩机二级排气温度高于 160℃，会有相应的信号灯亮。

(2) 直流电源消失时回路 39 的 3KV 继电器失磁，其回路 33 的 3KV 动断触点闭合，使 5PL 直流电源消失灯亮，说明回路 33 之后的直流电源消失。如果是回路 33 以上的直流电源消失，则通过回路 37 的 3KV 动断触点闭合，使 11KS 励磁，其动合触点闭合，向中控室监控系统发低压空气压缩机故障信号。

(3) 贮气罐压力过低时，通过回路 34 中 3SP 的动断触点闭合，使 11KS 励磁，其动合触点闭合，向中控室监控系统发低压空气压缩机故障信号。

(4) 贮气罐压力过高时，通过回路 35 中 3SP 的动合触点闭合，使 11KS 励磁，其动合触点闭合，向中控室监控系统发低压空气压缩机故障信号。

(5) 备用空压启动时，回路 36 中 24K 的动合触点闭合，使 11KS 励磁，其动合触点闭合，向中控室监控系统发低压空气压缩机故障信号。

3.3.2 制动装置的作用与结构

机组与电网解列后，转子巨大的转动惯量储存着大量的机械能，如果不采取任何制动措施，则机组需很长时间才会停下来，且对推力轴瓦的润滑不利。所以，一般情况下，当机组转速下降到额定转速的 50%时即投入电气制动，既将已与电网解列的发电机通过专设的开关接到制动用的三相短路电阻上，发电机励磁绕组则改接到独立的专设直流电源，从而使转子上产生强大的电磁制动力矩。当机组转速再下降到一定程度时，投入机械制动。之所以不在停机的同时就加闸制动，是为了避免因剧烈摩擦而引起冒烟起火，同时减小闸瓦摩擦，减少因制动而引起的振动。机械制动是水轮发电机组的一种传统制动方式，其装置主要由制动器、管路及其控制元件组成。

制动装置的作用是：

(1) 当机组进入停机减速过程后期时，为避免机组较长时间处于低转速下运行而引起推力瓦的磨损，一般当机组转速下降到本机额定转速的 20%～30%（当推力轴承采用巴氏合金瓦时）和 10%～20%（当推力轴承采用弹性金属塑料瓦时）时，自动投入制动器，加闸停机。

(2) 没有设置高压油顶起装置的机组，当经历较长时间的停机之后，再次启动之前，用油泵将压力油打入制动器顶起转子，使推力瓦重新建立油膜。

（3）机组大修或安装期间，常常需要用油泵将压力油打入制动器顶转子，转子被顶起之后，人工扳动锁锭螺母，使机组转动部分的重量直接由制动器缸体来承受。

不同结构的制动器所配的气系统也各不相同，气压复位制动器外布置两圈管路，一圈为制动管路，另一圈为复位管路。每个管路上配1个电磁空气阀，分别控制进气与排气，而双活塞制动器外只需布置1圈管路及1个电磁阀，制动结束排气后靠活塞自重复位。

气压复位制动器的结构如图3-7所示，底座1的四角有4个固定制动器的螺栓孔和1个用来与气系统管路相连的径向孔。底座上部焊接一圆筒状缸体2，缸体下部开有1个用来与复位气管路相连的小横孔，缸体外侧中部车制有一段阶梯形螺纹与大锁锭螺母3相配合，缸体上部扣放1个制动托板10，托板用螺钉固定在缸体内部的活塞13上，托扳上部夹板11和挡块8固定着耐磨制动板9。制动器械活塞为阶梯状，活塞上部与下部分别设有密封，构成了中部气压复位工作腔和下部的制动进气腔。

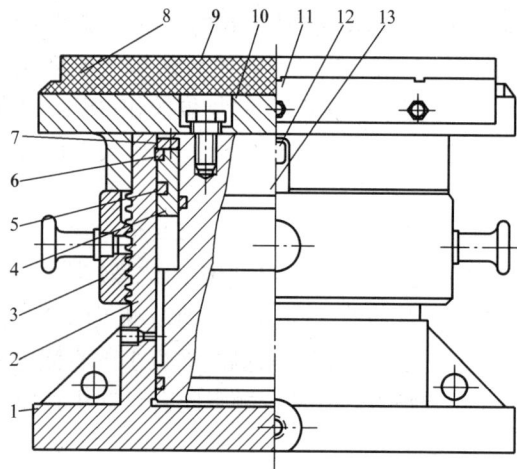

图 3-7　气压复位制动器的结构

1—底座；2—缸体；3—大锁锭螺母；4—衬套；5—O形橡胶密封圈；6—半环键；7—压环；8—挡块；9—制动板；10—托板；11—夹板；12—定位销；13—活塞

机组在停机过程中，当转速下降至整定值时，控制进气腔气源的电磁空气阀励磁，控制气压复位工作腔的电磁空气阀失磁，各制动器活塞下部进压缩空气。在气压的作用下，活塞及与其相连的托板和制动板向上移动，使制动板与转子磁轭下部的制动环接触摩擦，机组转速下降；当机组转速降至零时，维持零转速一定时间，控制进气腔气源的电磁空气阀失磁，控制气压复位工作腔的电磁空气阀励磁，结果是活塞下部排气，缸体外侧的小横孔进气，气压作用在活塞阶梯形活塞的环形面积上将活塞压下。

当需要顶转子时，通过顶转子油泵给高压油顶起环管供压力油，而用风闸将转子顶起、镜板与推力瓦分离时即可停止油泵，然后人工拧动大锁锭螺母，拧到与托板下缘接触，再排去油压，这样，便将由推力轴承支撑的机组转动部分的重量转移到各制动器缸体上。

双活塞式制动器的结构如图3-8所示，该结构与气压复位制动器结构的主要区别在活塞上，其上活塞中部开有圆孔，孔内放活塞的复位弹簧，复位弹簧上面有压板，并且压板固定在缸体上。当停机制动风闸进气时，上活塞与固定在其上面的制动板上移，由于复位弹簧的压板固定在缸体上，则复位弹簧被压缩。制动结束风闸排完气后，上活塞及制动板在复位弹簧的作用下复归。当顶转子

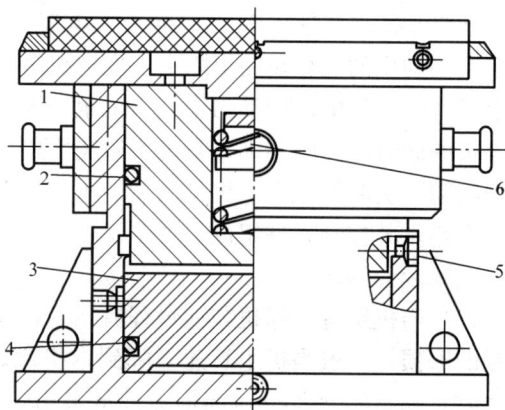

图 3-8　双活塞式制动器的结构

1—上活塞；2—上活塞密封圈；3—下活塞；4—下活塞密封圈；5—进气孔；6—复位弹簧

时，由底座孔给油压，作用在下活塞下部而执行顶起动作，顶起操作结束且排油后，可在下活塞上部用气压将下活塞复位，而上活塞则在复位弹簧的作用下复位。

3.3.3 机组制动供气系统图

制动系统采用不同的制动器，其供气系统图则不同。图 3-9 所示为气压复位制动闸的制动用气系统图。由于该系统活塞有上、下两个腔，因此要用两个电磁空气阀进行控制。机组正常运行时，21YVA 和 22YVA 均处于失磁状态，即制动器活塞上、下两个腔均与大气相通；机组停机过程中，当转速下降至整定值时，22YVA 励磁，来自制动供气的低压气经1300、1301 和 1302 阀进入制动器下腔，加闸制动。当机组转速下降为零时，经过一定的延时，22YVA 失磁，制动器下腔的气经 1302 阀排至大气，然后 21YVA 励磁，来自制动供气的低压气经 1300、1311 和 1322 阀进入制动器上腔，将各个制动器活塞压下。当各个制动器均复位后，21YVA 失磁，制动器上腔排气。制动系统图如图 3-10 所示。

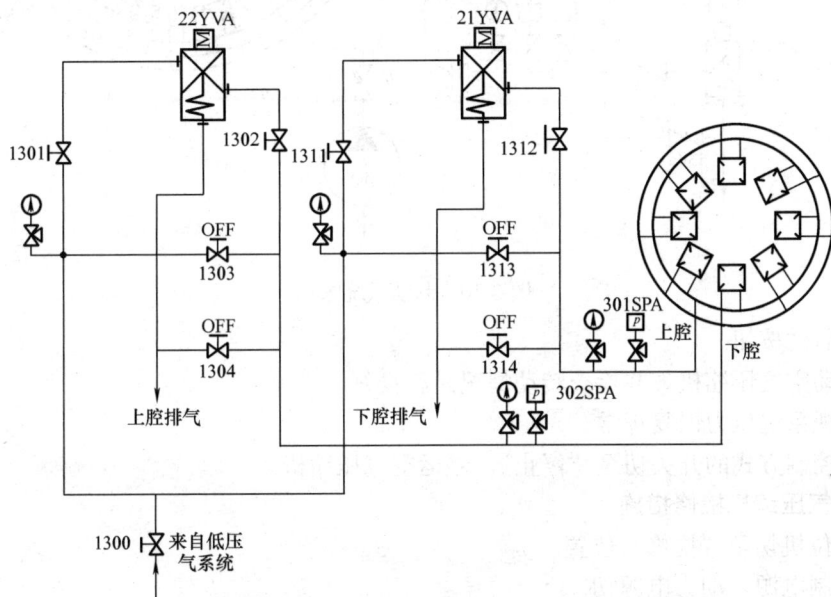

图 3-9 气压复位制动闸的制动用气系统图

3.3.4 低压气系统的操作与检修措施

低压空气压缩机的操作方式因空气压缩机型号不同而有所不同。下面仅给出具有共性的操作步骤；当空气压缩机有下列情况之一时禁止启动：保护装置不完整或失灵；油槽油质、油面不合格；冷却装置不能正常工作；电动机有故障；有剧烈振动、窜动或出现异音。

一、手动启动空气压缩机的操作

（1）检查 Ⅰ、Ⅱ 级压力表是否指示在"零"位。

（2）贮气槽压力小于额定停止压力。

（3）旋转设备周围无人及异物。

（4）空气压缩机油位、油压正常。

（5）将控制方式的开关切至"手动"。

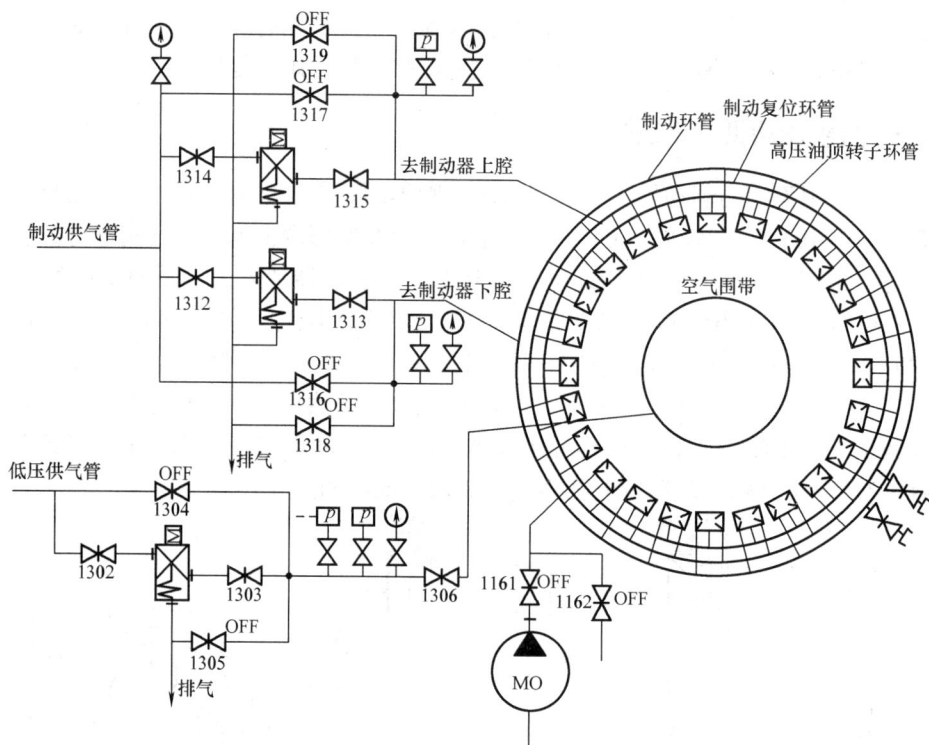

图 3-10　制动系统图

（6）按启动按钮。

（7）启动空气压缩机，并检查转动情况是否良好。

（8）监视系统压力恢复正常。

（9）将控制方式的开关切至"停止"，停运空气压缩机。

二、空气压缩机检修措施

（1）上位机切至"检修"位置。

（2）控制电源，动力电源切。

（3）关闭有关阀门使其脱离系统。

三、总控制回路检修措施

（1）上位机各台空气压缩机切至"检修"位置。

（2）总控制电源切。

（3）监视气系统压力，手动启停空气压缩机。

四、贮气罐检修措施

（1）正常运行时，气系统气源取自 1 号贮气罐，则其输出的阀门开启。

（2）当 1 号贮气罐停用时，气源取自 2 号贮气罐，即 1 号贮气罐阀输出的阀门关闭，2 号贮气罐阀输出的阀门开启。

（3）拉开有关交、直流电源开关。

（4）关闭有关阀门，脱离系统，贮气罐排气。

五、机组机械制动系统试验

（1）试验条件：

1）压缩空气系统检修工作全部完成，压缩机处于正常运行状态，气压已正常。

2）发电机的制动系统检修完毕，制动器已投入运行。

3）水轮机自动控制系统检修完毕。

（2）试验步骤（参考图3-9）：

1）检查制动风源风压正常。

2）关闭排风阀1312。

3）打开给风阀1313。

4）检查风闸风压是否在0.6～0.8MPa。

5）检查压力继电器工作正常。

6）检查全部风闸FZ均已顶起。

7）检查各阀门、管路无漏风现象。

8）关闭给风阀1313。

9）打开排风阀1312（此时1314应在开）。

10）检查风闸风压为零。

11）检查各阀门、管路无漏风现象。

12）关闭排风阀1302。

13）打开给风阀1303。

14）检查风闸风压是否在0.6～0.8MPa。

15）检查压力继电器工作正常。

16）检查全部风闸FZ均已落下。

17）关闭给风阀1303。

18）打开排风阀1302（此时1304应在开）。

19）检查风闸风压302YL为零。

20）打开下腔电磁空气阀21YVA。

21）检查风闸风压是否在0.6～0.8MPa。

22）检查全部风闸FZ均已顶起。

23）检查各阀门、管路无漏风现象。

24）关闭下腔电磁空气阀21YVA。

25）检查风闸风压为零。

26）打开上腔电磁空气阀22YVA。

27）检查风闸风压是否在0.6～0.8MPa。

28）检查各阀门、管路无漏风现象。

29）检查全部风闸FZ均已落下。

30）关闭上腔电磁空气阀22YVA。

31）检查风闸风压为零。

六、手动加闸的操作（参见图3-9）

机组停机过程中，若控制回路故障，需手动控制电磁空气阀。加闸时的操作步骤如下：

（1）监视机组转速下降到加闸转速。

（2）打开风闸下腔电磁空气阀21YVA。

（3）检查风闸下腔风压合格。

（4）监视机组转速下降到 0%。

（5）关闭风闸下腔电磁空气阀 21YVA。

（6）检查风闸下腔风压为零。

（7）打开风闸上腔电磁空气阀 22YVA。

（8）检查风闸上腔风压合格。

（9）检查全部风闸 FZ 均已落下。

（10）关闭风闸上腔电磁空气阀 22YVA。

（11）检查风闸上腔风压为零。

机组正常运行时，风闸上、下腔电磁空气阀 22YVA 和 21YVA 均处于关闭状态（即排气状态）。机组停机过程中，若电磁空气阀卡在关闭侧无法打开，则手动加闸。加闸时的操作步骤如下：

（1）监视机组转速下降到加闸转速。

（2）关闭排风阀 1312。

（3）打开给风阀 1313。

（4）检查风闸下腔风压合格。

（5）监视机组转速下降到 0%。

（6）关闭给风阀 1313。

（7）打开排风阀 1312。

（8）检查风闸下腔风压为零。

（9）关闭排风阀 1302。

（10）打开给风阀 1303。

（11）检查风闸上腔风压合格。

（12）检查全部风闸 FZ 均已落下。

（13）关闭给风阀 1303。

（14）打开排风阀 1302。

（15）检查风闸上腔风压为零。

若在机组停机过程中判断不出电磁空气阀卡在哪一侧，则手动加闸时的操作步骤如下：

（1）监视机组转速下降到加闸转速。

（2）关闭排风阀 1312。

（3）关闭排风阀 1311。

（4）打开给风阀 1313。

（5）检查风闸下腔风压合格。

（6）监视机组转速下降到 0%。

（7）关闭给风阀 1313。

（8）打开排风阀 1314。

（9）检查风闸下腔风压为零。

（10）关闭排风阀 1302。

（11）关闭排风阀 1301。

(12) 打开给风阀 1303。

(13) 检查风闸上腔风压合格。

(14) 检查全部风闸 FZ 均已落下。

(15) 关闭给风阀 1303。

(16) 打开排风阀 1304。

(17) 检查风闸上腔风压为零。

第二篇

水轮发电机组
运 行

4 水轮发电机组的结构与原理

4.1 混流式水轮机的结构

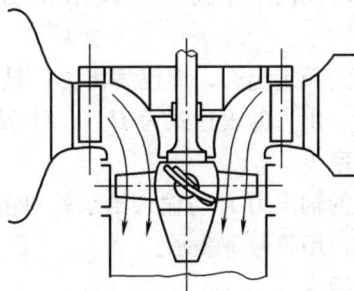

4.1.1 水轮机的基本类型与参数

水轮机是将水能转换为机械能的水力机械。根据转轮转换水流能量的方式不同，现代大、中型水轮机主要分为"两型六式"，即反击型和冲击型两大类。反击型水轮机包括混流式（应用水头 40～700m）、轴流式（应用水头 3～90m）、斜流式（应用水头 40～200m）和贯流式（应用水头 2～30m），如图 4-1～图 4-4 所示。冲击型水轮机在大、中型水电厂中主要应用水斗式（应用水头 300～2000m）。轴流式和贯流式水轮机又分为转桨式和定桨式。

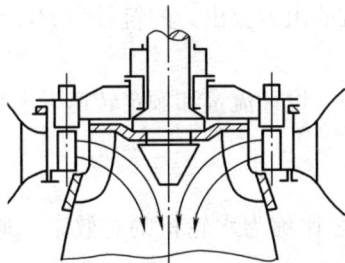

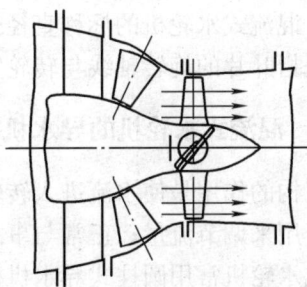

图 4-1　混流式水轮机　　　　图 4-2　轴流式水轮机

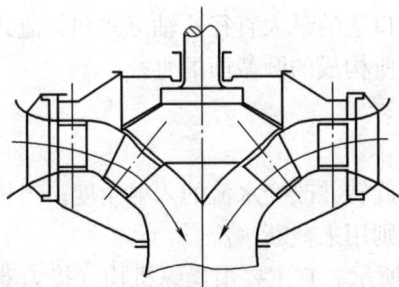

图 4-3　斜流式水轮机　　　　图 4-4　贯流式水轮机

水轮机的参数很多，包括结构参数、工作参数和综合参数等。水轮机的工作参数是表征水流通过水轮机、水流的能量转换为转轮机械能的过程中的一些特性数值，基本工作参数一般包括工作水头 H_w、流量 Q、出力 P、效率 η、转速 n 和转轮直径 D_1。

一、工作水头

水轮机的工作水头 H_w 是指水轮机进、出口截面处水流的总比能之差，即水轮机进、出口截面处水流平均单位的机械能之差。工作水头是水轮机最重要的基本工作参数，其大小直接影响着水电厂的开发方式、机组类型及经济效益等技术经济指标。

水轮机的设计水头 H_d 是水轮机按额定转速运行时，保证水轮机发出额定出力所必需的最低水头。

水轮机的最大水头 H_{max} 是由转轮性能所决定的允许水轮机运行的最高工作水头。

水轮机的最小水头 H_{min} 是由转轮性能所决定的，能保证水轮机安全、稳定运行的最低工作水头。

水轮机的净水头 H_n（亦称有效水头）是水轮机的工作水头减去水轮机进、出口间总的水头损失而真正对转轮做功的水头。

二、流量

单位时间内通过水轮机某一既定过流断面的水流体积称为水轮机的流量。流量的符号为 Q，单位为 m^3/s。水轮机的设计流量 Q_d 是水轮机在设计水头下发额定出力时所需要的流量。

水轮机流量 Q 是仅次于工作水头的第二个重要的基本工作参数，它从水量的角度反映了水轮机利用水流能量的能力。

三、出力

在单位时间内水轮机主轴所输出的功称为水轮机的出力。出力的符号为 P，单位一般多用 kW。

水轮机的额定出力，即铭牌出力，是在设计水头、设计流量和额定转速下水轮机主轴所输出的功率。出力的表达式为 $P=9.81QH\eta$。

四、效率

水轮机的轴出力 P 与输入给水轮机的水流出力之比称为水轮机的总效率，通常简称为水轮机效率，用符号 η 表示。

五、直径

对应转轮叶片某一个具有代表性的特征部位，国家所规定的直径叫做水轮机的标称直径或名义直径，习惯上也称为转轮直径，用 D_1 表示。我国对主要几种水轮机转轮的标称直径规定如下：混流式水轮机的标称直径是指叶片进口边的最大直径；轴流式和斜流式水轮机的标称直径是指叶片的旋转轴线与转轮室表面相交所构成的圆截面的直径。

4.1.2 混流式水轮机的导水机构

导水机构的作用是使水流进入转轮之前形成旋转并改变水流的入射角度；当机组出力发生变化时，用来调节流量；正常与事故停机时，则用来截断水流。

混流式水轮机常用圆柱式导水机构如图4-5所示。它主要由操纵机构（接力器及其锁锭装置、推拉杆等）、传动机构（控制环、连杆、连接板和键等）、执行机构（导叶）和支撑机构（顶盖、底环及轴承等）4部分组成。

接力器接受来自调速器的指令向开启侧或关闭侧移动，并带动其上面的推拉杆移动，在两个推拉杆的作用下，与之相连接的控制环在一定角度内转动；控制环的下部凸缘上均布着与活动导叶数相同的小耳环，用小销轴与连杆连接，连杆与导叶臂用剪断销连为一体，借此传递导叶的操作力矩。当某个导叶因故卡住不动，直至连杆与导叶臂之间的剪切力增加到正常操作力的1.5倍时，该导叶的剪断销被剪断，而其他导叶可按调速器的指令达到相应的开度。导叶臂与活动导叶的上轴径用分瓣键固定为一体。

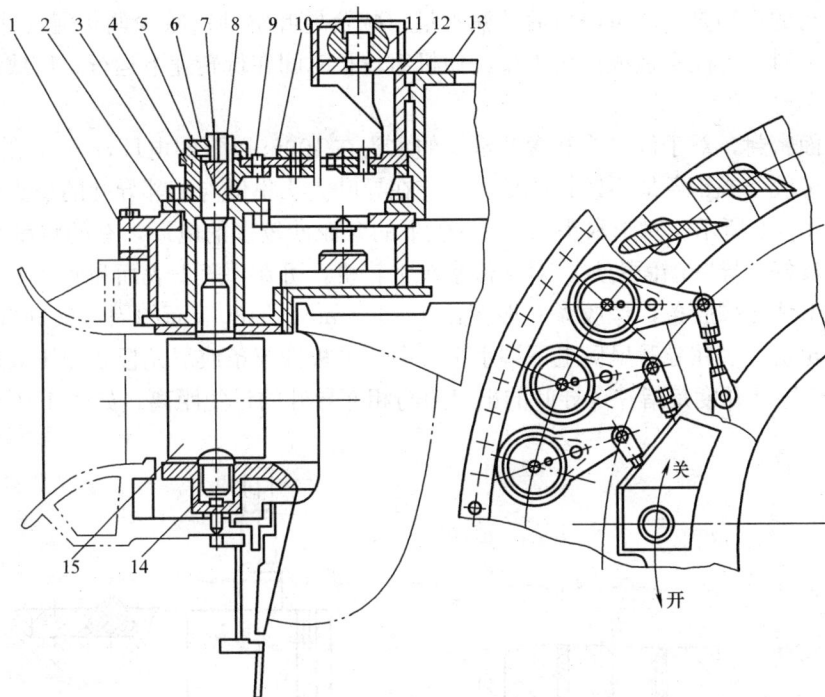

图 4-5　圆柱式导水机构（混流式水轮机）

1—顶盖；2—套筒；3—止推压板；4—连接板；5—导叶臂；6—端盖；7—调节螺钉；

8—分半键；9—剪断销；10—连杆；11—推拉杆；12—控制环；13—支座；

14—底环；15—导叶

接力器锁锭装置的作用是，当导叶全关闭后，锁锭投入，可阻止接力器活塞向开侧移动；一旦闭侧油压消失，则可防止导叶被水冲开。

为了操作导叶使其转动，且既减少摩擦阻力又不摆动，可在大、中型水轮机导叶轴上装 3 个滑动轴承。下轴承装在底环上；上、中轴承装在导叶套筒内，套筒装于顶盖内。导叶轴套内的滑动瓦多用尼龙 1010、聚甲醛、聚四氟乙烯等工程塑料制作。

导叶止推装置的作用是，限制由于导叶上浮力大于它的自重而产生的向上移动，防止导叶的上端面与其相对应的顶盖下部发生摩擦和碰撞，并可维持导叶上、下端面间隙不变。导叶止推的常见措施有 3 种，一是装在导叶套筒法兰面上的止推压板，卡住拐臂后面的止推槽，如图 4-6 所示；二是装在导叶套筒下部的止推环，如图 4-7 所示；三是在底环下轴承孔的底部开孔，将渗漏压力水用埋设管路排至厂房集水井。

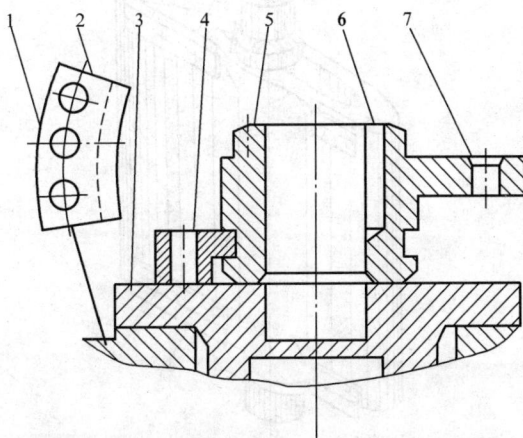

图 4-6　止推压板装置示意图

1—顶盖；2—止推压板顶视图；3—套筒；4—止推压板断面；5—拐臂；6—键槽；7—剪断销孔

导叶密封的作用是：减少停机后的漏水量；减轻导叶空蚀；减少调相漏气并容易压水。当漏水量较大时，可能会造成停机困难，使机组较长时间在低转速下运行，以致危及推力轴承的安全。

导叶立面密封，对于低水头和含沙量少的水头在 100m 以下的电厂，可采用近似等边三角形断面的橡胶条或铅条加不锈钢压板，固定在导叶大头里侧与相邻导叶的小头相搭接部位的槽内，如图 4-8 所示。对于水头在 100m 上下的含泥沙较多的电厂，有的将橡胶条改为尼龙条，效果较好。导叶端面密封，对于低水头水轮机，可在顶盖下表面和底环上表面的导叶轴线分布圆上装压橡胶条，橡胶条一般突出 1~1.5mm。导叶端面的周边最好有倒角。中、高水头的水轮机，多在导叶里侧上下端水平方向用平板橡胶条或尼龙板条加压板来止水，如图 4-9 所示。导叶开度是指一个导叶的出口边与相邻导叶的最短距离，如图 4-10 所示。

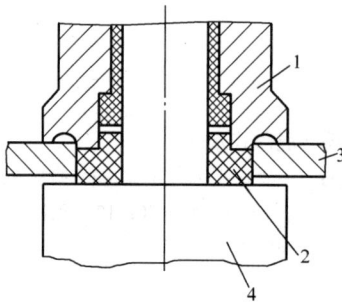

图 4-7 止推环

1—套筒；2—止推环；3—顶盖；4—导叶

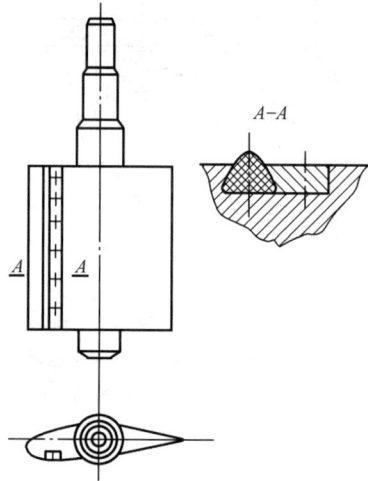

图 4-8 导叶立面间隙密封

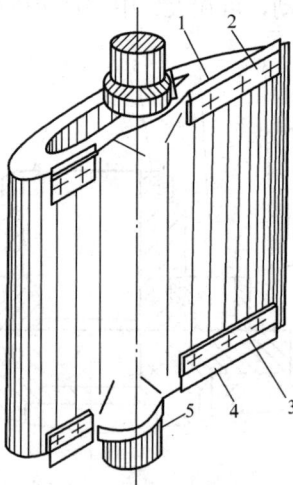

图 4-9 导叶端面的平板橡胶条或尼龙板条密封

1、4—密封条；2、3—压板；5—导叶轴

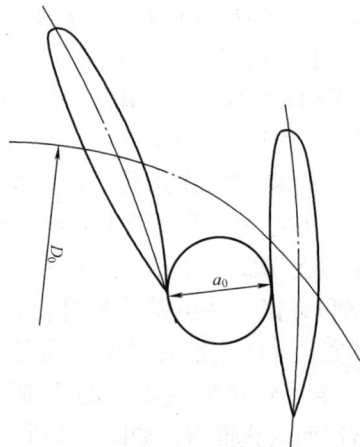

图 4-10 导叶开度

4.1.3　混流式水轮机的工作机构

转轮是混流式水轮机工作机构的核心部件，如图4-11所示，其作用是实现水能的转换，是水轮机的主体。转轮的上部是水轮机顶盖，顶盖里边装有导轴承，导轴承的向里是与转轮上部用螺栓相连的主轴，转轮的外围是活动导叶、座环和基础环，转轮的下部是尾水管。

转轮上冠位于转轮的上部，其顶视图和仰视图都是圆形，而纵断面近似为一个倒截锥形，其边线叫做上冠的型线。中间的圆平面兼作转轮与水轮机主轴连接的法兰，法兰外围有几个均布的减压孔，在减压孔外围装有引水环板（亦称引水板），法兰中心部位开有补气孔。上冠的外缘上部装有上部转动止漏环（亦称迷宫环）。上冠的主要作用是：上部连接主轴，下部支承叶片并与下环一起构成过流通道。

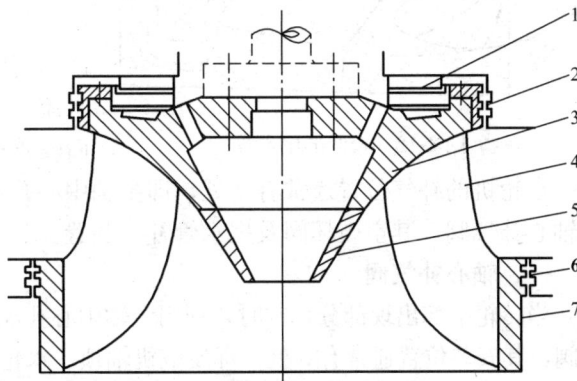

图 4-11　混流式水轮机转轮结构
1—减压装置；2、6—止漏环；3—上冠；4—叶片；
5—泄水锥；7—下环

叶片是决定转轮质量最关键的部件，叶片自上而下呈逐步加强的扭曲状，其断面形状为翼型。

泄水锥的作用是引导经叶片流道出来的水流迅速而顺利地向下渲泄，防止水流相互撞击，以减少水力损失，提高水轮机的效率。泄水锥外形呈倒截锥体、里边空心、下部开口，以便排除上冠上部来自止漏环的漏水及橡胶导轴承的润滑水。

止漏装置的作用是减少转轮上、下转动间隙的漏水量，它由转动和固定两部分组成。转动止漏环前面已经讲过；固定止漏环，上部的装在顶盖下部与上冠转动止漏环相对应处，下部的多装在基础环上，也有的装在座环的下环上，个别转轮的下部固定止漏环装在底环的内缘，与转轮下环上的下部转动止漏环相对。止漏环之间形成很小的缝隙或连续几个交替的宽缝和窄缝，使通过止漏环间隙的水流受到很大阻力，减慢了流速，从而起到阻止后面的水流迅速漏掉的作用，减少了漏水量。

减压装置的作用是减少作用在转轮上冠上的轴向水推力，以减轻推力轴承的负荷。轴向水推力是指作用在上冠上表面和下环外表面向下的水压力，以及由于水流对叶片的反作用力引起的向下的水压力和转轮的上浮力等几个力的合力。在水轮机稳定工况下，轴向水推力的方向是铅直向下的，其值变化不大，主要作用在上冠上表面，所以，减压也主要在上冠上部采取措施。轴向水推力只能减小，不能消除。

4.1.4　混流式水轮机的排水机构

通过反击型水轮机转轮的水流，经尾水管排至下游可减少水头损失，提高水轮机的效率。尾水管主要有直锥形和弯曲形两种类型。大、中型反击型水轮机采用后者。弯曲形尾水管由进口锥管、肘管和出口扩散段组成，如图4-12所示。

肘管由进口的圆形断面渐变过渡到出口矩形断面。出口扩散段为矩形断面，两侧平行，

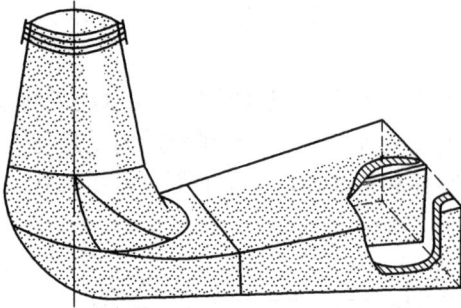

图 4-12 弯曲形尾水管

顶板上翘。为了减轻冲刷破坏，锥管加钢板里衬。由于安装和检修的需要，一般在直锥段里衬的上部开有进人门。

4.1.5 混流式水轮机的补气装置

补气装置的作用是：当机组处于不稳定工况区运行时，用补气的方法减轻振动和尾水管内的水流扰动，并可稍微提高水轮机的水力效率，从而改善机组的运行状态。

水轮机的补气位置通常有 3 处，即主轴中心孔、顶盖和尾水管。因此，相应的补气装置有轴心补气阀、真空破坏阀及尾水管补气装置。

一、轴心补气阀

当转轮下部出现部分真空时，利用主轴中心孔经补气阀自行补气。它是经常动作的一个补气阀，其安装位置通常有 3 处，即发电机轴顶、水轮机主轴上法兰和下法兰。轴心补气阀与真空破坏阀的结构如图 4-13 所示。通常，调到靠阀门自重阀盘就能开启 0.5～1.0mm 的程度为宜，阀盘开口随着转轮内部与外界间压差的增大而增大。

二、真空破坏阀

真空破坏阀的作用是：当水轮机导水机构紧急关闭时，向转轮室内迅速补气，以减轻尾水反冲所引起的振动和破坏（轴流转桨式水轮机尤为严重），从而对机组安全运行起了一定程度的保护作用。

当顶盖下部真空压力超过 0.025～0.03MPa 时，阀盘应全开，真空消失后，靠弹簧和阀盘浮力回复。

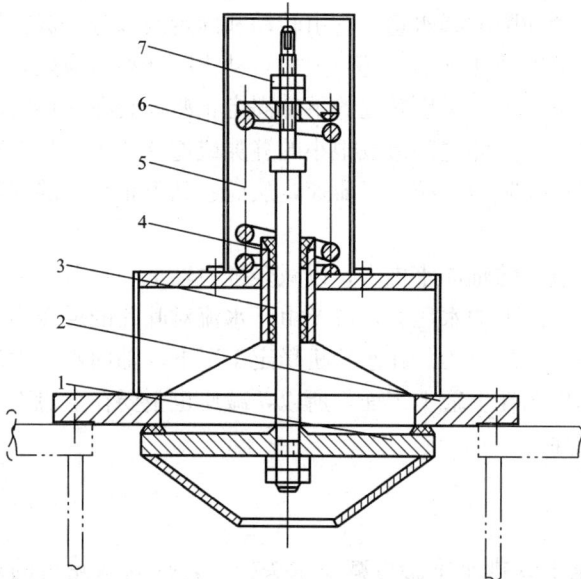

图 4-13 轴心补气阀与真空破坏阀的结构

1—阀盘；2—阀座；3—阀杆；4—轴套；5—弹簧；
6—护罩；7—调节螺母

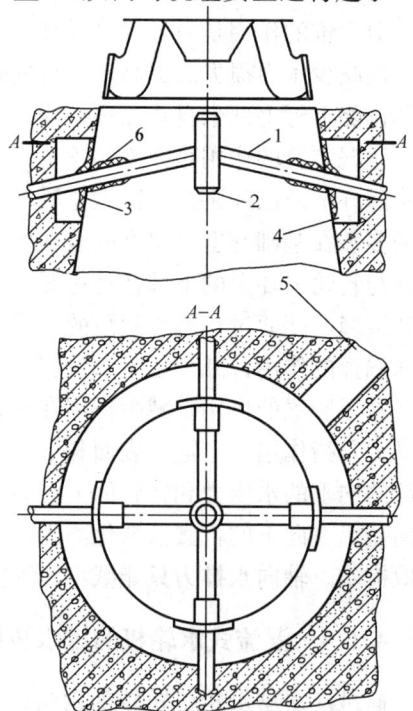

图 4-14 尾水管十字架补气装置

1—横管；2—中心体；3—衬板；4—均气槽；
5—进气管；6—不锈钢衬套

混流式水轮机一般在顶盖上对称地装置两个 $\phi200$ 的真空破坏阀；大、中型轴流转桨式水轮机一般在支持盖上对称地装置 4 个 $\phi250$ 或 $\phi500$ 的真空破坏阀。

三、尾水管补气装置

尾水管补气装置包括十字架补气、短管补气和射流补气等。尾水管十字架补气装置如图4-14 所示，主要由横管、中心管、环管（槽）和取气口的补气阀等部件组成。取气口的补气阀有普通吸力阀和用电磁液压阀按整定值操作的阀门两种。横管一般径向对称装 4 根成十字。

4.1.6 混流式水轮机主轴密封装置的类型与结构

混流式水轮机的转轮与顶盖间留有间隙并常设有转轮密封装置，但这种密封只能减小漏水量，机组运行时还是有水通过此间隙而漏入水轮机顶盖上。为保证油润滑的导轴承能正常工作，必须在导轴承的下部设置密封装置，以防止压力水从主轴和顶盖之间渗入导轴承，破坏导轴承的正常工作。因此，密封效果的好坏直接影响到机组的安全运行。密封装置一般安装在主轴法兰上方，有的需要外引清洁的密封压力水，且在机组运行时投入此密封。下游尾水位高于水轮机导轴承的电厂，为了防止停机时下游尾水进入导轴承油箱，还要再设置 1 个密封，在机组停机时投入。

水轮机主轴密封装置分为两大类，一类是轴承运行中投入的密封，称为主轴密封，其结构形式有盘根密封、橡胶平板密封、端面密封等；另一类是轴承检修或停机时投入的密封，称为检修密封，其结构形式有机械式密封、围带式密封和抬机式密封。下面主要介绍几种常见密封的结构。

如图 4-15 所示，双层平板密封位于水轮机顶盖与水轮机主轴法兰之间的空间所设置的

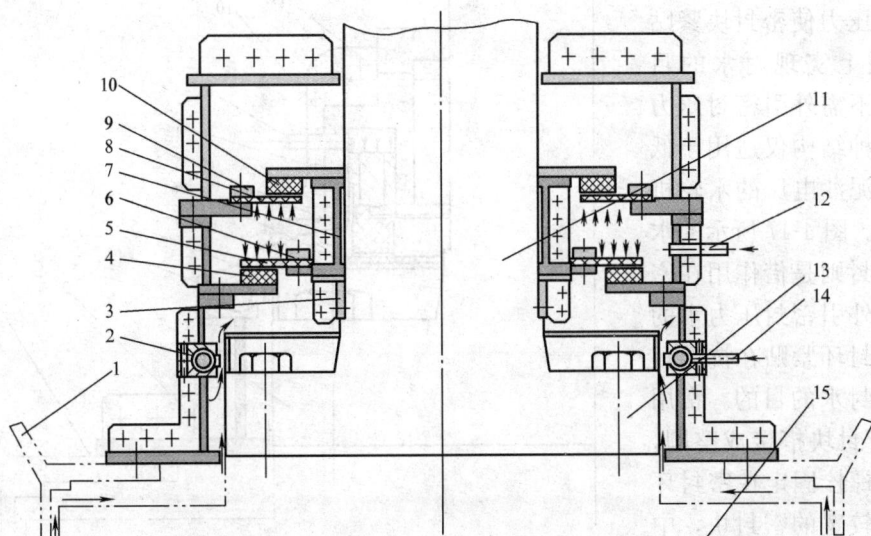

图 4-15 双层平板密封结构

1—顶盖；2—检修密封；3—回转托架；4、10—抗磨板；5—下橡胶板；6、9—压板；7—回转环架；8—上橡胶板；11—主轴；12—密封水进水管；13—主轴法兰；14—检修密封进气管；15—水轮机转轮上冠

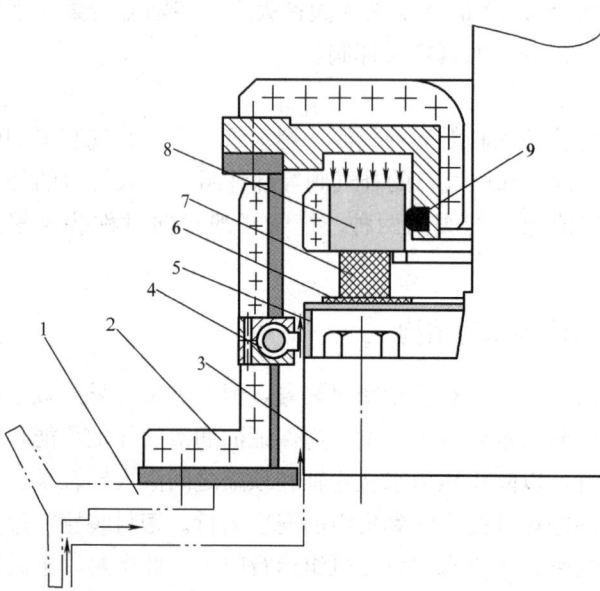

图 4-16 水压端面密封结构（一）

1—顶盖；2—密封架；3—主轴法兰；4—检修密封围带；5—法兰护罩；6—抗磨板；7—密封块；8—密封环；9—密封条

检修密封的上部，回转托架固定在主轴上，其上固定着回转环架，回转环架的上、下法兰分别装有上抗磨板和下水平橡胶板，各部件均随主轴一起旋转。上水平橡胶板和下抗磨板固定在装置在水轮机顶盖上密封水箱的上、下法兰上，旋转的上抗磨板与固定的上水平橡胶板、旋转的下水平橡胶板与固定的下抗磨板构成了主轴密封。外引的清洁的密封压力水（主轴密封水的压力视电厂的水头而各有不同）进入密封水箱，在上、下水平橡胶板产生了向下和向上的水压力，使上、下水平橡胶板分别与上、下抗磨板紧密接触，阻止水轮机顶盖与转轮上冠间隙的水流渗漏到顶盖上。如果外引的密封压力水失去，被密封的水流就会上溢，使水轮机导轴承及顶盖被淹，所以主轴密封水中断机组控制回路就会自动投备用水，如果备用水投不上，就要延时作用于事故停机。

图 4-16 所示的水压端面密封是靠密封压环的自重及渗漏水的压力使密封块紧贴在抗磨板上实现封水的目的，并且不需外引密封压力水，但这种结构仅适用于低水头、少泥沙电厂的水轮机主轴密封。图 4-17 所示的水压端面密封则是借作用在密封环上的外引密封压力水的压力使密封环紧贴在抗磨板上而实现封水的目的。常用2～4 个密封块搭接成整圆，密封块用螺栓固定在密封环上。对于较宽的密封块，中部往往开槽，这样既能增加漏水的阻力，又可调相运行时从外部引水冷却并润滑。这种结构适用于多泥沙电厂

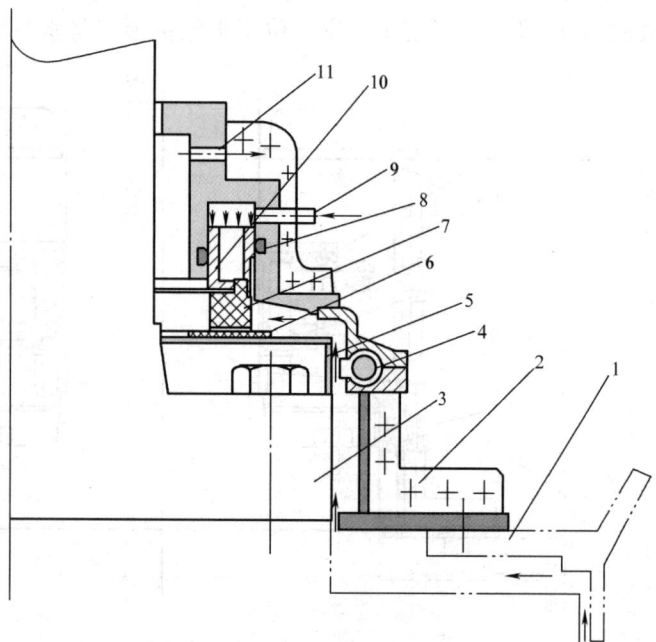

图 4-17 水压端面密封结构（二）

1—顶盖；2—密封架；3—主轴法兰；4—检修密封围带；5—法兰护罩；6—抗磨板；7—密封块；8—密封条；9—密封水进水管；10—密封环；11—排水管

的水轮机主轴密封。

图 4-18 所示的围带式检修密封，围带压装在主轴密封支架下部与固定在顶盖上的密封托板的圆槽之间。围带里缘，工作时有的与主轴轴面接触，有的则与水轮机主轴下法兰外圆接触，也有的与水轮机主轴法兰保护罩的外圆接触，其位置不是一成不变的，不同机组的具体结构有所区别。当机组正常运行时，空气围带里缘与水轮机主轴等旋转部件之间有几毫米的间隙。尾水位较高的水电厂，机组停机后主轴密封退出工作状态，为防止尾水倒灌，需要向空气围带充压缩空气，使

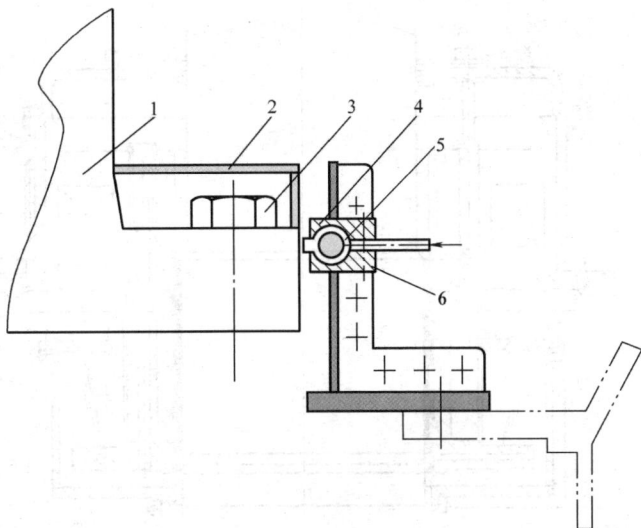

图 4-18 围带式检修密封结构
1—主轴；2—主轴法兰护罩；3—主轴法兰与转轮法兰连接螺栓；
4—密封架；5—空气围带；6—托架

围带扩张，将其与主轴等旋转部件之间的间隙封闭，阻止水流上溢；而尾水位稍高的水电厂，机组停机后不需要投入检修密封，而是在停机检修时才投入。空气围带内所充压缩空气不同的电厂各有不同，一般在 0.4～1.0MPa。

4.1.7 水轮机导轴承的结构与工作原理

水轮机导轴承的作用是承受机组在各种工况下运行时通过主轴传过来的径向力并维持已调好的轴线位置。按润滑剂的不同，导轴承分为水润滑的橡胶瓦导轴承和油润滑的乌金瓦导轴承，乌金瓦导轴承又分为自循环分块瓦导轴承和筒式导轴承。油润滑分块瓦导轴承的结构及工作原理与水轮发电机导轴承基本相同，下面主要介绍水润滑的橡胶瓦导轴承和油润滑的筒式导轴承的结构及工作原理。

如图 4-19 所示，橡胶瓦导轴承由分成两瓣的轴承体 1、用螺钉把合在轴承体内圆上的钢制瓦衬、粘在瓦衬上开有轴向润滑沟槽的耐磨橡胶瓦 3、固定在轴承上的润滑水箱、装置于水箱上部的密封装置 6、装置于水箱中部的润滑水进水管 7 和监视轴承上部水压的压力表 5 组

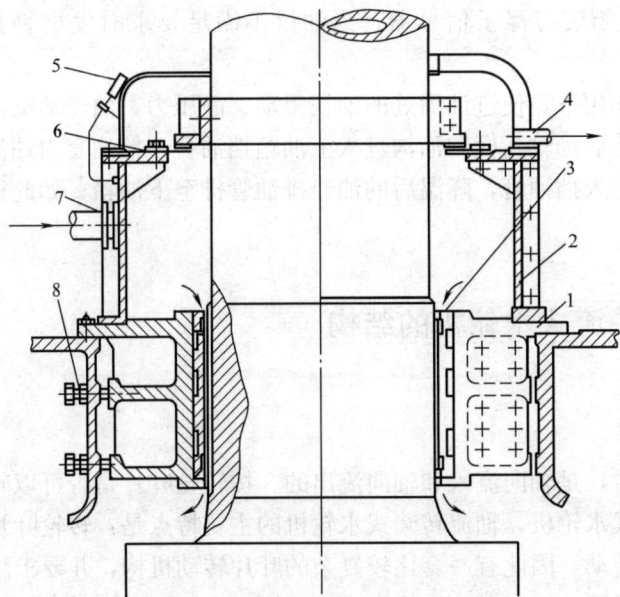

图 4-19 橡胶瓦导轴承的结构
1—轴承体；2—水箱；3—橡胶瓦；4—排水管；
5—压力表；6—密封；7—进水管；8—调整螺钉

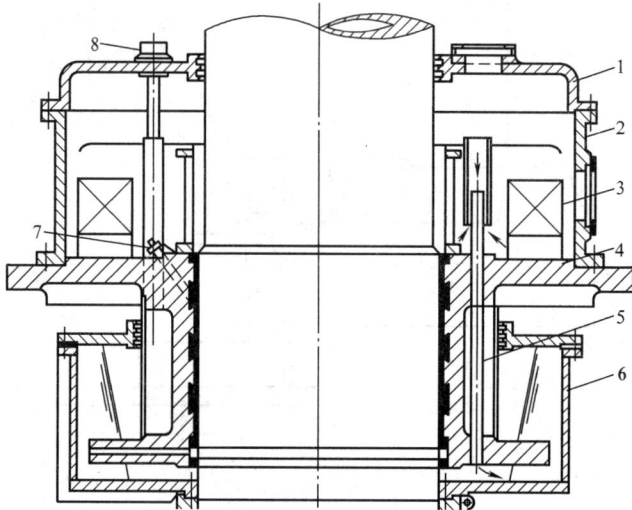

图 4-20　油润滑的筒式导轴承结构

1—油箱盖；2—上油箱；3—冷却器；4—轴承体；5—回油管；
6—下油箱；7—温度信号器；8—浮子信号器

成。橡胶瓦导轴承的位置可以更靠近转轮，橡胶瓦还可以削弱一些径向振动，从而提高了机组运行的稳定性。由导轴承出来的润滑水排到水轮机顶盖并由顶盖排水孔排走，但对润滑水的水质要求较高，所以常在润滑水的供水管路上单独设置滤水器。橡胶瓦不耐高温，因此其润滑供水应随机组启、停自动投入和停止，并应设示流信号器，当主供水源故障断水时，应能自动投入备用水源，同时发出信号；供水中断超过规定时间，应发出紧急事故停机信号。

油润滑的筒式导轴承的结构如图 4-20 所示。下油箱 6 固定在主轴上，也称回转油箱，分瓣的轴承体 4 用螺栓固定在顶盖的轴承支架上，上油箱 2 固定在轴承体上法兰上，下油箱与轴承体及上油箱与主轴之间均设置密封装置，以防油外溢。轴承体下法兰有径向进油孔，油孔端部装有进油嘴，油嘴进口迎着主轴的旋转方向。轴承体内开有纵向的孔，用于与回油管相连；轴承体内壁浇注的瓦面上开有数条斜油沟，挡油套装于轴承体上部内侧，用于沿长油的循环路径并将冷热油分开。下油箱装有浮子信号器，当油量不满足要求时发出警报信号。

下油箱随主轴旋转，在离心力的作用下，使进油嘴处的油获得动、静压力，油经油嘴及油孔进入轴瓦间隙并沿斜油沟向上，然后经轴瓦横向油沟进入上油箱挡油套，挡油套内油满后，从溢流板溢出，流经冷却器，又进入挡油管，降温后的油经排油管排至下油箱，如此循环往复。

4.2　轴流式水轮机的结构

4.2.1　轴流式水轮机的特点

轴流式水轮机水流流经转轮叶片时，是轴向流入和轴向流出的。按转轮叶片是否可以转动，又可分为轴流定桨式和轴流转桨式水轮机。轴流转桨式水轮机的主要特点是：转轮叶片可以根据外界负荷的变化与导叶协联转动，因此有一套比较复杂的叶片转动机构，并要求配有可调节导叶和转轮叶片的双调节调速器，在运行中，它的高效区较宽，因此平均效率高，适用于大、中型电厂。

大型轴流转桨式水轮机主要由主轴、转轮、导水机构、蜗壳、尾水管、导轴承、座环和转轮室等组成。其中，工作机构转轮的结构形式与混流式水轮机有较大的区别，其他部件基本相同。

4.2.2 轴流转桨式水轮机的工作机构

轴流转桨式水轮机的转轮位于转轮室内，上面是顶盖，下面是尾水管。转轮由转轮体、叶片、泄水锥等组成。转轮体与轴连接，在转轮体的圆周上均匀分布 3~8 个悬臂式叶片，叶片的枢轴插入转轮体内。转轮体上方为引导水流的顶盖内圈，称为支持盖；下部与泄水锥相连。在叶片枢轴与转轮体之间有密封。在转轮体内还有一套操作叶片转动的机构。

根据水头的不同，转轮叶片有 3~8 片，在导水叶开度改变的同时，叶片也转动一个角度，以适应外界负荷的变化。叶片转动的角度称为叶片转角，以 ϕ 表示。在设计工况时，规定叶片的转角 $\phi=0°$，向关闭方向转动时，转角为负，向开启方向转动时，转角为正。叶片的转角一般为 $-20°~+35°$。

转轮叶片的转动是由调速器和转轮叶片操作系统共同完成的。转轮叶片操作系统由凸轮装置、受油器、配压阀、压力油管、主轴内的操作油管、转轮接力器和转轮内的叶片操作机构组成，见图 4-21。

图 4-22 所示为带操作架的转轮叶片操作机构。装在转轮接力器内的活塞 9 靠压力油控制，可以上、下移动，与其连接的活塞杆 8 与操作架 7 相连，因此能带动操作架同时上、下移动。操作架与连杆 6 的一端相连，连杆的另一端则与转臂 5 相连。当连杆上、下移动时，转臂将以枢轴 2 为轴，并带动枢轴一起转动。枢轴与叶片为一体，因此带动叶片一起转动。

转轮接力器内活塞的压力油来自受油器。受油器的结构比较复杂，因为它一方面要接受外部固定油管的压力油；另一方

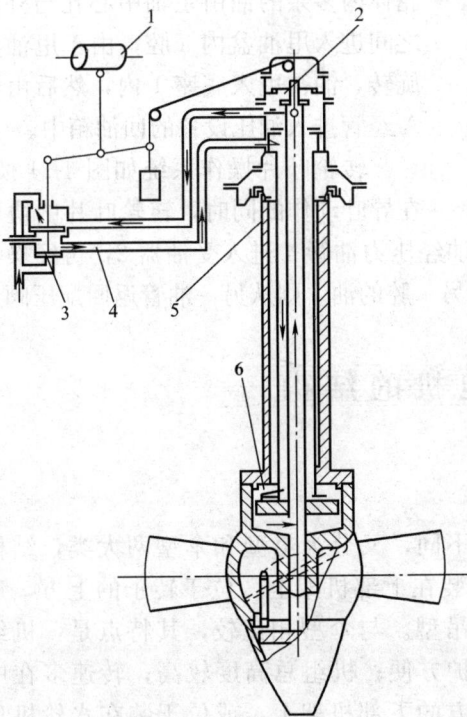

图 4-21 轴流转桨式水轮机转轮叶片操作系统
1—凸轮装置；2—受油器；3—配压阀；4—压力油管；
5—操作油管；6—转轮接力器

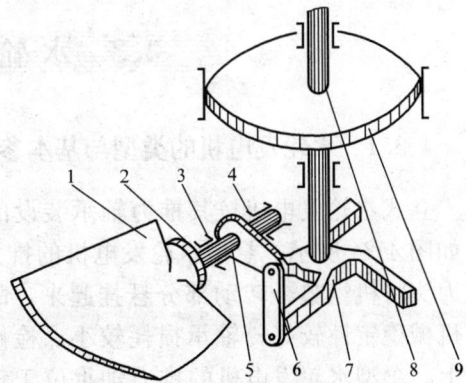

图 4-22 叶片操作机构示意图
1—叶片；2—枢轴；3、4—轴承；5—转臂；
6—连杆；7—操作架；8—活塞杆；9—活塞

81

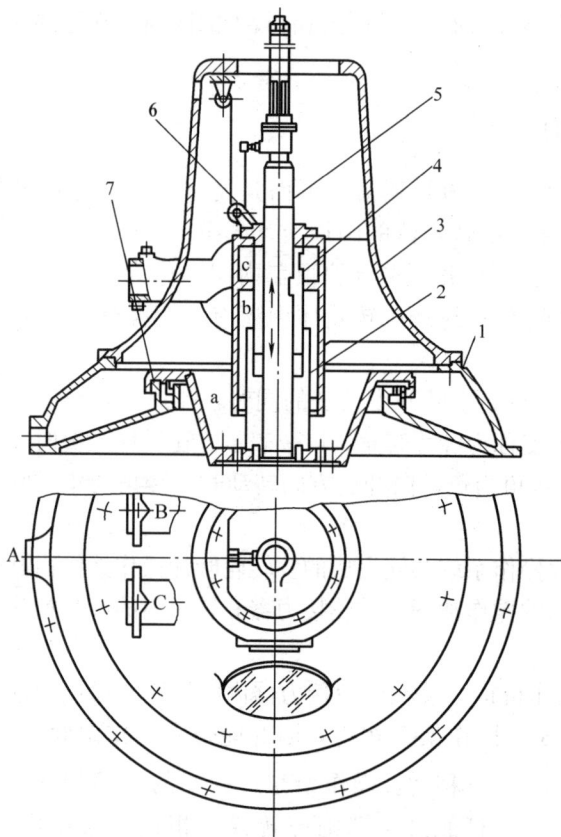

图 4-23　受油器

1—底座；2、5—油管；3—受油器本 6 体；4—套管；
6—衬套；7—甩油盆

面要给随主轴一同旋转并能上下移动的操作油管供油。受油器的结构如图 4-23 所示，受油器底座 1 固定于励磁机顶上，受油器本体 3 的中心部分有油室 b 和 c，分别与油管 B 和 C 相通，在油室 b 和 c 中装有同心油管 2 和 5，它们与操作油管用法兰连成一体，成为操作油管的首部。在油室中心固定着套管 4，其外圆与油室 b、c 之间隔板严密配合，把油室 b 和 c 隔离开来。在套管 4 的上口、下端和油室 b 的下端，各装一个衬套 6，分别与油管 2 和 5 配合。衬套与油管的配合，阻止了压力油漏损。这样，油腔 b 与油管 2 相通，油腔 c 与油管 5 相通。衬套与油管的配合要求很高，一方面必须严防漏油；另一方面，还应允许油管转动与上、下移动。甩油盆 7 固定在励磁机轴上，它与机组主轴一起旋转。转轮体内多余的油由主轴中心孔与外油管之间进入甩油盆内 a 腔，由于甩油盆的旋转，油被甩入底座 1 内，然后由油口 A 经管排入油压设备的回油箱中。

转轮叶片操作系统如图 4-21 所示，在导叶动作的同时，转轮叶片的协联机构凸轮装置 1 动作，从而操作配压阀 3，使高压油经压力油管 4 进入受油器 2，再经操作油管 5 至转轮接力器的一腔，活塞移动，而接力器另一腔的油，则从另一油管返回配压阀。

4.3　水轮发电机的结构

4.3.1　水轮发电机的类型与基本参数

立式水轮发电机按其推力轴承装设的位置不同，又分为悬型和伞型两大类，结构形式如图 4-24 所示。悬型水轮发电机的推力轴承装在上部机架上，位于转子的上方，通过推力头将机组整个转动部分悬挂起来，故称悬吊型。与伞型相比较，其特点是：机组径向机械稳定性较好；轴承损耗较小；检修、维护方便；机组总高度较高；转速多在中速以上。伞型水轮发电机的推力轴承位于转子下方的下部机架上，或位于装在水轮机顶盖上的专门的推力支架上。伞型水力机组（包括水轮机导轴承在内）分为"二导"半伞式和"二导"全伞式。所谓半伞式，是指发电机有上导无下导；全伞式则是指发电机有下导无上导。与悬型发电机相比较，其特点是：具有轻型的上机架；有的只用 1 根轴，有的推力轴承和下导轴承合用1个油槽。因此，伞型结构比悬型紧凑；机组总高度较低，降低了厂房高度；与同容量的悬型相比，减轻了发电机重量；但推力轴承损耗增大，检修、维护较不便。

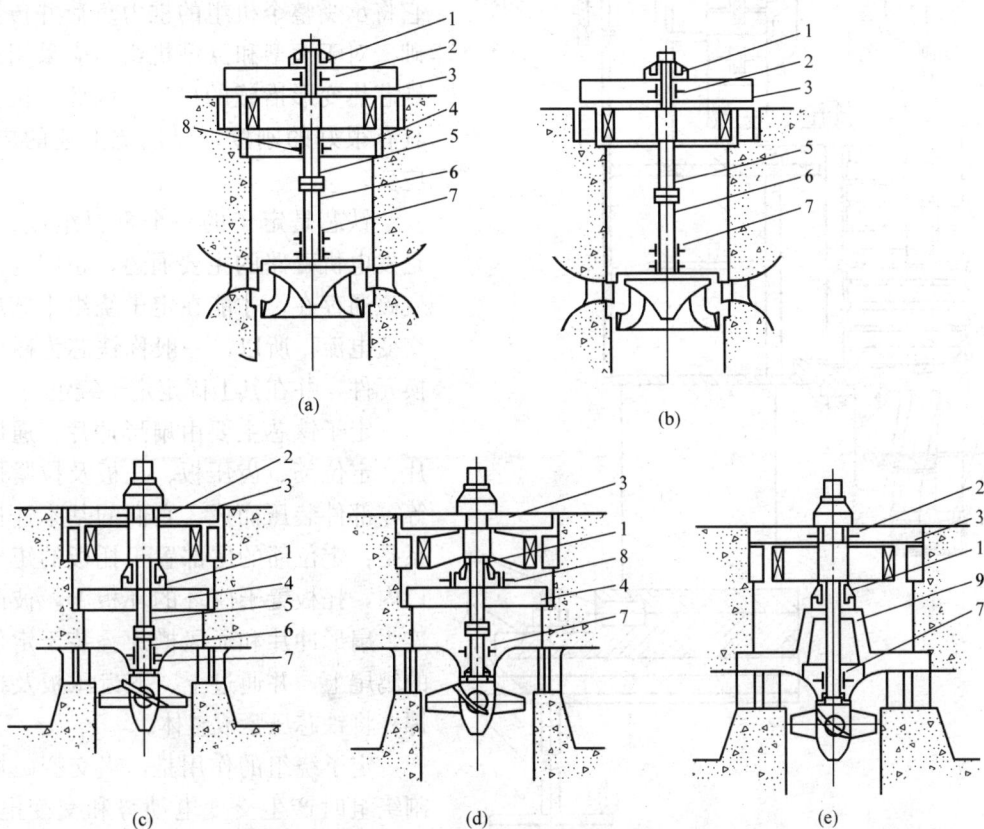

图 4-24　立式水轮发电机组的结构形式

（a）三导悬式；（b）二导悬式；（c）二导半伞式；（d）二导全伞式；（e）二导半伞式

1—发电机推力轴承；2—发电机上导轴承；3—发电机上机架；4—发电机下机架；5—发电机主轴；
6—水轮机主轴；7—水轮机导轴承；8—发电机下导轴承；9—水轮机顶盖

4.3.2　水轮发电机定子的结构

定子是水轮发电机的固定部件，其典型结构如图 4-25 所示。它主要由机座、铁芯、绕组、端箍和基础板等部件组成。

定子机座也叫定子外壳。大、中型水轮发电机定子机座由圆形机座壁、水平环板、支撑钢管、起吊柱、加强筋板和基础板等部件组成。机座壁一般由 12～20mm 厚的钢板滚压拼焊成型，壁上开有与冷却器个数相等的通风窗口，还有引出线孔。对于分瓣座环用合缝板和螺栓连接并组成整体。大、中型水轮发电机机座环合缝板，合缝面上下有轴向定位销，中部有径向定位销。座环环板一般都有上、中、下环，如采用大齿压板结构，还有大齿压板环。一般上环板厚为 25～30mm，中环板厚为 20～30mm，下环板厚为 40～60mm，大齿压板内环（压板部分）厚度往往为外环厚度的 1.5 倍以上。有的发电机由于端部通风的需要，在中环板上开有似 50～200mm 的孔。机座各层环板通过立筋或盒形筋连接组合。定子座环的作

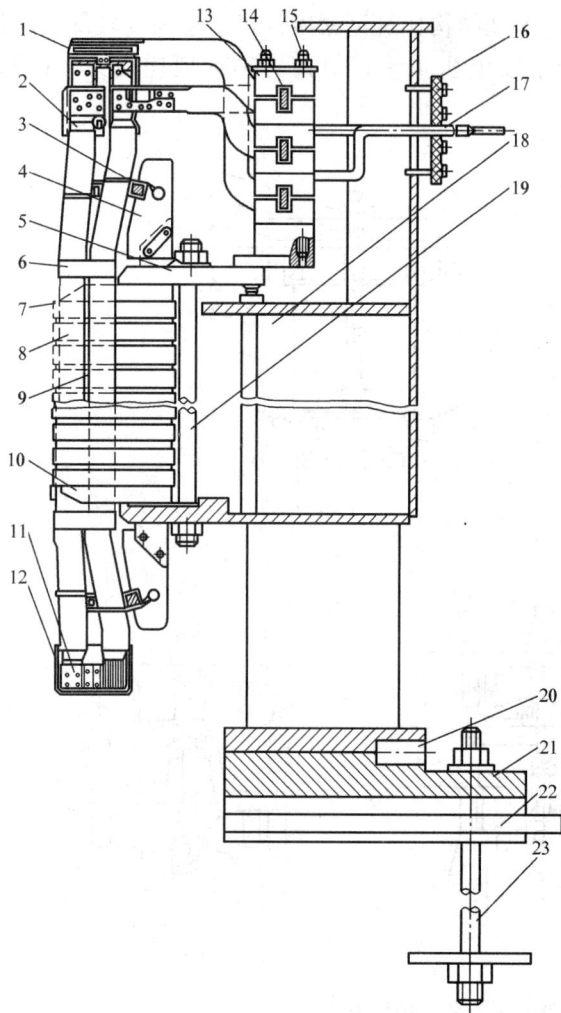

图 4-25　水轮发电机定子的典型结构

1—极间连接线；2—定子绕组；3—端箍；4—端箍支架；5—齿压板；6—槽口垫块；7—槽楔；8—定子铁芯；9—定子测温装置；10—下齿压板；11—并头套；12—绝缘盒；13—铜环引线支架；14—铜环引线；15—绝缘螺杆；16—引出线夹；17—引出铜排；18—机座；19—拉紧螺杆；20—定位销；21—基础板；22—楔；23—基础螺杆

用是：承受定子自重和上机架及在其上部的重量；承受电磁扭矩和不平衡磁拉力；承受短路切向剪力；如为悬型结构，它将承受整个机组的推力负荷并传至基础。对于大型和巨型机组，应采用适应铁芯热变形措施的机座。因此，机座应具有很好的刚度，以抵抗上述的应力、应变。

铁芯是定子的一个重要组成部分，是发电机磁路的主要通道，正因为有交变磁通存在，才能在定子绕组中感应出交变电流。所以，一般称铁芯为磁电交换元件，并在其上固定定子绕组。

定子铁芯主要由扇形冲片、通风槽片、定位筋、齿压板、托板及拉紧螺杆等零部件装压而成。它们的基本连接关系是：定位筋的尾部置于托板的矩形槽口内，托板置于座环的环板上，彼此焊连。扇形冲片和通风槽片叠装于定位筋的鸽尾上，并通过上、下齿压板及拉紧螺杆将铁芯压紧成整体。

定子绕组的作用是，当交变磁场切割绕组时产生交变电动势和交变电流。定子绕组分叠绕和波绕两种形式。定子绕组的固定对确保发电机安全运行及延长绕组使用寿命有着十分重要的作用，如固定不良，在电磁力和机械振动力的作用下，就会造成绝缘损伤和匝间短路等故障。因而，槽部线棒用槽楔压紧，端部用端箍（亦称扎线环或支持环）固定。

4.3.3　水轮发电机转子的结构

转子是发电机的旋转部件，其主要由转轴、支架、磁扼和磁极等部件组成。

主轴即发电机大轴，其作用视不同类型的机组稍有区别，主要可概括为以下几点：

(1) 起中间连接作用，下部与水轮机大轴相连，上部与励磁机主轴相连（他励系统）。

(2) 承受机组的额定转矩。

(3) 立式机组，发电机主轴承受由于推力负荷引起的拉应力。

(4) 承受单边磁拉力和转动部分的机械不平衡力。

（5）如果主轴与轮毂采用热套结构，则还要承受径向配合力等。水轮发电机主轴的结构形式可分为一根轴结构和分段轴结构两种。

大、中型水轮发电机转子支架是连接主轴和磁轭的中间部件，并起到固定磁扼和传递转矩的作用。运行中，转子支架要承受扭矩、磁轭和磁极的重力矩、转子自身的离心力、由于热打键（将磁轭加热膨胀，在冷打键的基础上再打键称为热打键）产生的径向配合力等，如果转子支架与主轴采用热套结构，则还要承受热套引起的径向配合力，因此，转子支架是一个受力复杂的重要部件。

转子磁轭亦称为轮环，它的作用是：形成发电机的部分磁路，固定磁极以及产生转动惯量。运行中，转子磁轭受到扭矩、离心力及热打键配合力等力的作用。

磁极是产生发电机主磁场的电磁感应部件。大、中型水轮发电机磁极通常由铁芯、线圈、上下托板、极身绝缘、阻尼条及垫板等部件组成，如图 4-26 所示。磁极与磁轭的连接方式，在大、中型水轮发电机中，多采用"T"尾固定结构，即磁极的"T"尾放入磁轭的 T 形极尾槽内，"T"尾两侧分别用成对的斜键打紧固定。

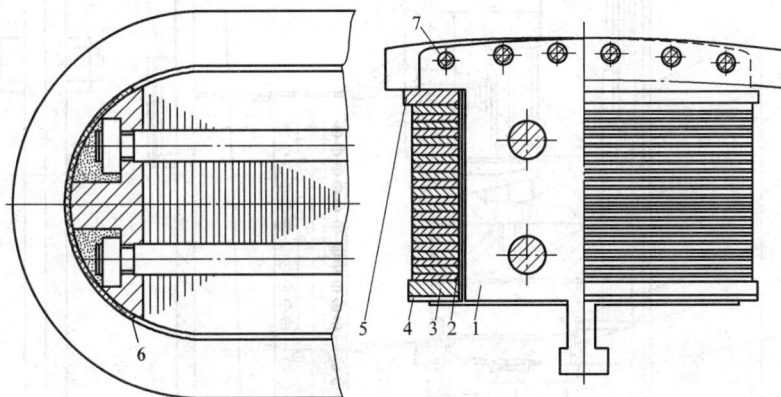

图 4-26   磁极装配
1—磁极铁芯；2—磁极线圈；3—下托板；4—钢垫板；5—上托板；6—极身绝缘；7—阻尼条

4.3.4   水轮发电机推力轴承的结构与工作原理

水轮机及水轮发电机所有转动部件的重量在机组运行时必须通过一个部件传递给荷重机架，再通过荷重机架传到混凝土基础上，这个部件就是推力轴承。另外，推力轴承还要承受水轮机的轴向水推力（轴向水推力是指水轮机稳定运行时作用在转轮上的几个动水压力的合力，方向向下）。推力轴承一旦发生故障，会直接影响到机组的安全、稳定运行，所以它常被称为机组的"心脏"。对于运行人员来说，推力轴承的巡回检查及操作尤其重要。

推力轴承按支承结构的不同可分为刚性支承、弹性油箱支承、弹簧支承、平衡块支承等；按油的循环冷却方式分为内循环（是指油冷却器和推力轴承装置在同一油槽内，借助推力头与镜板旋转的镜板泵作用和冷热油的对流形成循环油路）和外循环（是指将油冷却器装置在推力轴承油槽外部，借助油泵或是镜板泵的作用使油在推力油槽和装置油冷却器的油槽间循环）；按推瓦材料的不同可分为乌金瓦和塑料瓦。下面以刚性支承内循环乌金瓦为例来说明推力轴承的结构。

如图 4-27 所示，发电机的主轴通过卡环与推力头固定在一起，镜板通过把合螺钉固定在推力头上。机组运行时，推力头及镜板是随主轴一同旋转的，镜板为一表面非常光洁且有很高硬度的薄环形部件。机组的推力负荷由主轴、卡环、推力头、镜板传递到与镜板接触的几块推力瓦上。普通推力瓦是在 60～120mm 厚的钢质瓦坯表面加工出纵横鸽尾槽或方槽，然后在槽上浇铸乌金，乌金表面刮有三角形的瓦花便于建立启动油膜，推力瓦顶视为扇形。具有高压油顶起装置的推力轴承中，在瓦体中部径向钻孔，作为高压油供给油管；瓦面开有环形油室，并通过垂直向下钻的小孔与瓦体中部径向钻孔相连通，从而构成高压油顶起装置

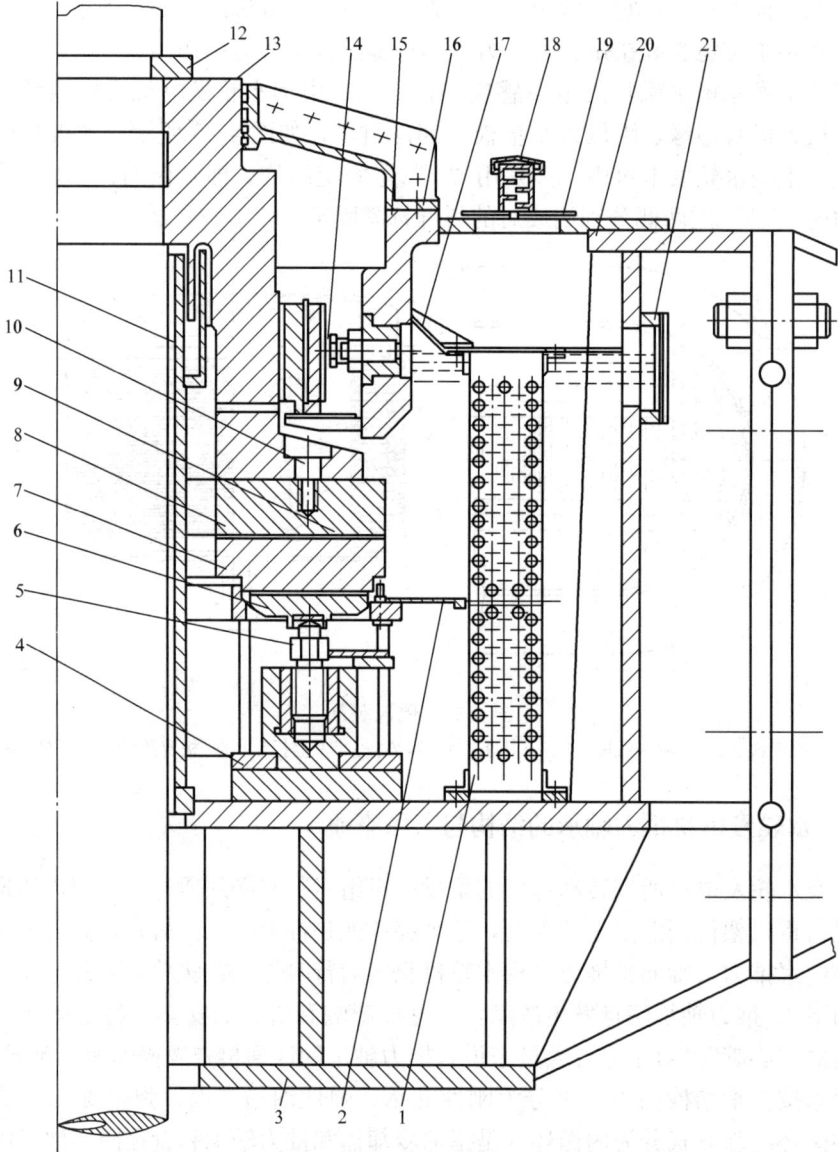

图 4-27　刚性支承内循环推力轴承结构

1—油冷却器；2—隔油板；3—上机架；4—轴承座；5—支柱螺钉；6、7—推力瓦；8—镜板；9—调整垫；10—把合螺钉；11—挡油管；12—卡环；13—推力头；14—导轴承装配；15—密封垫；16—密封盖；17—挡油罩；18—气囱；19—油槽盖；20—密封垫；21—观察窗

的瓦上部分的结构。推力瓦通过与之相接触的托盘将推力负荷传递给支柱螺钉,而支柱螺钉旋入轴承座的螺纹内。当各块推力瓦的受力调整完后,支柱螺钉的上部用锁定板、固定螺钉及锁片定位,以防止机组运行过程中由于支柱螺钉发生松动、各瓦的受力不均匀引起的瓦温升高故障。轴承座及其下面的绝缘垫通过带绝缘套的螺栓固定在推力油槽内,绝缘垫及螺栓的绝缘套用于防止轴电流的形成,推力油槽装置于负荷机架上,这样便将推力负荷传递到混凝土基础上。

水轮发电机组在运转过程中,镜板与推力瓦直接摩擦并产生热能,这些热能如果不及时转移,推力瓦温将会上升,当升至乌金的熔点时就会引起烧瓦事故。为此,镜板与推力瓦直接摩擦而产生的热能要借助流动的润滑油带走,当润滑油流经冷却器时再将热量传递给冷却器内流动的水。要保证机组运行中推力瓦温在允许的范围内,就必须保证镜板与推力瓦间的油膜稳定,油的循环顺畅,推力油槽内有足够的油质满足要求的润滑油,冷却器内的水温、水压、水量满足要求。要建立稳定的油膜,进、出口的油量必须相等,即 $F_o u_o = F_i u_i$。由于油是从镜板的内侧向外侧流动的,则 $u_o > u_i$,油的进口截面 F_i 只要做成大于出口截面 F_o 的楔形布置(从结构上讲,就是要使支柱螺钉的支承点偏离推力瓦的几何中心,这个偏离的距离称为推力瓦的偏心值 ε),就能达到进出油量相等的目的,从而保证油膜的稳定,这就是油楔原理。很明显,轴的转速越高,带入的油量越多,油膜越稳定。因此,水轮发电机组为保证油膜的稳定,是不允许长时间在低转速下运行的。例如,推力负荷特别大的机组要加装高压油顶起装置,以便在低转速时建立油膜,停机过程中转速降低到一定数值时,要加闸来缩短机组低转速运行时间。

容量大于 15MVA 的立式水轮发电机,其推力轴承常采用弹性金属塑料瓦。该塑料瓦是具有弹性金属塑料覆盖层的钢制推力瓦,其覆盖层的外表面是 $1.5 \sim 2.5\text{mm}$ 的绝缘纯氟塑料层,因此不必设置防止轴电流的轴承绝缘系统。

4.3.5 水轮发电机导轴承的结构与工作原理

水轮发电机导轴承的作用是:承受机组转动部分的径向机械不平衡力和电磁不平衡力,维持机组主轴在轴承间隙范围内稳定运行。现在大多数水电厂的水轮发电机均采用分块瓦式导轴承,只不过有的导轴承具有单独的油槽,有的则与推力轴承共用一个推力油槽。位于发电机转子上方的导轴承称为上部导轴承,反之称为下部导轴承,其结构大同小异。1 台水轮发电机装置有哪几个导轴承,要根据机组的形式来确定。

图 4-28 所示的分块瓦式导轴承

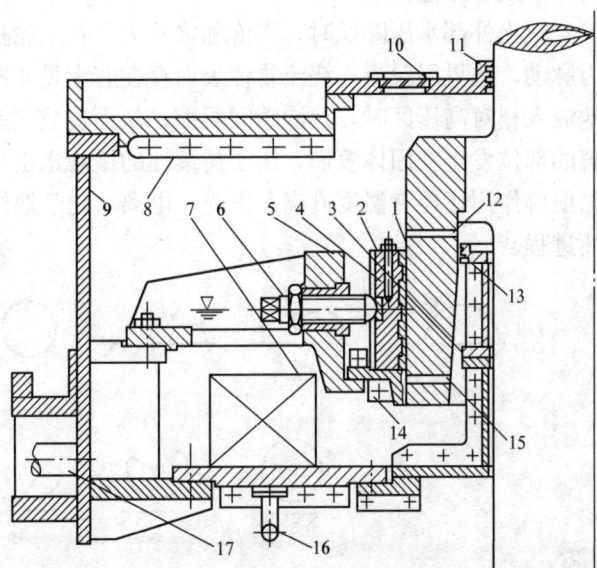

图 4-28 分块瓦式导轴承的组成

1—主轴轴领;2—分块轴瓦;3—挡油管;4—温度信号器;5—轴承体;6—调整螺钉;7—冷却器;8—轴承盖;9—油槽;10—观察窗;11—油槽密封;12—呼吸孔;13—轴领密封;14—托板;15—甩油孔;16—水管;17—油管

主要由固定在主轴上的轴领1、抱在轴领上的数块扇形导轴瓦2、顶在导轴瓦后面的调整螺钉6、托着导轴瓦及固定调整螺钉的轴承体5（瓦背与调整螺钉之间及瓦的下部与轴承体之间均装置有绝缘垫，以防止轴电流的形成）以及装置上述部件及冷却器7的油槽9组成。

一般情况下，轴瓦浸在油中1/3。当机组运行时，轴领带动油旋转，在离心力的作用下形成一定的动压力，使油进入轴领下部油孔，该油一部分进入瓦间，一部分进入轴瓦与轴领的间隙，从瓦侧及瓦上部出来的热油向外流，经顶瓦螺栓孔转向轴承体空洞向下，通过冷却器降温后向里流，再经轴领进油孔向上，如此循环往复，达到润滑冷却的目的。

4.4　水轮机的空蚀与振动

4.4.1　空蚀的概念

当流动液体内部压力降低到某一限度时（低于当时液体所在的温度的汽化压力），液体本身发生空化，形成充满蒸汽和其他气体的泡，然后在压力升高的地方迅速凝缩，这个作用过程及伴随这一过程对材料表面所引起的破坏叫做空蚀。

研究表明，纯水产生空蚀是不可能的。而在实际水体中，总是存在着空气与蒸汽的微团和固体颗粒等物质，因而大大降低了水体的强度。这种存在于实际水体中的空气与蒸汽的微团称为空蚀核子。由于实际水体中存在着大量的空蚀核子，因此使水的破坏强度极低，极容易发生空蚀。这些空蚀核子多半寄生在过流部件表面的缝隙里或水中泥沙和杂质之中，是形成空蚀空泡的源点或叫做空蚀胚胎。当水中压力降低时，固体颗粒缝隙中的气体微团将大量逸出，形成球形泡。

当汽泡外部水压降低时，汽泡随之长大。在水轮机实际运行条件下，由于存在着水流的压力脉动，边界层脱流，绕流物体表面存在着大量非圆形汽泡。当汽泡随同水流一起连续不断地流入相对高压区时，汽泡瞬间凝缩，从而造成频率很高压力很大的微观水击。如果汽泡崩解的部位发生在固体表面，由于持续性的微观水击作用，使固体壁画疲劳破坏。此外，汽泡的崩解作用还伴有温度升高、发光、电离、化学腐蚀等现象发生，从而加速了固体材料的破坏进程。

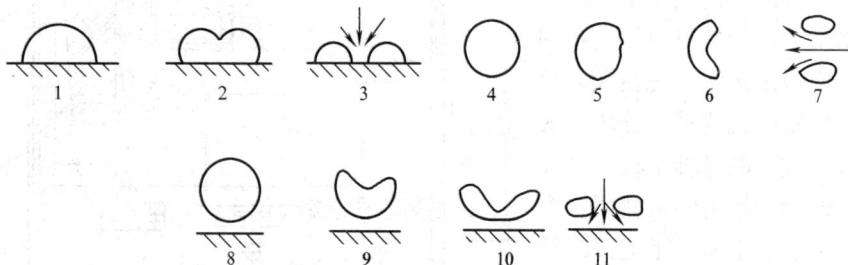

图 4-29　形成微观射流的汽泡崩解模型

1—初始状态；2—汽泡表面被干扰；3—形成朝向表面的高速射流；4—开始的球形汽泡；5—压力高的一侧汽泡变形；6—继续变形；7—形成与流动方向相反的高速射流；8—原始球形汽泡；9—汽泡背向壁面的表面受干扰；10—水流浸入；11—形成高速射流

对于尺寸较小的汽泡，在汽泡崩解的过程中产生冲击波由汽泡中心向外放射，具有很大的冲击力；而尺寸较大的汽泡，在崩解过程中产生的冲击力很小。但这种尺寸大的汽泡可能在崩解前变形，分裂成若干小汽泡（如图4-29所示），引起很大的射流流速，这种射流称为微射流。这种微射流所形成的冲击压力可达数千个大气压，这样大的冲击压力可使金属材料发生塑性变形，乃至破坏。

4.4.2 空蚀的类型

空蚀可分为翼型空蚀、间隙空蚀、局部空蚀和涡带空腔空蚀。

一、翼型空蚀

图4-30（a）所示为水轮机叶片上某点压力降低到当时水温下的汽化压力而产生的空蚀。该空蚀发生在翼型背面靠出水边处、叶片背面靠上冠处，严重时在叶片背面的其他部位，甚至叶片的正面也会发生空蚀。

翼型空蚀主要使叶片形成蜂窝及孔洞，甚至掉边。当空蚀较重时，会降低水轮机效率。反击型水轮机的翼型空蚀最具代表性。

二、间隙空蚀

图4-30（b）所示为由于水流经过间隙时，速度加快、压力下降，当压力降低到当时水温的汽化压力时形成的空蚀，也叫间隙空蚀。轴流式水轮机的间隙空蚀最具代表性。在叶片外缘与转轮室之间、叶片根部与转轮体之间的间隙处，混流式水轮机转轮下环与导水机构底环之间的间隙处，止漏环间隙及导水叶关闭不严所形成的间隙处等，都有因水流速度过高而产生间隙空蚀的可能性。

在间隙空蚀的作用下，转轮室、叶片周缘、叶片法兰下表面及转轮体局部发生破坏。

三、局部空蚀

图4-30（c）所示为由于过流表面上局部地方的某种不规则的凸凹引起了淤涡，游涡中心处的压力降低到当时水温下的汽化压力而产生的空蚀。这种空蚀一般发生在金属表面不平滑处或起吊孔等处。因此，叶片表面和过水部件表面应避免成波浪形和粗糙不平的现象。

四、涡带空腔空蚀

如图4-30（d）所示，在某些情况下，水轮机转轮出口处有一种明显的漩涡带出现，它中间为含有蒸汽和其他气体的大空腔，自身呈螺旋形状且非轴对称地在尾水管直锥段内盘旋。特别是混流式水轮机在低水头、低负荷下运行时，最容易发生空腔空蚀，引起水轮机动作不稳定。

水轮机的工作稳定性是指，水轮机在非设计工况下运行时，尾水管内的压力脉动与对转轮和尾水管的周期性冲击程度及引起的机组振摆程度。当机组在非设计工况下运行时，水流

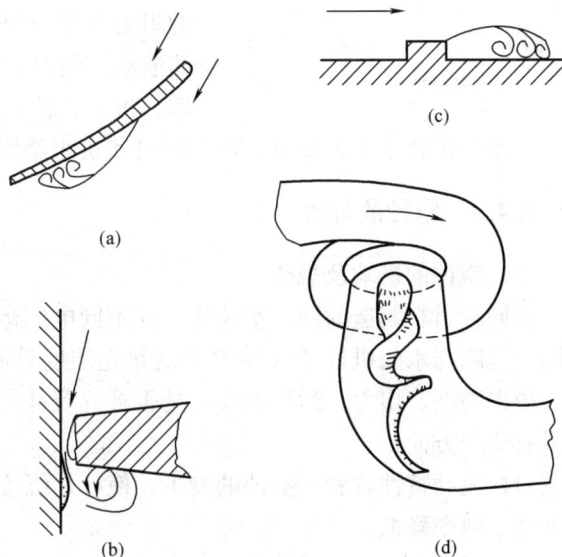

图4-30 水轮机中空蚀的类型
(a) 翼型空蚀；(b) 间隙空蚀；(c) 局部空蚀；(d) 涡带空腔空蚀

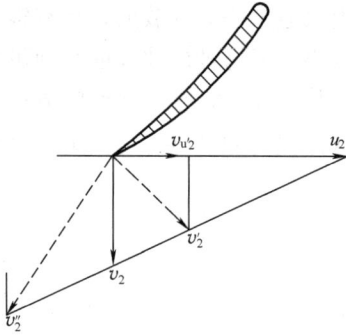

图 4-31　非设计工况下水轮机
出口速度三角形

在转轮的出口流速有较大的圆周分量，其速度三角形如图 4-31 所示。由于该圆周分量，使水流在转轮出口处旋转，从而在尾水管中产生沿管壁旋转的涡流，涡流的中心真空度很高，即绝对压力很低，当压力低于当时水温的汽化压力时，便产生空蚀。在水轮机中，主要是翼型空蚀、间隙空蚀及涡带空腔空蚀。

发生空腔空蚀时，由于一个大的真空常在尾水管中游动，可使管壁发生空蚀，而更重要的是使得转轮出口水流的阻力发生周期性变化，从而引起不同程度的水头和出力的波动。同时，尾水管壁产生脉动压力也会引起机组的基础、机架、轴承的振动和主轴的摆动，机组产生强烈的噪声，使水轮机效率大大下降，严重时可使机组结构遭到破坏。

4.4.3　空蚀的危害

一、空蚀的影响及规律

由同种材料制造的同种水轮机，在不同电厂运行时，转轮遭受空蚀破坏的程度可能有所不同。这除与水轮机过流部件的型线和光洁度等制造的差别有关外，还同水轮机的运行历时、吸出高度、出力、运行水头、是否补气及补气效果等因素有密切关系。一般来说，空蚀后果有 3 个方面：

(1) 流动特性改变。空蚀的发生，使叶片绕流受力的情况变坏、水力矩减小、水轮机出力下降、效率降低。

(2) 对过流部件表面的损坏。由于空蚀是在低压区形成了汽泡，流到相对高压区破裂，因此，将形成很大的冲击力或微射流，冲击过流表面。这些强大的冲击力不仅可达到几百甚至上千个大气压力，而且周期性地反复作用在过流部件的表面，会使材料出现机械疲劳或塑性变形，以致破坏。在空蚀作用的同时，还伴随有化学作用和电化作用，从而加速了材料破坏的速度。

(3) 引起噪声和振动。空蚀过程本身具有很大的脉动力，其脉动频率一旦与相关部件的自然频率相吻合，则将引起共振，同时产生噪声。

不同水电厂的水轮机，其空蚀规律也有所不同，一般有 3 种情况：① 空蚀面积随运行时间而增大，但深度变化很小；② 空蚀深度随运行时间而增加，但其面积没有明显变化；③ 空蚀面积和深度均随运行时间而增加，大多数水轮机属于此类情况。

二、预防和减轻水轮机空蚀的措施

影响水轮机空蚀破坏的因素比较复杂，只有在水轮机设计、制造、运行、维护、检修等方面的共同努力下，才能在预防空蚀方面获得较好效果。

对于已投入运行的机组，要尽量避开空蚀严重的区域运行，另外，还可以采取补气的方式，将空气送进空蚀区，使负压区的汽泡内部压力上升，从而减少真空度，也使水的密度变小、可压性增加，于是使汽泡溃灭时对叶片的冲击力降低。

实践证明，当补气量为最佳负荷流量的 0.1％时，不但使空蚀强度降低，而且效率也会有所增加，机组的水力振动也将明显得到改善。

补气的方式有以下 2 种：

（1）大轴中心补气。混流式水轮机大多采用轴心孔吸力真空阀，在上冠处水压为 $4.9\sim 7.8\mathrm{kPa}$（$0.5\sim 0.8\mathrm{mH_2O}$）的负压时补进空气。这种补气装置的缺点是靠真空的吸力补气，有时在满负荷空蚀严重的情况下，反而补不进气。此外，补入的空气只能进入上部水流，不等进入叶片的出水边就被带走了。

（2）尾水管直锥段的十字架补气。目前，这种补气方式应用较多，效果尚好。大部分是自动补气，个别电厂由于尾水位高，无法自动补气，因此采用压缩空气或喷水补气法。但这种补气往往也会受运行工况的限制，特别是有些混流式机组在偏离设计工况下运行时，尾水管中出现强烈的涡带，致使空气补不进去。

4.4.4 水轮机的振动

对水轮机的技术要求不仅包括能量特性和空蚀特性两个方面，而且也要求能在各种工况下稳定运行，即不但要效率高、空蚀系数小，还要求它在运行中，尤其在非设计工况运行时振动小、出力摆动小。水电厂中都规定了振动和摆动的允许值，超过允许值时应查找原因设法消除。

机组在运行时，各种原因均可引起振动。根据振动的起因可将振动分为机械振动、水力振动和电磁振动。机械振动主要是由于机械部分的惯性力、摩擦力等引起的；水力振动主要来自水轮机水力部分的动水压力；电磁振动则主要来自发电机电气部分的电磁力。

沿着机组轴线方向的振动叫垂直振动；与机组轴线方向垂直的振动叫横向振动。

振动会影响机组的正常工作，严重时会引起部件和厂房的损坏，因此，减小振动与提高运行的可靠性具有重要意义。

机械振动多是由于发电机转子质量不平衡、机组轴线不良或轴承缺陷等因素引起；电磁振动则主要由于发电机空气间隙不均匀导致磁拉力不平衡而引起。在此着重讨论水力振动。

一、水力不平衡

设计转轮时，常假设水流为轴对称分布，因而沿径向的合力为零，不会出现横向振动。但实际上会出现混流式水轮机止漏环间隙不均匀、运行中主轴摆度增大。由于偏磨或偏心，止漏环两侧间隙相差很大，如图 4-32 所示。水流从间隙 δ_1 处流过速度小，从间隙 δ_2 处流过速度大，压力差 p 指向 δ_2 侧，从而造成横向振动。

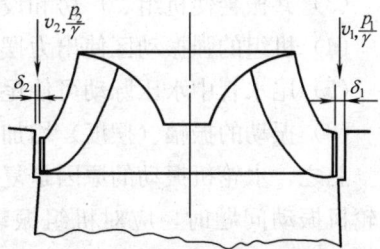

图 4-32 止漏环间隙偏差

导叶开口不均匀（或叶片开口不均匀）使得流入转轮的水流轴向不对称而产生径向力，这就要求在大修中调整导叶开口，使得在各个开度下保证开口均匀。实际中，也有因为叶片型线变坏，使叶片开口不均匀而引起振动的，这要通过叶片整形处理来解决。

二、空腔空蚀

在偏离设计工况下运行时，往往发生空腔空蚀而产生振动，其特点是垂直振幅较大并伴随噪声和爆破声。这是由于尾水管中空腔空蚀的频率接近转轮的固有频率所致。为此，要求运行中注意避开此不利区域或采用十字架强行补气的方式。

三、尾水管内涡带引起的振动

该振动的特点是水轮机出力摆动大、振动与空蚀伴随发生、振动频率低。

如图 4-33 所示，非设计工况时，一般在（40%～60%）额定出力下，水流在转轮出口具有正环量，这个能量是尾水管无法回收的，于是产生螺形涡带，其偏心值很大，边旋转边向下流动。由于漩涡带中心为负压，故流到哪里，便会在哪里产生压力脉动，同时对边壁产生振动和空蚀，有时这个值是很大的，这个压力脉动直接影响水轮机水头，因而使出力摆动、频率较低。

四、涡列引起的叶片自激振荡

该振荡的特点是转轮振动并在叶片根部出现裂纹。水流流过叶片出口边时，在某一工况下会产生两直列漩涡系，这就是涡列，如图 4-34所示。由于游涡交替分离，因此形成了对叶片周期的脉动力。通常，该脉动频率与叶片的自振频率非常接近，易产生共振，这种共振现象叫自激振荡。自激振荡频率较高，易导致叶片疲劳，使叶片根部产生裂纹，严重时会出现掉边现象。

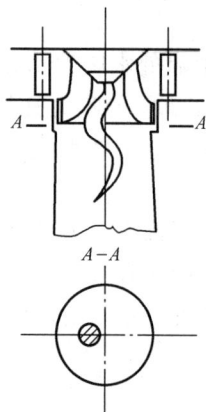

图 4-33 尾水管中的螺旋带

图 4-34 二直列涡带

机组振动的危害大致有如下几个方面：

（1）机组各部位紧固连接件松动，进而更加剧了部件的振动。

（2）金属零件的疲劳破坏，焊缝开裂，产生裂纹，严重者断裂。

（3）共振会使机组、厂房和设备受损害。

（4）机组的强振动区使出力摆动，严重者会造成电力系统解列。

（5）尾水管中水压脉动可使尾水管管壁产生裂缝，严重的可使整块钢板剥落。

（6）振动的振幅（摆度）增加会加剧轴与轴承的摩擦，以致烧瓦。

总之，水轮机振动的原因是复杂的，实际中要仔细观察，针对不同情况精心处理。分析水轮机振动问题时，应对机组振动的现象、部位和特点逐步划分范围，找准振因，对症解决。

4.5 水轮机的工作原理

4.5.1 水轮机中水流的速度三角形和环量的概念

水轮机中的水流运动相当复杂，在水轮机的不同过流部位有着不同的运动规律。例如，水流在转轮中，一方面沿着叶片流道运动，一方面还在随着转轮作旋转运动。水流质点沿着转轮叶片的运动称为相对运动；水流质点随着转轮一起旋转的运动称为牵连运动，对水轮机转轮而言，就是圆周运动；水流质点对水轮机固定部件（对大地）的运动称为绝对运动。速度是既有大小又有方向的矢量，根据力学中矢量分解和合成的原理，转轮中任何一点水流质点的绝对速度都可以分解为沿转轮叶片流动的相对速度和随着转轮一起旋转的牵连速度，这3个速度矢量构成了一个闭合的三角形，通常把这样的三角形称为水轮机水流速度三角形。

在转轮叶片流道内，有无数个水流质点。水质点的运动规律各不相同，因此可画出无数各不相同的水流速度三角形。在实践中，一般不逐点分析全部的水流速度三角形，而重点分析具有代表性且对水轮机能量转换起着决定性作用的转轮叶片进口和出口的水流速度三角形，如图 4-35 所示。绝对速度用字母 v 表示，相对速度用字母 u 表示，牵连速度用字母 w 表示；字母下标"1"代表进口速度三角形的各量，角标"2"代表出口速度三角形的各量。在水流速度三角形中，α_1 和 α_2 分别表示叶片进、出口水流绝对速度的方向角，也叫叶片绝对进水角和绝对出水角，即 v、u 两个矢量的夹角；β_1 和 β_2 分别表示叶片进、出口水流相对速度的方向角，也叫叶片相对进水角和相对出水角，即 u、w 两个矢量的夹角。叶片进、出口水流绝对速度在圆周速度方向上的投影，分别称为叶片进、出口水流绝对速度的圆周分量或切向分量，分别用符号 v_{u1} 和 v_{u2} 表示，即

$$v_{u1} = v_1\cos\alpha_1$$

$$v_{u2} = v_2\cos\alpha_2$$

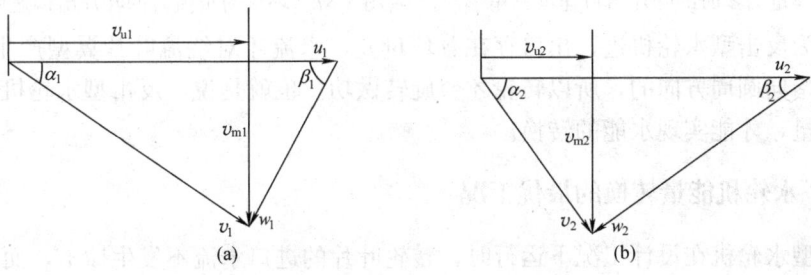

图 4-35　转轮叶片进、出口水流速度三角形
（a）进口速度三角形；（b）出口速度三角形

叶片进、出口水流绝对速度在垂直于圆周速度方向上的投影，分别称为叶片进、出口水流绝对速度的轴面分速度，分别用符号 v_{m1} 和 v_{m2} 表示，即

$$v_{m1} = v_1\sin\alpha_1$$

$$v_{m2} = v_2\sin\alpha_2$$

所谓轴面，就是通过转轮中心线的径向面。水轮机的水流速度三角形与水轮机的基本工作参数——工作水流、流量、转速以及转轮直径有着密切的关系。若水头高、流量大，则绝对速度和相对相速度就大；若转速高、直径大，则圆周速度就大。当水轮机的工作参数稳定时，则转轮叶片进、出口水流速度三角形的形状也是稳定的。例如，水轮机在某一工作水头下发确定的出力时，其转轮叶片进、出口水流速度三角形的形状也是确定的；当调节水轮机出力时，导叶开度就要发生变化，则在调节过程中，其转轮叶片进、出口水流速度三角形的形状也在发生变化。所以，水流速度三角形实质上反映了水轮机的工作状态。

环量是表征水流流线弯曲程度的一个概念。水轮机中的环量是水流质点在某一瞬间所在的圆周长度与该质点绝对速度的切向分量之积。环量用符号"Γ"表示，转轮进、出口环量

分别在 Γ 的右下角加注脚标 1 和 2，以示区别。所谓转轮进、出口环量，就是转轮进、出口圆周长与其水流绝对速度的切向分量之积，是一个矢量。转轮进、出口环量的表达式为

$$\Gamma_1 = 2\pi v_{u1} R_1$$
$$\Gamma_2 = 2\pi v_{u2} R_2$$

式中　R_1、R_2——转轮进、出口的平均半径。

在确定的转轮内，水流绝对速度的切向分量 v_u 对环量起着决定性的作用；同时，绝对速度的进、出水角的范围决定了环量可能会出现正值、零和负值 3 种可能，如图 4-36 和图 4-37 所示。一般情况下，反击型水轮机转轮进口为正环量。对于低水头反击型水轮机转轮，在设计工况下，出口多具有较小的正环量；对于中、高水头的反击型水轮机转轮，在设计工况下，出口环量为零，在某些非设计工况下，当 $\alpha_2 > 90°$ 时，就会出现叶片出口环量为负的情况。

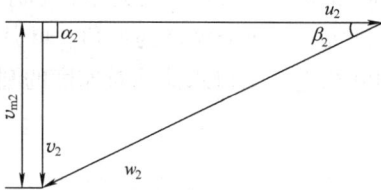

图 4-36　环量为零时的叶片出口速度三角形　　图 4-37　环量为负值时的叶片出口速度三角形

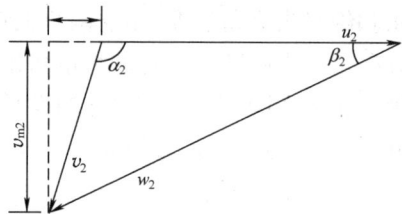

正是因为反击型水轮机进、出口存在着环量差，水流才会绕流叶片翼型产生力的作用，而这个力是指向圆周方向的，所以转轮才会旋转做功。也就是说，反击型水轮机进、口必须有一定的环量，才能实现水能的转换。

4.5.2　水轮机能量转换的最优工况

当反击型水轮机在设计工况下运行时，转轮叶片的进口水流不发生撞击，而叶片出口水流的绝对速度方向基本上垂直于圆周速度，此时，转轮内的水力损失达到最小，水能转换得最多，水轮机的总效率达到最高，人们把这种运行工况称为水轮机能量转换的最优工况。

水流对转轮叶片的无撞击进口是指，叶片进口水流的流动方向与叶片外形相吻合。或者说，叶片进口水流相对速度的方向与叶片骨线相切，使叶片进口水流相对速度的方向角 β_1 等于转轮叶片的进口角 β_i，即在叶片进口端，不发生明显地撞击与脱流现象，转轮进口的水力损失达到最小，人们把这种情况下的水流流入称为无撞击进口。

叶片的进口角和出口角，如图 4-38 所示，是指通过叶片翼型端点的骨线的切线与圆周速度方向之间的夹角，进口角用符号 β_i 表示，出口角用 β_e 表示。对于高水头混流式水轮机，$\beta_i = 90° \sim 120°$；对于低水头混流式水轮机，$\beta_i = 45° \sim 70°$；对于轴流式水轮机，$\beta_i = 20° \sim 30°$。

水流的法向出口是指，叶片水流绝对速度 v_2 的方向与叶片出口圆周速度 u_2 的方向相垂直，并且叶片出口水流绝对速度 v_2 的切向分量等于零或接近于零，即

$$\alpha_2 \approx 90°$$

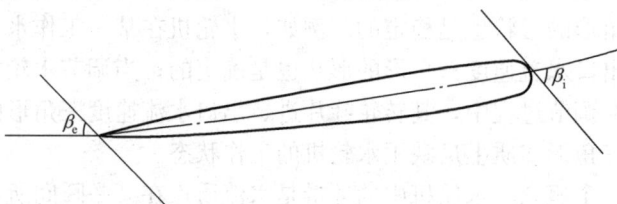

图 4-38　叶片进、出口角

$$v_{u2} = v_2 \cos\alpha_2 \approx 0$$

水流离开转轮叶片后，不发生旋转或仅有微小的旋转，此时，v_2 值最小，转轮出口水流的动能损失也最小，所以，转换的能量也最多或接近最多。因此，水流的无撞击进口和法向出口称为水轮机能量转换的最优工况。对应水轮机能量转换的最优工况，其叶片进出口水流速度三角形如图 4-39 所示。

实践证明，转轮出口水流绝对速度的方向角 α_2 略小于 $90°$，当 $\alpha_2 = 80° \sim 82°$ 时，即转轮出口水流具有较小的正环量，有助于改善水轮机的水力性能，水轮机的总效率不但不降低，还会稍有提高。这是因为，进入尾水管中的水流具有一定的旋转，由于旋转产生的离心力使水流紧贴尾水管管壁流动，减少了脱流损失，尾水管的能量恢复条件最优。另一方面，转轮出口水流略具正环量，可使转轮内水流的相对

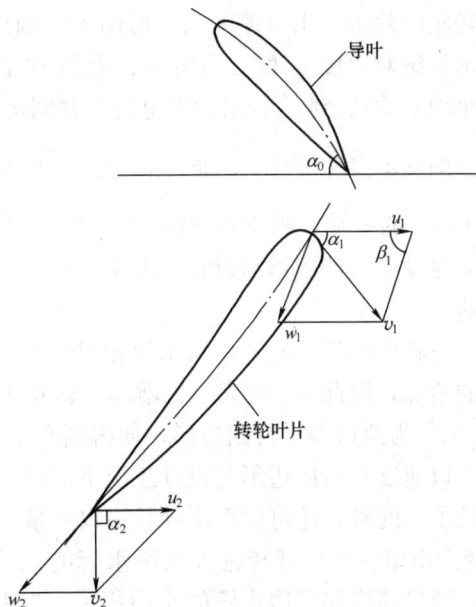

图 4-39　水轮机最优工况时的叶片
进、出口流速三角形

速度有所减少，从而可降低一些转轮内部的水力损失。但是，转轮出口水流具有较小的正环量也有不利的一面，如导致尾水管出口水流动能损失的某些增加，故不能从水轮机个别部位的水力性能的变化简单下结论，应全面分析比较后，看水轮机的总效率是否最高来衡量水轮机能量转换的最优条件。

4.5.3　水轮机变工况运行时的速度三角形分析

混流式和轴流定桨式水轮机，能量转换的最优工况往往只能在设计参数下运行才能实现。由于水电厂的水位和机组所带负荷经常变化，水轮机不可能总在设计参数下运行，因此，水轮机的运行工况也是经常变化的，把偏离设计工况下的正常运行称为水轮机的变工况运行。下面以混流式和轴流定桨式水轮机为一组，以轴流转桨式水轮机为另一组加以分析。

一、混流式和轴流定桨式水轮机

随着水轮发电机负荷的增加，水轮机出力必须增加，即需要开大导水叶开度，由此增大了导水叶出水角 α_0 和进入水轮机转轮的流量。如图 4-40 所示，图中设计工况下转轮叶片进、出口速度三角形用实线画出，变工

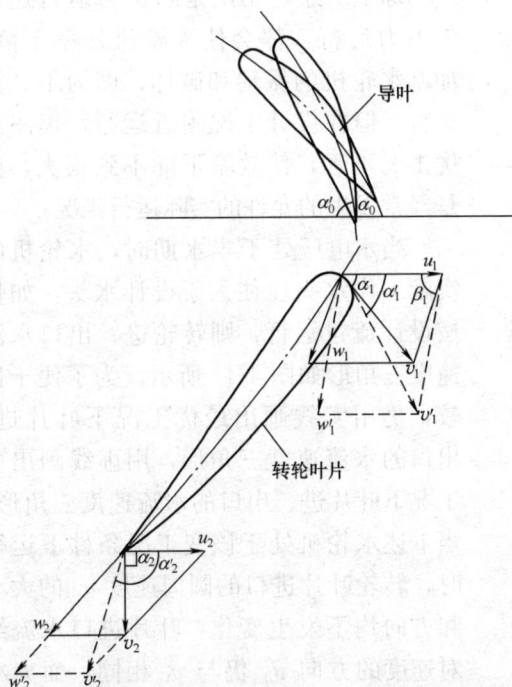

图 4-40　超出力运行时叶片进、出口速度三角形与
最优工况下速度三角形的比较

况转轮叶片进、出口速度三角形用虚线画出。由于导水叶出水角 α_0 的增加，使叶片转轮进口水流绝对速度 v_1 的方向角由 α_1 增加到 α_1'。由于流量的增加，叶片进口水流的绝对速度的大小由 v_1 增加到 v_1'。水轮发电机组并网运行，其转速不变，则转轮出口圆周速度 u_1 的大小和方向均不发生变化，方向是研究的点所在的圆周的切线方向，其大小为 $u_1=\dfrac{\pi D_1 n_n}{60}$。连接 u_1 和 v_1' 的末端，则得到这种变工况下的叶片进口水流相对速度 w_1'。变工况下的叶片进口水流速度平行四边形与设计工况下的叶片进口水流速度平行四边形相比较，则向右方发生了扭曲。

在转轮出口，叶片出口水流相对速度 w_2' 的方向始终取决于叶片出口角的方向，由于流量的增加，因此 w_2' 的大小也增加。转轮出口圆周速度 u_2 的大小和方向均不发生变化，以 u_2、w_2' 为两边作平行四边形，便得到变工况下的叶片出口水流速度三角形。变工况下的叶片出口速度平行四边形与设计工况下的叶片出口速度平行四边形相比较，其斜度不变，只是加长了。此外，还可以看出叶片进口环量 $v_{u1}R_1$ 增加了，出口环量 $v_{u2}R_2$ 由设计工况下 $\Gamma_2=0$ 变为负值。使离开转轮进入尾水管的水流发生了逆向旋转，不但增加了转轮出口动能损失，而且还增加了尾水管的水力损失。叶片进口，由于相对速度 w_1' 不再与叶片外形相吻合，产生了很大的撞击损失，同时，转轮内部也增加了水力损失，所以，水轮机的总效率有明显的下降。反之，水轮机在较大的欠额定出力下运行时也同样会破坏无撞击进口和法向出口的最优能量转换条件，而使损失显著增加，效率明显下降。当流量增加到某一个最大值时，损失将大大增加，甚至出力非但增加不了反而还会下降。所以，混流式及轴流定桨式水轮机均有极限开度，并在实际结构上采取了相应措施。

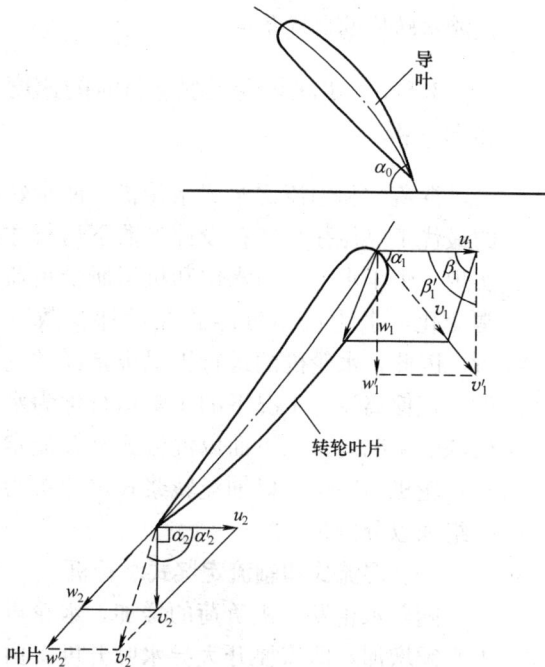

图 4-41 在设计流量下，当工作水头大于设计水头时叶片进、出口速度三角形与最优工况下速度三角形的比较

综上所述，无论是超出力运行还是欠出力运行，都会使水轮机效率下降，加剧水轮机的振动和破坏，即为不经济运行。但在设计工况附近运行，偏离最优工况不远，使效率下降不致很大，则是经常发生的允许的实际运行工况。

当水电厂处于丰水期时，水轮机的实际工作水头往往大于设计水头，如仍按设计流量运行，则转轮进、出口水流速度三角形如图 4-41 所示。为了便于比较，仍用实线画出最优工况下叶片进、出口的水流速度三角形，用虚线画出变工况下叶片进、出口的水流速度三角形。当下述水轮机处于该变工况条件下运行时，转轮叶片进口的圆周速度 u_1 的大小和方向均不发生变化，叶片进口水流绝对速度的方向 v_1' 仍与 v_1 相同，而大小沿 v_1 的方向增加了。因为进口水流绝对速度方向 α_1 角取决于导叶出水角，也就是导叶开度，所以如果水轮机仍按设计流量运行，则导水叶开度不变。叶片进口水流绝对速度 v_1 的大小取决于水轮机的工作水头和流量，由于实际工作水头大于设计水头，所以，转轮进口水流绝对速度的大小增大了。连接 u_1 和 v_1' 的末端，则得到这种变工况下的叶片进口水流相对速度 w_1'。在叶片出口，圆周速度 u_2 的大小和方向仍不变，相对速度的方向亦不变，但其值增加了，由 w_2 变为 w_2'，连接 u_2 与 w_2' 的末端，便得到变工况下的叶片出口水流绝对速度 v_2'。可见，叶片进口水流速度三角形，在对角线不变的情况下，平行四边形的两个侧边向右扭曲了。叶片出口水流速度三角形的外形，与设计水头下超出力运行的叶片出口水流速度三角形相像。

总之，无论水轮机的实际工作流量大于或小于设计流量，还是实际工作水头大于或低于设计水头，或者是水头和流量同时均低于设计值，实际运行偏离设计工况越远，则速度三角形扭曲得越厉害，效率下降得越多，机组运行的经济性和稳定性越差。

二、轴流转桨式水轮机

轴流转桨式水轮机的流量调节不仅是导水机构，而且还有与导水叶保持协联关系的转轮轮叶，即导水叶开度改变的同时，轮叶转角也协联改变，这就是双重调节。如果流量减少，如图 4-42 所示，叶片由 I 旋转到 II，叶片进口水流圆周速度 u_1 的大小和方向不变，绝对速度 v_1 的方向变化很小，只是大小由 v_1 缩减到 v_1'，所以使进口平行四边形发生了逆时针扭曲，即进口水流相对速度 w_1 的方向向右旋转，变为 w_1'，而 w_1' 的方向仍与 II 位置的叶片进口相切。在叶片出口，由于相对速度 w_2 的方向发生改变和量的减小，使得它与圆周速度 u_2' 合成后的绝对速度 v_2' 的大小也减小，而方向与处于 I 位的叶片出口水流绝对速度 v_2 的方向仍保持一致。

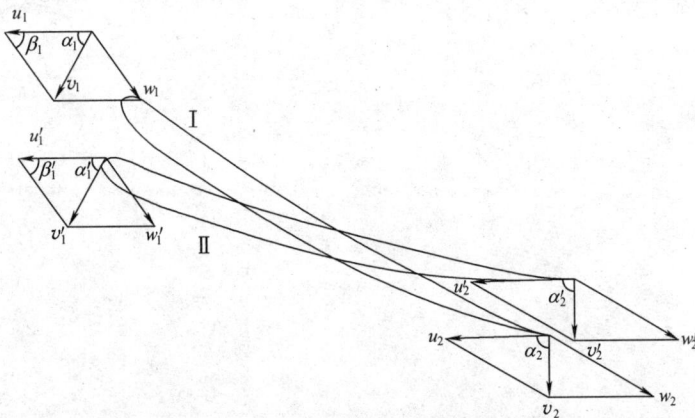

图4-42　轴流转桨式水轮机变工况运行时的叶片进、出口速度三角形

为了直观，如图 4-43 所示，该图假设叶片翼型上部向左转动，而下端点不动，即把变动两个位置的叶片出口速度三角形均放到第 I 位置并以 u_2 为基准叠加在一起加以比较，显然，尽管叶片具有不同的转角，叶片出口相对速度 w_2 的方向仍与叶片出口相切，绝对速度方向基本不变。因此，经常能保持最优或接近最优的能量转换状态，使转轮叶片进口水流无撞击或撞击很小，出口水流为法向或近于法向，转轮的水力损失很小，能在相当大的变工况范围内仍保持高效率。例如，轴流转桨式水轮机，当在额定出力的 50% 以上范围运行时，效率几乎没有变化。

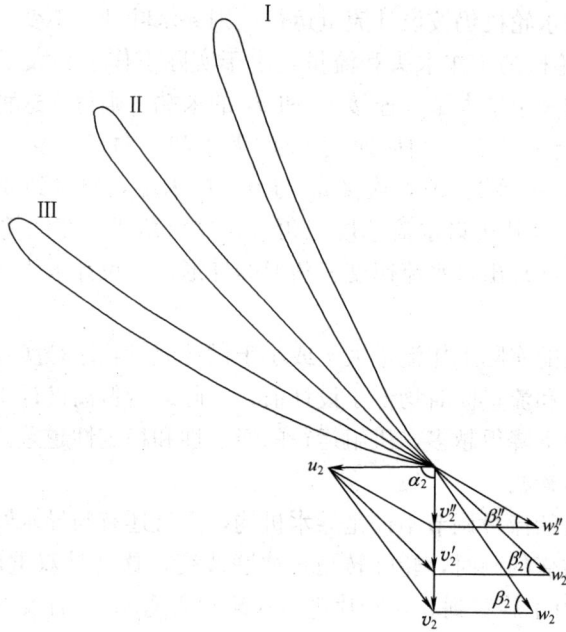

图 4-43　轴流转桨式水轮机变工况运行时叶片出口速度三角形的叠加形式

5 主阀系统的运行

水轮发电机组主要由机组、主阀、调速系统和辅机系统组成，辅机系统则由油、水、气系统组成。油系统中压力油管为红色，排油管为黄色；水系统的供水管为蓝色，排水管为绿色，排污管为黑色；气系统的管路为白色。

辅机系统的阀门编号为 4 位数字。第 1 位数字为机组编号，公用系统的阀门第 1 位数字为 0；第 2 位数字为辅机系统编号，油 1、水 2、气 3；第 3 与第 4 位是阀门的具体编号。水系统是冷却水，则编号为 01～09，阀门数量超过 9 个可用 10～19；然后依次是润滑水 20～29、给冷却润滑水系统备用的阀门 30～39、一级备用 40～49、二级备用 50～59、三级备用 60～69 和消防水 70～79。油系统油压装置为 01～19；高压油顶起装置为 20～29；漏油系统为 30～39；主阀油系统为 40～49；机组供排油系统为 50～59。

5.1 水轮机主阀概述

5.1.1 主阀的作用

水电厂为了满足机组运行与检修的需要，常常在压力钢管的不同位置装设闸门或阀门对水流加以控制。其中，装在水轮机蜗壳前的阀门称为主阀。

一、主阀的作用

(1) 岔管引水的水电厂中构成检修机组的安全工作条件。若 1 根输水总管给几台机组供水，则在停机检查或检修其中某台水轮机时，关闭该机组的主阀即可从事检修工作而不影响其他机组的正常运行。

(2) 停机时减少机组的漏水量，重新开机时缩短机组启动所需要的时间。机组停机后，由于水轮机导叶的端面和立面密封大多为接触密封，因此不可避免存在一定量的漏水量，从而造成导叶密封处的间隙空蚀损坏，使漏水量进一步加大。一般导叶漏水量为水轮机最大流量的 2%～3%，严重的可达到 5%，它一方面将造成水能的大量损失，另一方面会引起机组的低转速运行而损坏推力瓦。所以，当机组长时间停机时，将其主阀关闭就可以大大减少机组的漏水量，同时也解决了机组长期运行后，因导叶漏水量增大而不能停机的问题。

在引水管较长的引水式电厂中，当机组停止运行或检修时，可以只关闭主阀，不关闭上游进口闸门，从而使引水管道中处于充水等待工作状态，以缩短机组重新启动的时间，保证水力机组运行的速动性和灵活性。

(3) 防止飞逸事故的扩大。当机组甩负荷又恰逢调速器发生故障而不能关闭导叶时，主阀能在动水下迅速关闭，以切断水流，防止机组飞逸的时间超过允许值，从而避免事故扩大。

二、对主阀的要求

(1) 主阀应有严密的止水装置，以减少漏水量。

（2）主阀只有全开和全关两种状态，不允许部分开启来调节流量，以免造成过大的水力损失和影响水流稳定而引起过大的振动。

（3）主阀必须在静水中开启，可在动水下关闭。

5.1.2 主阀的分类

按主阀结构的不同，可将主阀分为蝶阀（蝴蝶阀）、球阀、快速闸门和筒阀4种。

（1）蝶阀（蝴蝶阀）。水头在200m以下的电厂广泛采用蝶阀。根据活门主轴的装置形式，蝶阀又分为立轴蝶阀（活门轴是为垂直布置）和横轴蝶阀（活门轴是为水平布置）。蝶阀具有尺寸小、结构简单、造价低、操作方便、漏水量较大，有自行关闭趋势的特点。

（2）球阀。水头在250m以上的电厂采用球阀。球阀具有全开时水流阻力小、全关时密封性能好、漏水量小及尺寸大、结构复杂、造价高的特点。

（3）快速闸门。对于引水管道较长且设有调压井的水电厂，快速闸门安装在调压井的上游管道上；对于引水管道较短且没有调压井的水电厂，快速闸门则安装在管道的取水口处。

（4）筒阀。对于多泥沙及水头较高且变幅较大的电站，常装设筒阀。筒阀关闭时，阀体在固定导叶和活动导叶之间形成一封闭圆环，阻止水流通过；筒阀开启时，整个阀体缩进水轮机支持环和顶盖里，对水流不造成干扰。阀体开闭为上下直线运动，操作力较小，安装精度要求较低。筒阀的主要优点有：

1）筒阀安装在固定导水叶与活动导叶之间，与安装在蜗壳前的球阀、蝶阀相比，缩短了整个厂房的纵向长度，降低了工程造价。

2）密封性更好，能有效抑制导叶漏水对导叶的磨损。

3）开启、关闭时间短，能更好地适应电力系统对水电厂快速开机的要求，并能有效地防止事故情况下的机组过速。

4）能消除机前阀门进出口处的收缩和扩散段伸缩节的附加水力损失。

5）筒阀启闭为直线运动，关闭时可根据水压上升率调整关闭速度。

5.2 主 阀 的 结 构

5.2.1 蝶阀的结构

一、蝶阀的组成

蝶阀由阀体、活门、密封装置、旁通管、空气阀、锁锭装置等部分组成。如图5-1所示，圆筒形的阀体内安装了可绕轴转动的饼形活门，蝶阀全关时活门与阀体内部接触，切断水流；全开时活门与水流方向平行，水从活门两侧绕过。活门转动与否取决于与活门轴相连的操作机构。操作机构上的锁锭装置分别在全开与全关位置投入，以防止活门被水流冲击而引起误开或误关。蝶阀全关后，活门外缘与阀体接触处可能漏水，因此在此处应装设圆周密封。为了满足蝶阀只能在静水中开启的要求，在活门所在的阀体两侧装有1根连通管，通常称为旁通管，旁通管上装有旁通阀，用于控制管内水流的通断。阀门开启前就先平压，即向机组侧充水；为排除管内的空气，在蝶阀后面的阀体上装设有空气阀门。在活门的转轴上还有2只行程开关，分别在蝶阀全开与全关时动作以发出相应的信号。

二、蝶阀的主要部件

（1）阀体。阀体是蝶阀的主要部件，呈圆筒形，水流从其中流过。前后法兰经精加工后，通过螺栓分别与蜗壳和引水管末端的伸缩节连接，且组合面设有密封。阀体上、下管壁（竖轴蝶阀）各有一孔，用于装置活门轴的上、下轴套；与活门全关位置相对应的内壁装有橡胶围带密封装置；阀体外部则装有蝶阀的操作机构。

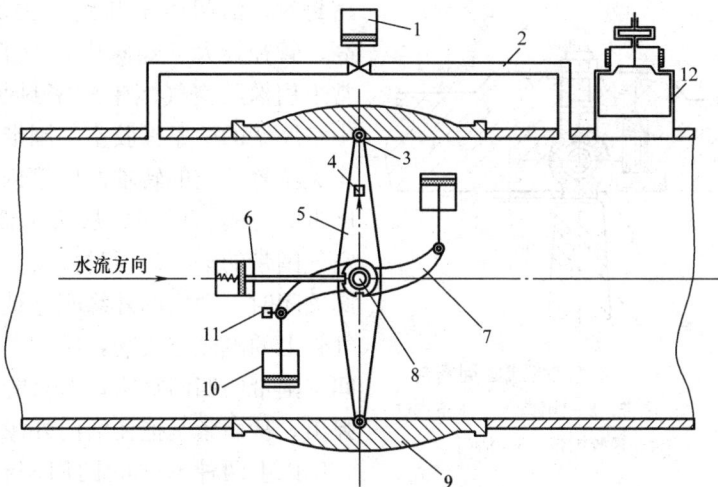

图 5-1 横轴蝶阀结构

1—旁通阀；2—旁通管；3—空气围带密封；4、11—行程开关；5—活门；
6—锁锭装置；7—拐臂；8—轴；9—阀体；10—接力器；12—空气阀

（2）活门。活门是安装在阀体内的一个可动部件。活门在全关位置时承受全部水压，在全开位置时处于水流中心。因此，活门不但要有足够的强度和刚度，而且要有良好的水力性能。

常见蝶阀的活门结构如图 5-2 所示。活门由上、下两轴颈和活门三部分，活门的转轴由装在阀体上的轴承支承。横轴蝶阀由左右两个导轴承支承活门的重量；竖轴蝶阀除上、下两个导轴承外，在下端还有推力轴承支承活门的重量。

（3）操作机构。从活门的轴到蝶阀接力器的所有部件与液压管路统称为操作机构，其作用是将接力器的操作力矩传递给活门轴，使之发生转动。接力器油压由蝶阀的油压装置供给，一般每台蝶阀设 1 台工作油泵，而本机组的油压装置则为备用。

（4）密封装置。蝶阀关闭后需要密封的间隙有两处：一是阀体内壁与活门轴的间隙；二是阀体内壁与活门外缘圆周的间隙。密封形式分为端部密封和圆周密封。下面简述圆周密封的结构。

圆周密封常见的形式有压紧式与空气围带式两种。压紧式圆周密封是靠阀门关闭操作力将活门及其上面固定的密封环压紧在阀门体内壁上，其结构如图 5-3 所示，采用这种形式的

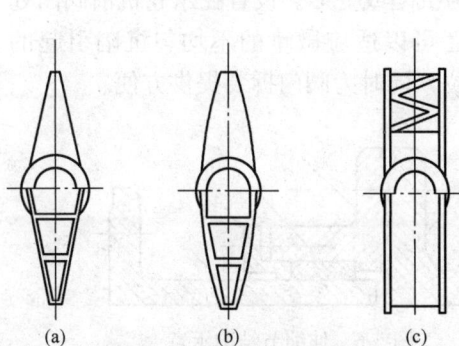

图 5-2 蝶阀的活门结构

（a）菱形；（b）透镜形；（c）平板形

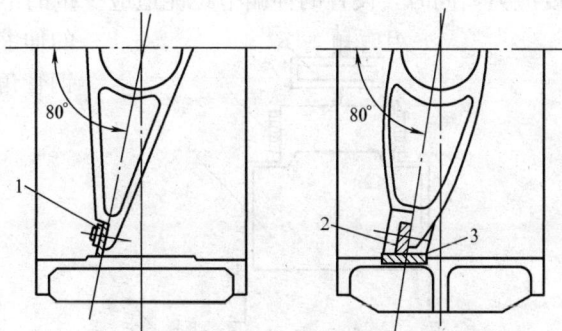

图 5-3 压紧式圆周密封

1—橡胶密封环；2—青铜密封环；3—不锈钢衬板

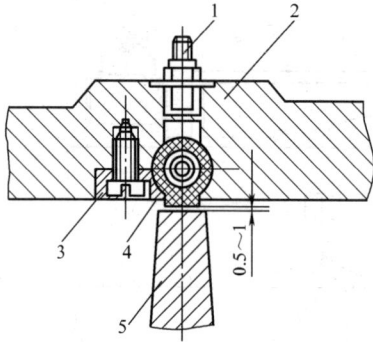

图 5-4　空气围带式圆周密封
1—围带；2—阀体；3—压条；
4—橡胶围带；5—活门

密封时，活门由全开到全关的转角为 $80°\sim85°$。水头较高、管径较大的蝶阀中，为了减少蝶阀全关时的漏水量，常采用橡胶空气围带式密封装置，其结构如图 5-4 所示。中空厚壁的两条橡胶空气围带分别安装在阀体内壁与活门全关位置相应的转轴两侧槽内，用压板压紧固定，并且让围带圆上的凸形部分从两压板之间露出于阀体的内表面；空气围带的进气口通过接头与压缩空气供气管连接。当蝶阀关闭时，活门的外缘刚好被空气围带围住，此时打开供气管上的电磁空气阀，压缩空气则进入空气围带中空的空间，围带向四面膨胀，但只能从两个压板之间的凸形部分弹出，从而紧紧抱住活门外缘，达到封水的效果。

以上两种形式的圆周密封对阀门的操作要求是不同的。对于橡胶空气围带密封装置，要求活门开启前先排气，使空气围带缩回，否则会损坏围带，而活门完全关闭后，需向空气围带内充入空气，且空气的压力应比压力钢管中的水压高 $200\sim400\mathrm{kPa}$；压紧式圆周密封则不需要充、排气的操作。

（5）锁锭装置。由于蝶阀活门在稍偏离全开位置时即有自关闭的水力矩，因此在全开位置必须有可靠的锁锭装置。蝶阀全关时，为了防止接力器闭侧油压消失，活门被水冲击作用而引起误开，一般在全关位置也应投入锁锭装置，以保持活门的位置。

锁锭装置常装设在操作机构的拐臂上，有油压锁锭、水压锁锭和弹簧球形锁锭等形式。

（6）空气阀。在蝶阀机组侧的阀体上一般都装有空气阀，其作用是当蜗壳侧充水时，用于排除蜗壳内的空气，而在蜗壳侧排水时向蜗壳内补入空气，如图 5-5 所示。蝶阀开启前，向机组侧充水平压时，浮筒会随蜗壳内水面的上升而上移，没充满水时蜗壳内的空气会通过空气阀的通气孔而排出，充满水时空气阀会因浮筒上移至上部极限位置而自行关闭。当蝶阀关闭后，如果机组侧钢管及蜗壳排水，则水面下降，浮筒又因自重而下落，这时空气阀又会向蜗壳内补入空气，以免机组侧钢管及蜗壳在放空时造成真空破坏。排气和补气时的漏水会通过排水管排到厂内渗漏排水廊道。

（7）伸缩节。通常在蝶阀上游侧的压力管道上装设有伸缩节（见图 5-6），使蝶阀在水平方向有一定的距离可以移动。伸缩节的作用是当温度变化时，管身可在轴向伸缩，从而减少温度应力，同时，设置的伸缩节也能适应少量的不均匀沉陷或变形。设置在水轮机前阀门处的伸缩节还可以适应微量的不均匀沉陷引起的钢管角变位，同时为阀门拆装提供方便。

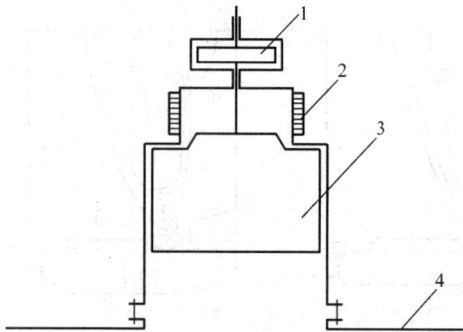

图 5-5　空气阀结构示意
1—导向活塞；2—通气孔；3—浮筒；4—压力钢管

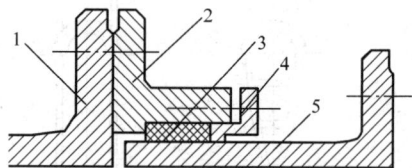

图 5-6　伸缩节结构示意
1—蝶阀；2—伸缩节座；3—盘根；
4—压环；5—伸缩管

5.2.2 球阀的结构

高水头电厂需设置关闭严密的球阀，因为在水头高于250m的电厂装置蝶阀，漏水量增加、水力损失大、结构也较笨重。下面以静水头310m、φ1400的球阀为例说明球阀的结构。

球阀由壳体、球筒形活门、密封装置和附属部件组成。如图5-7所示，球形的阀体内安装了可绕轴转动的球筒形活门，球阀全关时，活门的筒壁为竖直方向，其外壁截断水流，并与设置在阀体上的密封装置接触（见图5-7）；球阀全开时，活门中空的筒形过水断面与引水管直通，相当于一般的管道，水流从活门内部通过，所以球阀对水流不产生阻力。活门转动与否取决于与活门轴相连的操作机构，操作机构上有手动锁锭装置，需要时可在阀门全关时投入，以防止活门被水流冲击而引起误开。球阀全关后，活门外缘与阀体接触处可能漏水，因此在此处装设有密封装置。为了满足球阀只能在静水中开启的要求，在活门所在的阀体两侧装有一根连通管，通常称为旁通管，旁通管上装有旁通阀，用于控制管内水流的通断。阀门开启前就先平压，即向机组侧充水。活门的转轴处还设有两只行程开关，分别在蝶阀全开与全关时动作，以发出相应的信号。

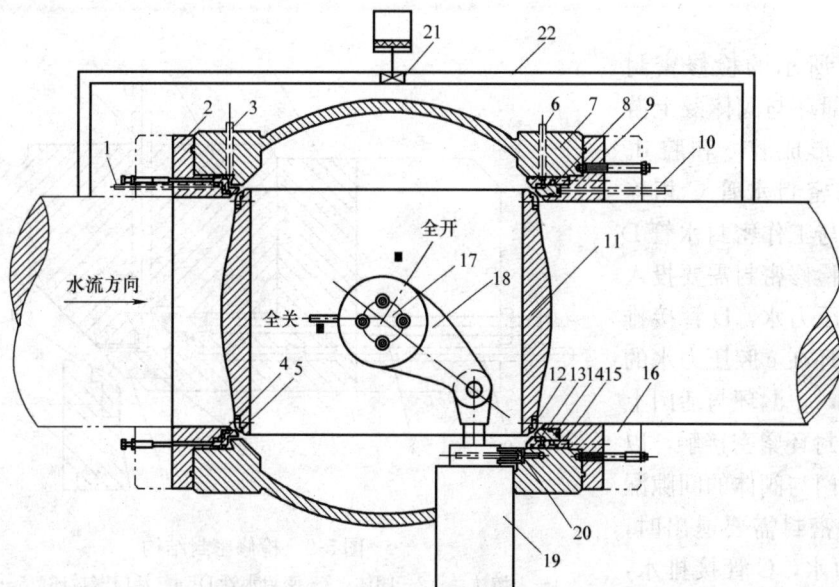

图 5-7 球阀结构

1—检修密封水管；2—上游法兰；3—检修密封水管；4—橡胶条；5—检修密封止漏环；6—工作密封水管；7—阀体；8—衬环；9—下游法兰；10—工作密封水管；11—活门；12—活门密封环；13—密封圈；14—工作密封止漏环；15—橡胶条；16—压力钢管法兰；17—活门轴；18—拐臂；19—接力器；20—接力器的手动锁锭装置；21—旁通阀；22—旁通管

球阀的操作与蝶阀基本相同，不同的地方主要是密封装置。根据密封装置的不同，球阀可分为单面密封球阀和双面密封球阀。装置单面密封球阀的高水头电厂往往要设置2个球阀，一个为工作球阀；另一个为检修工作球阀。目前大都采用双面密封球阀，即在同一台球阀上游侧设置检修密封，下游侧设置工作密封。当检修或更换工作密封时，将检修密封投入；当球阀全关时，将工作密封投入。球阀的检修与工作密封均为水压操作，具体结构见图5-8和图5-9。

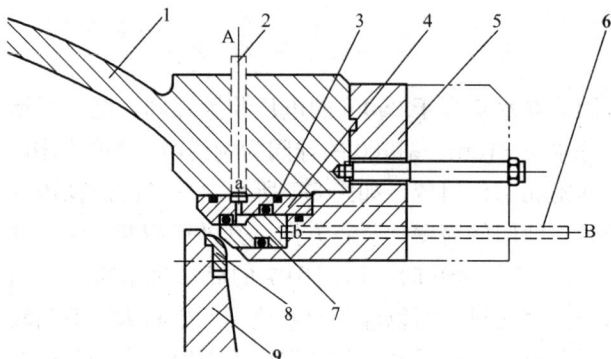

图 5-8　工作密封结构

1—阀体；2—密封水管 A；3—橡胶条；4—衬环；5—下游法兰；
6—密封水管 B；7—止漏环；8—活门密封环；9—活门

图 5-8 所示的工作密封中，有一衬环用螺钉固定在下游法兰上，衬环与阀体密封进水管接触面的两侧设有橡胶条止水。衬环与止漏环接触并形成腔 a，腔 a 与工作密封水管 A 相连通，衬环上 a 腔两侧设有两个密封圈，以防止腔内水外泄。工作密封止漏环位于衬环与法兰之间，止漏环与法兰接触并形成腔 b，腔 b 与工作密封水管 B 相连通。当工作密封需要投入时，B 管接压力水，A 管接排水，则止漏环在 b 腔压力水的作用下左移，止漏环与活门下游侧上的密封环紧密接触，以防止水从活门与阀体的间隙漏出；当工作密封需要退出时，A 管接压力水，B 管接排水，则工作密封的止漏环在 a 腔压力水的作用下右移，密封口张开。

图 5-9 所示的检修密封中，Z 形止漏环与阀体及上游法兰接触，形成腔 c 和腔 d。腔 c 与检修密封水管 C 相连通；腔 d 则与工作密封水管 D 相连通。当检修密封需要投入时，C 管接压力水，D 管接排水，则止漏环在 c 腔压力水的作用下右移，止漏环与活门上游侧上的密封环紧密接触，以防止水从活门与阀体的间隙漏出；当检修密封需要退出时，D 管接压力水，C 管接排水，则止漏环在 d 腔压力水的作用下左移，密封口张开。

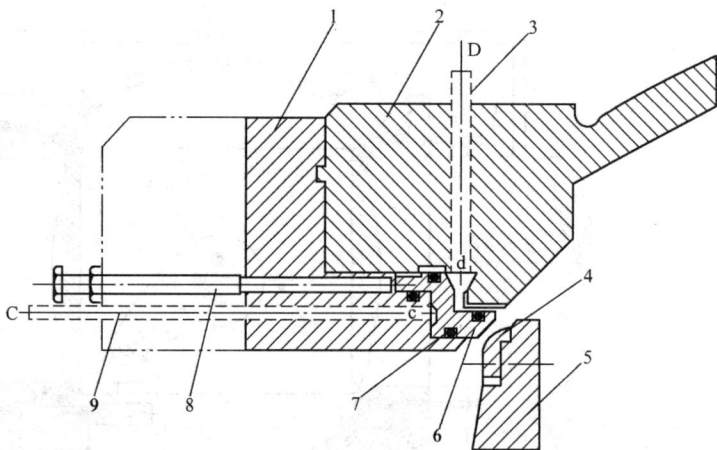

图 5-9　检修密封结构

1—上游法兰；2—阀体；3—密封水管 D；4—活门密封环；5—活门；
6—止漏环；7—橡胶条；8—调整螺杆；9—密封水管 C

5.2.3　快速闸门的结构

平面钢闸门一般由活动的门叶、门槽的埋固构件和启吊闸门的机械设备三大部分组成。闸门门叶的布置如图 5-10 所示。

充水阀也称为平压阀，一般设在检修闸门与快速闸门上，用来对闸门后的空间进行充水，使闸门前后压力相等，以便提升闸门。充水阀按其结构的不同，可分为平盖式、柱塞式、闸阀式，不同形式的充水阀具有不同的充水行程和启门力，具体结构见图 5-11～图 5-13。

充水阀上部通常通过吊轴与启闭机或吊杆的吊头相连。充水阀的操作和闸门启闭联动，并通过设置在启闭机的行程开关来控制。充水时，闸门活塞上移到充水开度，一方面将充水阀打开，水由充水阀四周的空间进入充水弯管而向机组侧充水；另一方面，闸门活塞会停止移动，直到充水过程结束，此时闸门并没有被提起。机组侧平压后，闸门及其上固定的充水阀和充水弯管会一同上移到全开。

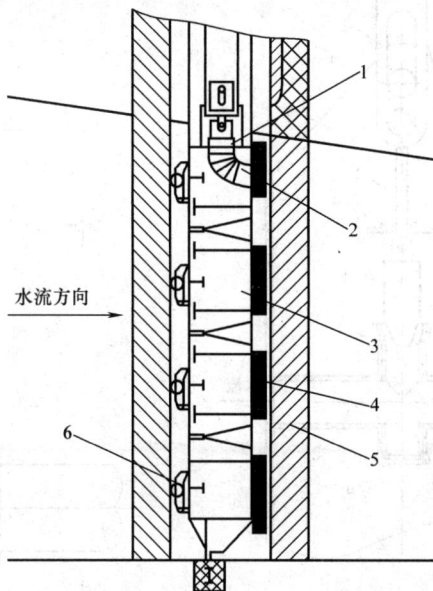

图 5-10 闸门门叶的布置

1—充水阀；2—充水管；3—门叶；4—加强板；5—门槽；6—行走支承

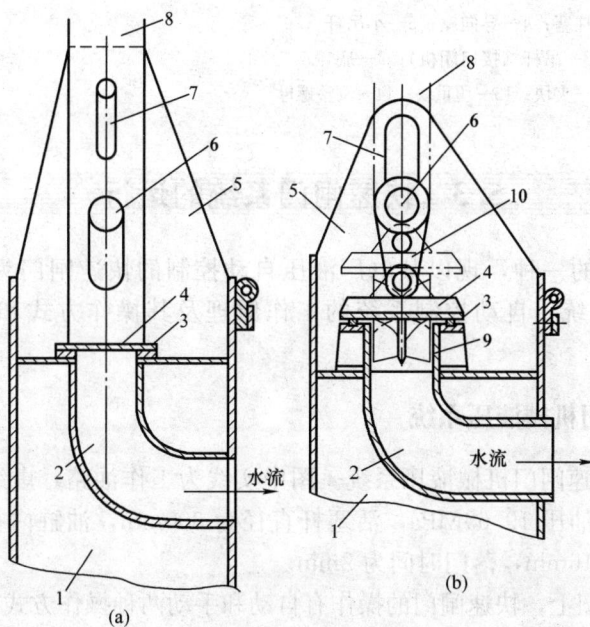

图 5-11 平盖式充水阀

（a）主视图；（b）侧视图

1—门叶；2—弯管；3—止水；4—盖板；5—吊头板；
6—吊头轴；7—导向槽；8—吊杆；9—导叶；10—连杆

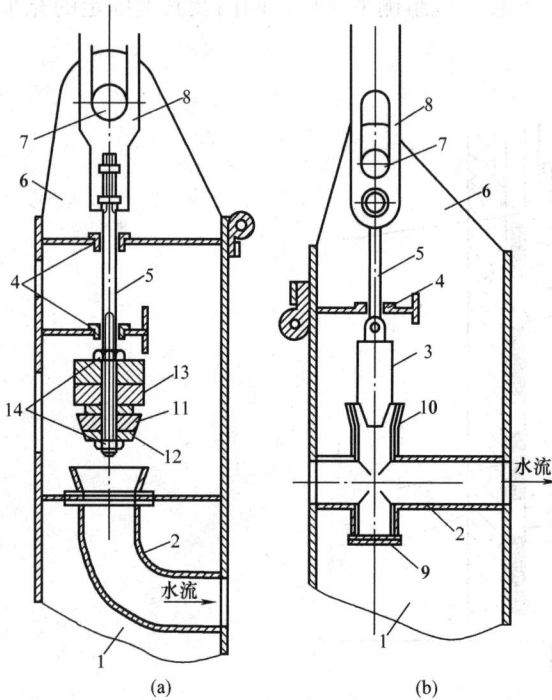

图 5-12　柱塞式充水阀

（a）主视图；（b）侧视图

1—门叶；2—阀管；3—柱塞；4—导向座；5—小吊杆；

6—吊头板；7—吊头轴；8—吊杆（接启闭机）；9—底盖；

10—铜套；11—橡皮柱塞；12—夹块；13—压重块；14—调整螺母

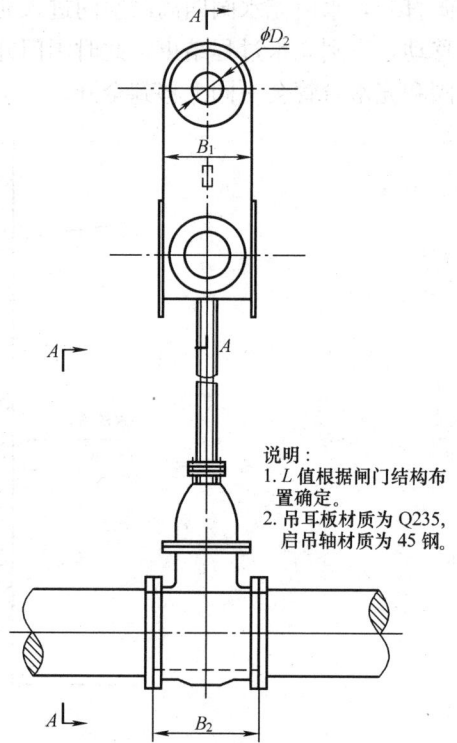

图 5-13　闸阀式充水阀

5.3　快速闸门系统的运行

快速闸门是主阀的一种，现以某电厂液压自动控制的快速闸门为例，结合现场的盘台叙述其机械液压系统、自动控制系统的工作原理及其操作方式和常见故障的分析与处理。

5.3.1　快速闸门机械液压系统

图 5-14 所示为快速闸门机械液压系统。图中实线为工作油路，虚线为控制油路；启门油压为 14MPa，落门油压 19.69MPa，活塞杆直径为 300mm，油缸内径为 630mm；CV 为插装阀；启门时间为 16min，落门时间为 2min。

在机械液压系统图上，快速闸门的操作有自动和手动两种操作方式，开启快速闸门靠液压力，闭门则靠闸门的自重落下。

（一）自动开启快速闸门

按下油泵启动按钮，油泵空载启动，油在下述油路内循环 8s 并使油压升高到 14MPa，油的走向为：

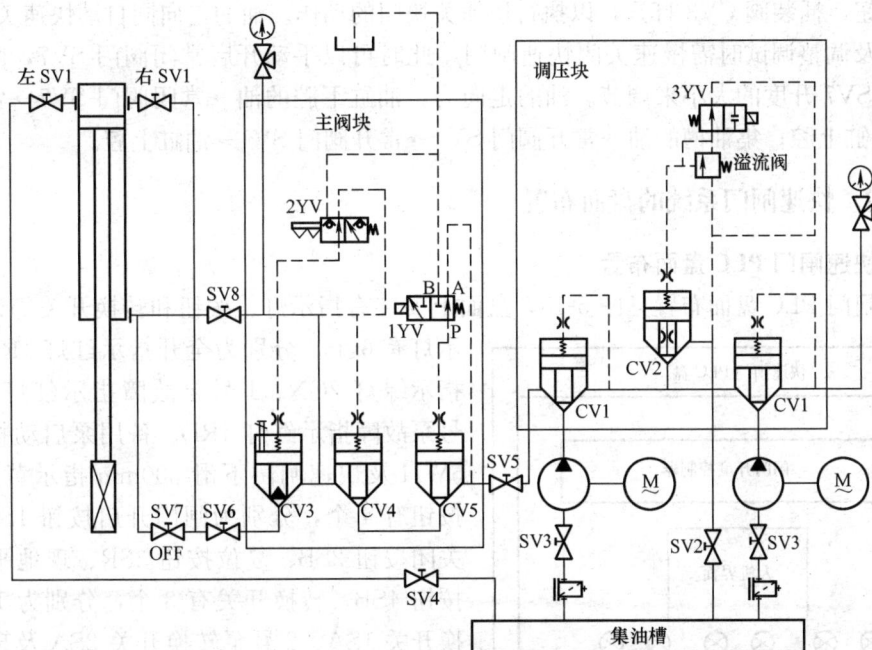

图 5-14　快速闸门机械液压系统

油泵出口经工作油路→插装阀 CV1→插装阀 CV2→常开阀门 SV2→集油槽→滤油器→常开阀门 SV3→油泵入口。

按下启门按钮，1YV、3YV 励磁，1YV 励磁打开 CV5，3YV 励磁关闭 CV2，靠系统中油的压力来启动闸门。油的走向为：

压力油由油泵的出口→插装阀 CV1→常开阀门 SV5→插装阀 CV5→插装阀 CV4→常开阀门 SV8→油缸下腔；油缸上腔的油→常开阀门左 SV1→常开阀门 SV4→集油槽。

油缸下腔进压力油，上腔排油，使活塞上移，由闸门控制器控制活塞移动到充水开度，此时闸门没有开启而将旁通阀开启向机组侧充水，平压后活塞继续向上移动并带动闸门开启至全开位置，到全开位置后由闸门控制器自动将油泵停止。

(二) 自动关闭快速闸门

按下关门按钮，2YV 励磁并打开 CV3，闸门靠其自重快速关闭。油的走向为：油缸下腔的油→常开阀门 SV8→插装阀 CV3→常开阀门 SV6→常开阀门右 SV1→油缸上腔。

油缸上下腔连通平压，则闸门靠自重快速下移并带动油缸内的活塞下移，油缸上腔会产生局部真空，部分油由集油槽经常开阀门 SV4、左 SV1，被产生的真空吸入油缸上腔，以填补活塞快速下移所产生的空间。闸门快速关闭后闸门控制器自动断电，油路恢复原态。闸门的关闭速度可通过插装阀 CV3 来调整。

(三) 手动开启快速闸门

手动开启快速闸门时，油的走向与自动开启快速闸门时相同，不同的是油泵的启动，1YV、3YV 励磁及到充水开度时油泵的停止、平压后油泵的再次启动及停止均需手动控制。

(四) 手动关闭快速闸门

手动关闭快速闸门有两种方式，一种是快速关闭；另一种是慢速关闭。按下 2YV 上手

107

动操作按钮，插装阀 CV3 打开，以执行快速关快门的动作。油的走向同自动快速关闭闸门。闸门检修及调整调试时需慢速关闭快速闸门，此时可以手动开启常闭阀门 SV7，闸门下降的速度由 SV7 开度的大小来调节。油的走向为：油缸下腔的油→常闭阀门 SV7→常开阀门右 SV1 油缸上腔；集油槽的油→常开阀门 SV4→常开阀门 SV1→油缸上腔。

5.3.2　快速闸门系统的盘面布置

一、快速闸门 PLC 盘面布置

快速闸门 PLC 盘面布置见图 5-15，盘面上安装有指示灯、按钮和转换开关等设备。指示灯有 6 个，分别为全开指示红灯 1RD、全关指示绿灯 2GN、1 号泵故障指示红灯 3RD、2 号泵故障指示红灯 4RD、备用泵启动指示白灯 5WH 及快速闸门下滑 300mm 指示黄灯 6YE。按钮有 4 个，分别为闸门开启按钮 1SB、闸门关闭按钮 2SB、复位按钮 3SR、现地平压提门按钮 4SB。转换开关有 3 个，分别为 1 号泵转换开关 1SA、2 号泵转换开关 2SA 及现地和远方转换开关 3SA。泵的转换开关有 3 个位置，分别为自动、手动和切除。3SA 为现地远方转换开关，并有两个位置，即现地（用于现地手动开启快速闸门）和远方（用于远方自动开启快速闸门）。1XB 为试验用联片，当它投入时，可以在导叶非全关状态将闸门从全关提起至全开状态。

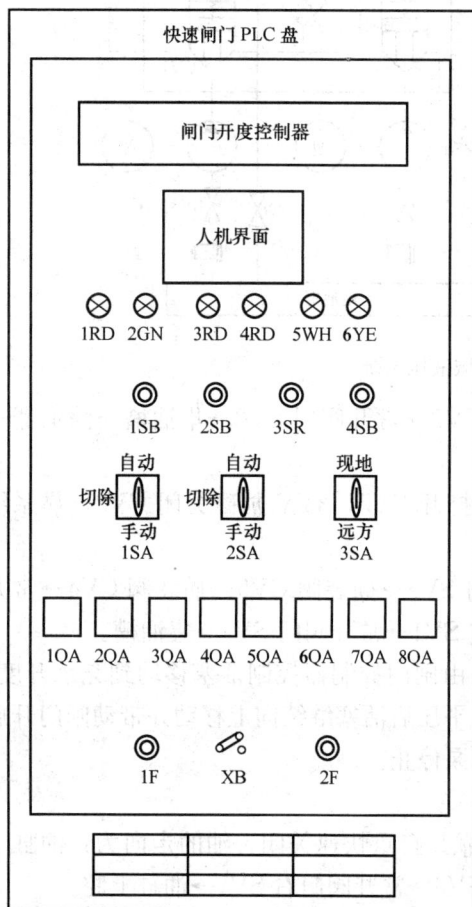

图 5-15　快速闸门 PLC 盘面布置图

二、快速闸门 PLC 模块配置

如图 5-16 所示，快速闸门 PLC 模块均安装在快速闸门 PLC 盘上，电源部分从动力盘 14P3 取交流电，经交流总电源空气开关 1QA 送至隔离变压器 GNB 一端，隔离变压器 GNB 另一端接不间断电源 UPS，并装有 PLC 交流监视继电器 2KMO，UPS 另一端分 5 路，分别经 PLC 交流电源空气开关 2QA 送至 PLC 模块；经转换器交流电源空气开关 3QA 送至光电转换器；经闸门控制器交流电源空气开关 4QA 送至闸门控制装置；经触摸屏稳压交流电源空气开关 5QA 送至稳压电源 WY2；经 PLC 稳压交流电源空气开关 6QA 送至稳压电源 WY1，从 WY1 直流侧经 PLC 直流开关 7QA 的直流电送至快速闸门 PLC 直流，并装有 PLC 直流监视继电器 1KMO。

模块部分共装有 11 个模块。101 和 116 为电源模块，103 为 PLC 主机，105 为以太网模块，107、108、109 为开关量输入模块，110 为模拟量模块，111 和 112 为开关量输出模块，114 为温度量模块。

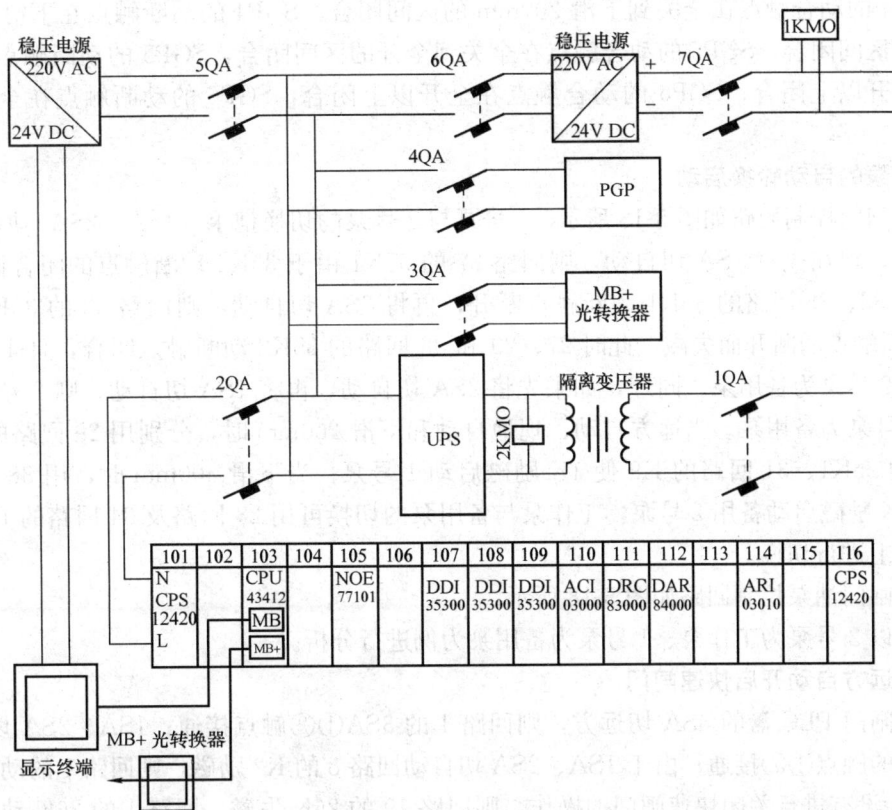

图 5-16　快速闸门 PLC 模块配置图

5.3.3　快速闸门系统的自动控制

一、闸门控制器 PGP

闸门控制器 PGP 触点动作图如图 5-17 所示。

位置 触点号	全关 -200	0	充水全开 320	下滑 300 8700	下滑 (mm) 200 8800	全开通 9000	用途
SGP1							充水
SGP2							下滑 300(mm)
SGP3							全开
SGP4							下滑 200(mm)
SGP5							全关
SGP6							全开

图 5-17　闸门控制器 PGP 触点动作图

闸门控制器 PGP 共有 6 对触点，SGP1 的动合触点在充水开度到全关以下闭合，SGP1 的动断触点在充水开度以上闭合；SGP2 的动合触点在充水开度到下滑 300mm 的区间闭合；SGP3 的动合触点在充水开度到全开区间闭合，SGP3 的动断触点在充水开度到全关区间闭合；SGP4 的动合触点在全关到下滑 200mm 的区间闭合，SGP4 的动断触点在下滑 200mm 到全开的区间闭合；SGP5 的动合触点在全关到全开的区间闭合，SGP5 的动断触点在全关以下及全开以上闭合；SGP6 的动合触点在全开以上闭合，SGP6 的动断触点在全开以下闭合。

二、泵的自动轮换启动

快速闸门控制回路如图 5-18 所示。1 号泵与 2 号泵的切换把手（1SA、2SA）原来均在切除位置，现在先将 1SA 切自动，则回路 27 的 35K1 由于 35K2 动断触点的闭合而励磁，此时 32、33、35 回路的 35K1 动断触点断开；再将 2SA 切自动，则回路 33 的 35K2 由于 35K1 动断触点的断开而失磁，此时 27、29 和 38 回路的 35K2 动断触点闭合，且 1 号泵为工作泵，2 号泵为备用泵。同理，如果先将 2SA 切自动，再将 1SA 切自动，则 2 号泵为工作泵，1 号泵为备用泵。当远方自动、现地自动和下滑 200mm 时，分别用 29 回路的 25K、30 回路的 25K1、31 回路的 K9 使 1K 励磁启动 1 号泵；当下滑 300mm 时，用 38 回路的 K15 使 2K 励磁启动备用 2 号泵。工作泵与备用泵的切换可用 28 回路及 34 回路的 PC 触点在上位机上进行切换。

快速闸门油泵控制回路如图 5-18 所示。

下面以 2 号泵为工作泵、1 号泵为备用泵为例进行分析。

三、远方自动开启快速闸门

快速闸门 PLC 盘的 3SA 切远方，则回路 1 的 3SA①②触点接通；1SA、2SA 切自动，则其相应的触点①②接通；由于 1SA、2SA 切自动回路 8 的 K2 励磁，则回路 1 的动合触点 K2 闭合；没有进行关闭快速闸门的操作，则回路 19 的 26K 失磁，回路 1 的 26K 动断触点闭合；机组在停机状态导叶全关，则 SGV（0%）闭合；快速闸门处于全关状态则 SGP6 的动断触点和 SGP1 的动合触点闭合；中控室发出开启快速闸门的指令，则回路 1 的 PC 触点闭合，结果是 25K 和 K0 两个继电器励磁：回路 35 中 25K 的动合触点闭合，2KJ 励磁，2 号油泵空载启动，2QC 闭合（见图 5-19）。此时，油路走向为：油泵出口经工作油路→插装阀 CV1→插装阀 CV2→常开阀门 SV2→集油槽→滤油器→常开阀门 SV3→油泵入口。

回路 11 通过 2K 和 2QC 使 1KT 励磁，其延时闭合的动合触点延时 8s 闭合，使提闸门电磁阀 1YV、3YV 励磁，1YV 励磁打开 CV5，3YV 励磁关闭 CV2，油路走向见快速闸门机械液压系统工作原理，结果是油缸内的活塞上移到充水开度，闸门没有被提起，而是通过一个拐臂将充水阀开启向机组侧充水，充水时间约为 30min。到充水开度后，回路 1 的 SGP1 的动合触点断开，25K 失磁，回路 35 的 2K 失磁，油泵停止。同时，2QC 的断开使电磁阀 1YV、3YV 失磁。

回路 3 的 K0 动合触点闭合自保持。

回路 14 的 K0 动合触点闭合，由于闸门在全开开度以下 SGP6 的动断触点闭合，经过 30min 的充水后，钢管两侧平压 21SP 闭合，2KT 励磁，回路 15 中延时闭合的动合触点延时 10s 闭合，使其后面的 K5 励磁，而回路 2 中 K5 动合触点闭合则使 25K 励磁；再次启动 2 号油泵，8s 升压时间一到便再次使 1YV、3YV 励磁，则活塞从充水开度继续上移，快速闸门缓慢提起，16min 后将闸门完全提起到全开开度。

回路 1 中 SGP6 断开，使 25K 和 K0 失磁，2 号油泵停止工作，电磁阀 1YV、3YV 失磁。

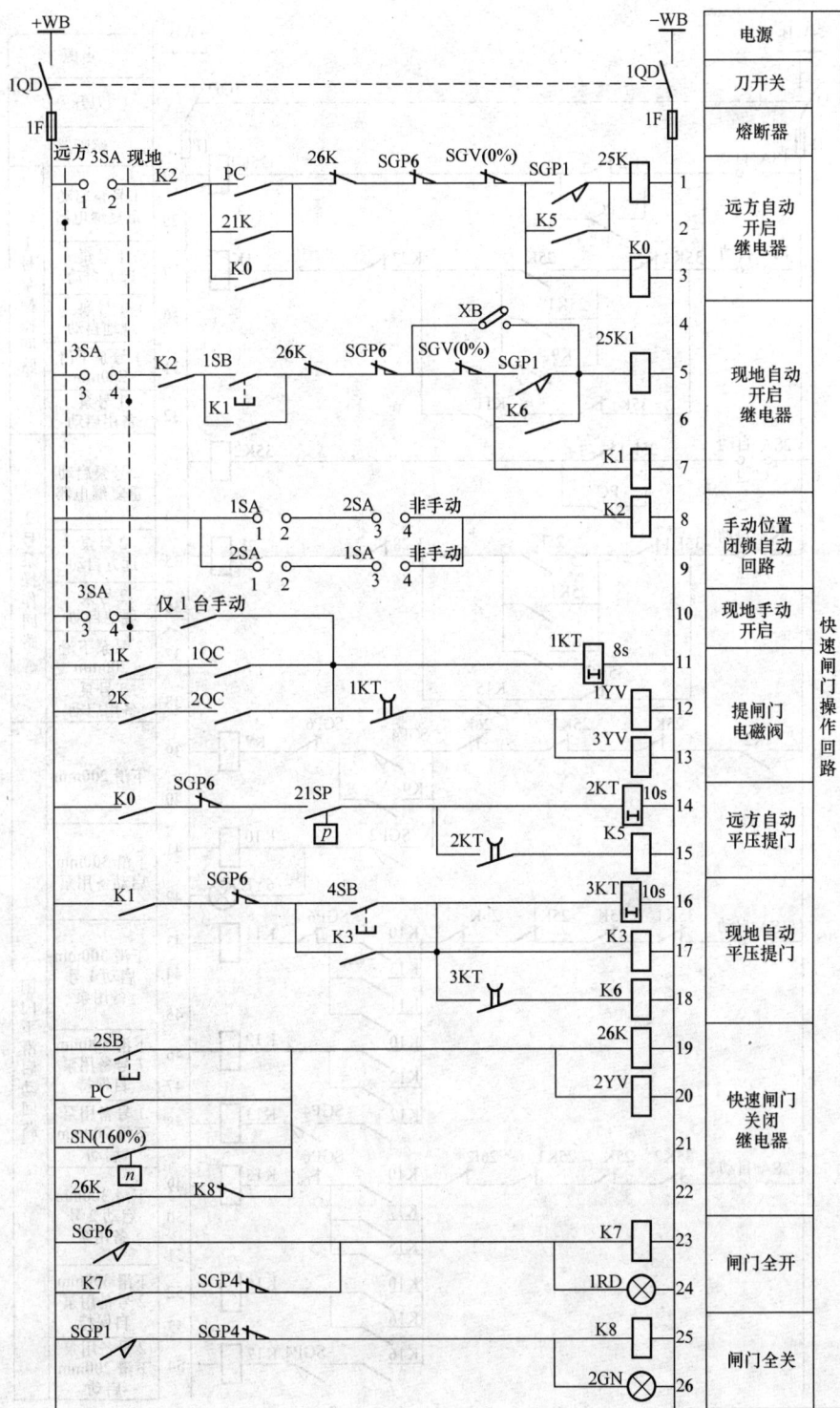

图 5-18 快速闸门控制回路（一）

	说明	回路
	电源	
	刀开关	
	熔断器	
27	1号泵启动	1号泵操作回路
28	重复继电器	
29	1号泵远方自动	
30	1号泵现地自动	
31	1号泵下滑200mm	
32	1号泵备用启动	
33	2号泵启动	2号泵操作回路
34	重复继电器	
35	2号泵远方自动	
36	2号泵现地自动	
37	2号泵下滑200mm	
38	2号泵备用启动	
39	下滑200mm	闸门下滑启动回路
40		
41	下滑300mm启动备用泵	
42		
43	下滑300mm启动1号备用泵	
44		
45		
46	下滑300mm 1号备用泵自保持	
47		
48	1号备用泵下滑200mm启动	
49	下滑300mm启动2号备用泵	
50		
51		
52	下滑300mm 2号备用泵自保持	
53		
54	2号备用泵下滑200mm启动	

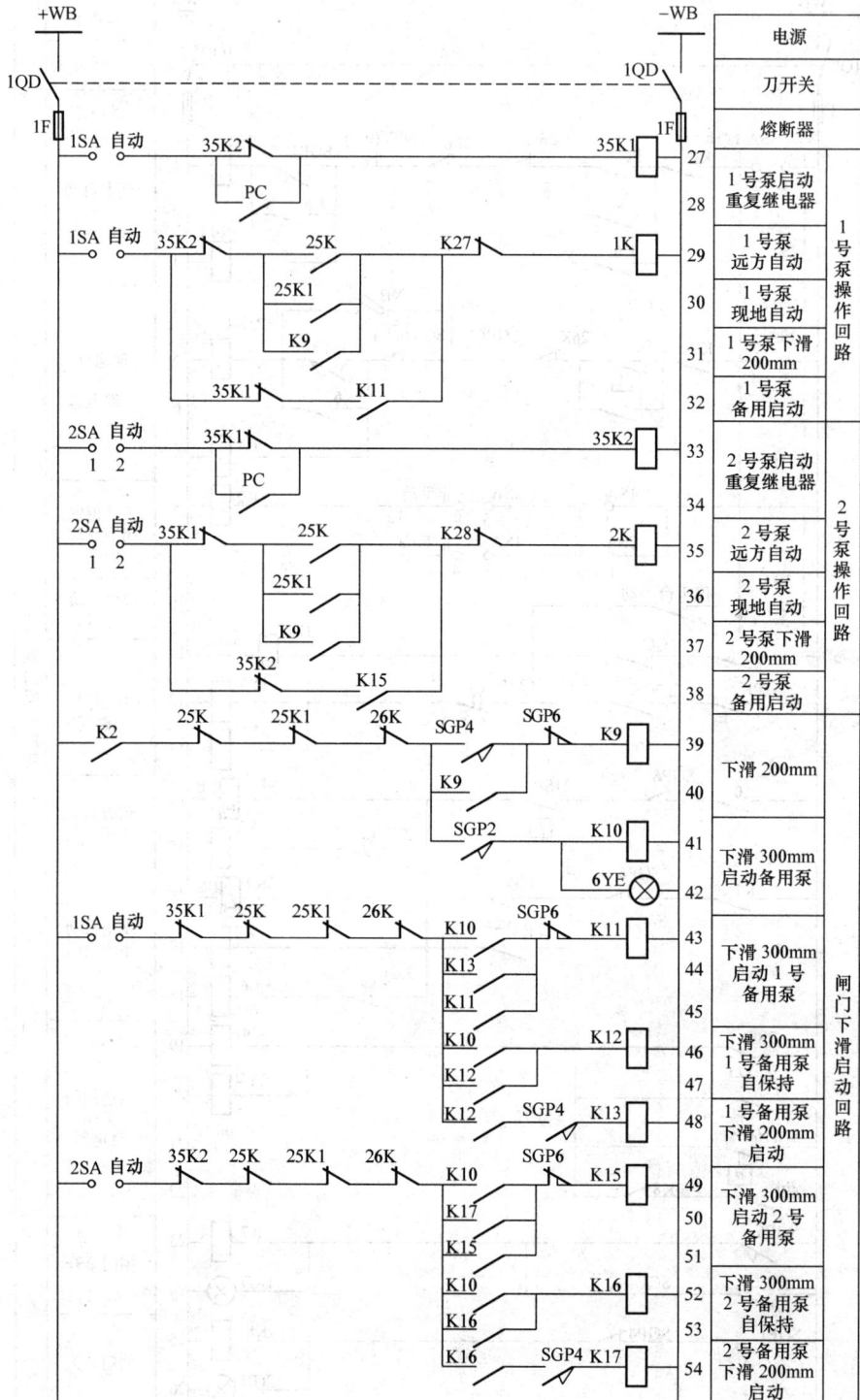

图 5-18　快速闸门控制回路（二）

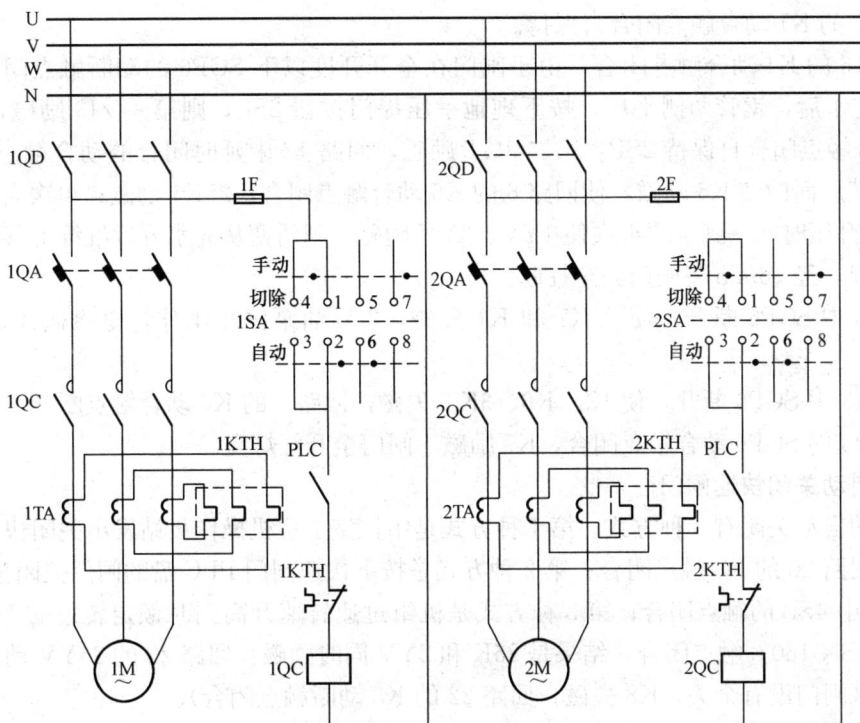

图 5-19 快速闸门油泵控制回路

回路 14 中 SGP6 断开,使 2KT、K5 失磁,回路 2 中 K5 动合触点断开。

回路 23 中 SGP6 动合触点闭合,K7 励磁,闸门全开红灯亮。

由于 K7 的动合触点与 SGP4 的动断触点串联,因此当机组在运行中发生闸门下滑不到 200mm 时,闸门全开红灯一直处于亮的状态,只有下滑大于 200mm 时闸门全开红灯才会灭。

四、现地自动开启快速闸门

快速闸门 PLC 盘的 3SA 切现地,则回路 5 的 3SA③④触点接通,1SA、2SA 切自动则其相应的触点①②接通;由于 1SA、2SA 切自动则回路 8 的 K2 励磁,因此回路 5 的动合触点 K2 闭合;没有进行关闭快速闸门的操作,则回路 19 的 26K 失磁,回路 5 的 26K 动断触点闭合;机组在停机状态导叶全关,则 SGV(0%)闭合;快速闸门处于全关状态,则 SGP6 的动断触点和 SGP1 的动合触点闭合;按下快速闸门 PLC 盘的闸门开启按钮 1SB,结果是 25K1 和 K1 两个继电器励磁:回路 36 中 25K1 的动合触点闭合,2K 励磁 2 号油泵空载启动,2QC 闭合(见图 1-38)。油泵走向为:油泵出口经工作油路→插装阀 CV1→插装阀 CV2→常开阀门 SV2→集油槽→滤油器→常开阀门 SV3→油泵入口。

回路 11 通过 2K 和 2QC 使 1KT 励磁,其延时闭合的动合触点延时 8s 闭合,使提闸门电磁阀 1YV、3YV 励磁,1YV 励磁打开 CV5,3YV 励磁关闭 CV2,油路走向见快速闸门机械液压系统工作原理,结果是油缸内的活塞上移到充水开度,闸门没有被提起,而是通过一个拐臂将充水阀开启向机组侧充水,充水时间约为 30min。到充水开度后,回路 1 中 SGP1 的动合触点断开,25K 失磁;回路 35 的 2K 失磁,油泵停止,同时由于 2QC 的断开,电磁阀 1YV、3YV 失磁。

回路 6 的 K1 动合触点闭合自保持。

回路 16 的 K1 动合触点闭合，由于闸门在全开开度以下 SGP6 的动断触点闭合，经过 30min 的充水后，钢管两侧平压，按下现地平压提门按钮 2SB，则第一 ZJ3 励磁，回路 17 的 K3 动合触点闭合自保持 2SB，第二 3KT 励磁，回路 18 中延时闭合的动合触点延时 10s 闭合，使其后面的使 K6 励磁，使回路 6 的 K6 动合触点闭合，25K1 励磁；再次启动 2 号油泵，经 8s 升压时间一到，便再次使 1YV、3YV 励磁，则活塞从充水开度继续上移，快速闸门缓慢提起，经 16min 将闸门完全提起。

回路 5 中 SGP6 断开，使 25K1 和 K1 失磁，2 号油泵停止工作，电磁阀 1YV、3YV 失磁。

回路 16 中 SGP6 断开，使 K3、K6、3KT 失磁，回路 6 的 K6 动合触点断开。

回路 23 中 SGP6 动合触点闭合，K7 励磁，闸门全开红灯亮。

五、自动关闭快速闸门

闸门的自动关闭有 3 种方式。第 1 种方式是中控室上位机操作员站发出关闭快速闸门的指令，则回路 20 的 PC 触点闭合；第 2 种方式是按下快速闸门 PLC 盘的闸门关闭按钮 4SB，则回路 19 中 4SB 的触点闭合；第 3 种方式是机组过速转速升高到时额定转速的 160%，则回路 21 的 SN-160% 触点闭合，结果是 26K 和 2YV 同时励磁；回路 22 的 26YV 动合触点闭合自保持（闸门没有全关，K8 失磁，回路 22 的 K8 动断触点闭合）。

2YV 励磁并打开 CV3，闸门靠其自重快速关闭，油的走向为：油缸下腔的油→常开阀门 SV8→插装阀 CV3→常开阀门 SV6→常开阀门右 SV1→油缸上腔。

油缸上下腔连通平压，则闸门靠自重快速下移并带动油缸内的活塞下移，油缸上腔会产生局部真空，部分油由集油槽经常开阀门 SV4、左 SV1，被产生的真空吸入油缸上腔，填补活塞快速下移所产生的空间。

闸门快速完全关闭后，回路 25 的 SGP1 动合触点和 ZWK4 的动合触点闭合，一方面回路 26 的闸门全关绿灯 2GN 亮；另一方面，回路 25 的 K8 励磁，回路 22 的 K8 动断触点打开，26K 和 2YV 同时失磁，油路恢复原态。此时活塞下移到全关位置，通过拐臂将充水阀关闭。

六、闸门下滑后的自动提升

仍以 2 号泵为工作泵，1 号泵为备用泵（35ZJ2 励磁、35ZJ1 失磁）为例进行分析。两台泵均切自动，回路 8 的 K2 励磁，而回路 39 的 K2 动合触点闭合；没有正在进行远方自动开启闸门的操作，回路 39 的 25K 动断触点闭合；没有正在进行现地自动开启闸门的操作，回路 39 的 25K1 动断触点闭合；没有正在进行关闭闸门的操作，回路 39 的 26K 动断触点闭合；机组正常运行，闸门全开，SGP6 动断触点闭合。此时，闸门由于某种原因下滑到 200mm，则 SGP4 动合触点闭合，K9 励磁；回路 40 的 K9 动合触点闭合自保持，回路 37 的 K9 动合触点闭合；2K 励磁启动 2 号油泵，将闸门提起到全开位置，SGP6 动断触点断开，K9 失磁。此时，一方面油泵停止；另一方面回路 40 的 K9 动合触点断开，失去自保持。

如果闸门已经下滑到 200mm，且 2 号泵已经启动，但闸门仍继续下滑并到 300mm，则回路 41 的 SGP2 动合触点闭合，快速闸门下滑 300mm 指示黄灯 6YE 亮，同时 K10 励磁，回路 43 的 K11 励磁，回路 45 的 K11 动合触点闭合自保持，回路 32 的 K11 动合触点闭合；

1K 励磁启动 1 号油泵，将闸门提起少许，则回路 41 的 K10 失磁，但由于 K11 的自保持，油泵不会停止，闸门到全开位置，则回路 43 的 SGP6 动断触点断开，K11 失磁。此时，一方面油泵停止；另一方面回路 45 的 K11 动合触点断开，失去自保持。

5.3.4 快速闸门系统的操作

快速闸门的开启方式有 3 种。其中，远方操作是自动的，而现地操作有自动和手动两种方式。下面均以开启快速闸门为例说明快速闸门的操作方法。

一、计算机监控操作（远方操作）

远方操作是在上位机操作员站进行，在操作员站上选择开、关快门的操作，即可弹出快速闸门系统的监视画面。在该画面中可以监视各电磁阀和油泵的动作情况、快门开度的具体数值、油泵出口压力和闸门下腔油压。在快速闸门流程画面有开、关快门的流程，开快门的流程如图 5-20 所示。

二、现地自动操作

现地自动操作是在快速闸门室进行的，一般可通过操作快速闸门 PLC 盘上的按钮，监视盘上的各种指示灯，具体操作步骤如下：

（1）检查导叶全关，快速闸门全关。

（2）将现地/远方转换开关 3SA 切现地。

（3）检查 1 号泵转换开关 1SA、2 号泵转换开关 2SA 位于自动位置。

（4）按下快速闸门 PLC 盘上的闸门，开启红色按钮 1SB。

（5）检查自动泵启动及油压合格。

（6）检查闸门开度控制器指示闸门至充水开度。

（7）检查油泵停止。

（8）检查机组侧蜗壳水压合格。

（9）按下快速闸门 PLC 盘上的现地平压提门绿色按钮 2SB。

（10）检查 1 号泵（或 2 号泵）启动及油压合格。

（11）检查闸门开度控制器上指示闸门至全开开度。

（12）检查油泵停止。

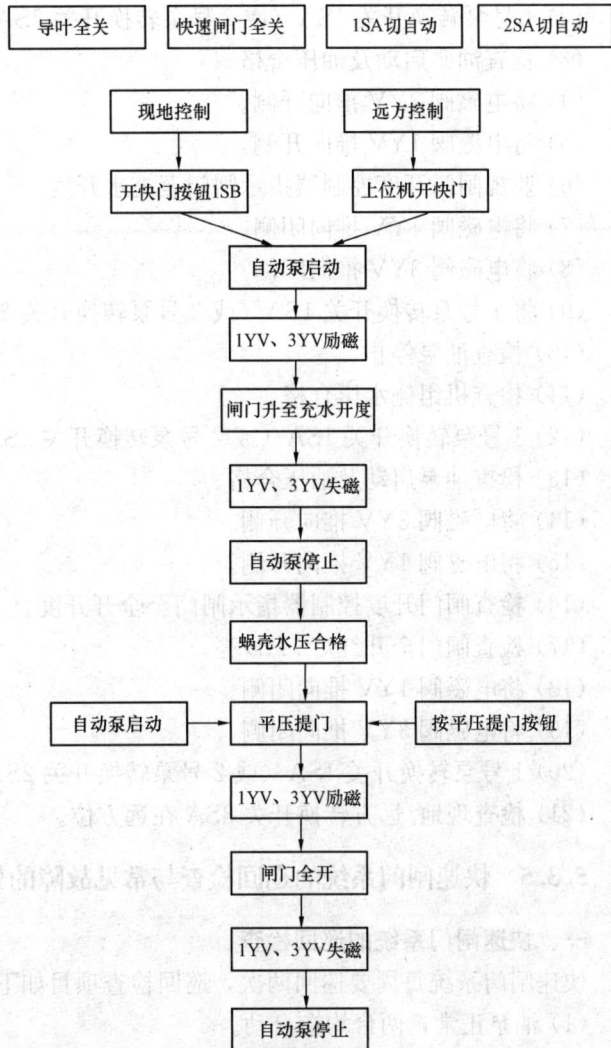

图 5-20　快速闸门系统开快门的流程

（13）检查闸门全开红灯 1RD 亮。

（14）将现地/远方转换开关 3SA 切远方。

由快速闸门的自动控制回路不难看出，现地自动关快速闸门时不需要将现地/远方转换开关 3SA 切现地，直接按下快速闸门 PLC 盘上的闸门关闭绿色按钮 2SB，就可以将快门关闭。

三、现地的手动操作

手动操作与自动操作的不同之处是，油泵及电磁阀的操作需人为操作，具体操作步骤如下：

（1）检查导叶全关、快速闸门全关。

（2）1 号泵转换开关 1SA（或 2 号泵转换开关 2SA）切至手动位置。

（3）检查油泵启动及油压合格。

（4）将电磁阀 3YV 推向开侧。

（5）将电磁阀 1YV 推向开侧。

（6）监视闸门开度控制器指示闸门至充水开度。

（7）将电磁阀 1YV 推向闭侧。

（8）将电磁阀 3YV 推向闭侧。

（9）将 1 号泵转换开关 1SA（或 2 号泵转换开关 2SA）投入停止位。

（10）检查油泵停止。

（11）检查机组侧水压合格。

（12）1 号泵转换开关 1SA（或 2 号泵转换开关 2SA）切手动。

（13）检查油泵启动及油压合格。

（14）将电磁阀 3YV 推向开侧。

（15）将电磁阀 1YV 推向开侧。

（16）检查闸门开度控制器指示闸门至全开开度。

（17）检查闸门全开红灯 1HD 亮。

（18）将电磁阀 1YV 推向闭侧。

（19）将电磁阀 3YV 推向闭侧。

（20）1 号泵转换开关 1SA（或 2 号泵转换开关 2SA）投入自动位。

（21）检查现地/远方转换开关 3SA 在远方位。

5.3.5 快速闸门系统的巡回检查与常见故障的处理

一、快速闸门系统的巡回检查

快速闸门系统每周要巡回两次，巡回检查项目如下：

（1）油泵正常，两台均在自动。

（2）各动力盘各元件位置正确，指示灯正常。

（3）各刀开关无过热现象，运行工况良好，无异音。

（4）开度指示仪指示位置正确。

（5）整流器红灯亮，表计指示正确。

（6）盘内 XB 压板机组正常时在退出位置。

（7）闸门开度仪显示正常，无告警灯亮，油系统压力正常。

（8）快速闸门在开启或关闭过程中，各阀、油管路接头与焊口均无渗漏现象。

（9）在快门开启过程中，各表计指示平衡。

（10）正常运行中各电磁阀的接线、电气触点压力表的接线均处于良好状态，没有松动、脱落现象。

（11）集油槽油位不低于"零"线。

（12）集油槽油温不低于10℃。

（13）正常运行中各电器没有过热现象。

（14）快速门在全开位置时，应检查开度仪指示在8.9m左右；全关位置时，开度仪指示为负值。

二、快速闸门系统常见故障与处理

在上位机操作员站，报警画面的机械故障菜单中有快门油管压力过高、快门下滑300mm、1号泵未自动、2号泵未自动、1号备用泵启动、2号备用泵启动、1号泵拒动、2号泵拒动、快门1QA交流电源消失、快门2QA交流电源消失、快门7QA直流电源消失、快门UPS电源消失、1号泵过热保护动作、2号泵过热保护动作、1号泵断相保护动作及2号泵断相保护动作等故障光字牌。快速闸门油泵故障回路如图5-21所示。

（一）快门油管压力过高故障

故障现象：中控室电铃响、语音报警、报警画面的机械故障光字牌亮、快门油管压力过高故障光字牌亮。

故障原因分析：当CV2与溢流阀组成的带卸荷功能的系统中的元件故障，使泵在启动过程中不能卸荷，泵出口压力迅速升高至18MPa时，电动机出口压力继电器动作，K18励磁，发出快门油管压力过高故障信号。油泵继续运行，电动机会过负荷，使其热元件动作，发泵过热保护动作故障信号，同时泵会停止运行。

故障处理：若泵没有停止，则应迅速将运行油泵的转换开切至"停止"位，并检查油泵停止，联系检修处理CV2与溢流阀，检修处理完后，将油泵的转换开切至"自动"位，并按下复位按钮3SR，复归27K（或28K），为下次油泵的自动启动作准备。

（二）快门下滑300mm故障

故障现象：中控室电铃响、语音报警、报警画面的机械故障光字牌亮、快门下滑300mm故障光字牌亮、备用泵启动故障光字牌亮。

故障原因分析：快速闸门长时间在全开位置，由于闸门的自重会将其下腔的油慢慢地挤出一部分，使下腔油压降低，因此会造成闸门下滑。下滑200mm自动泵启动，如果继续下滑300mm，则备用泵启动并发故障信号。如果是由于SV7没有完全关闭而造成的快门下滑，那么故障信号会频繁出现。

故障处理：快速闸门长时间在全开位置而出现的快门下滑，只需按下复位按钮3SR，复归27K（或28K），为下次油泵的自动启动作准备；如果故障信号频繁出现，就要检查SV7阀的状态，检查与下腔相连接的油管路有没有渗漏油处。

（三）泵未自动故障

故障现象：中控室电铃响、语音报警、报警画面的机械故障光字牌亮、泵未自动故障光字牌亮。

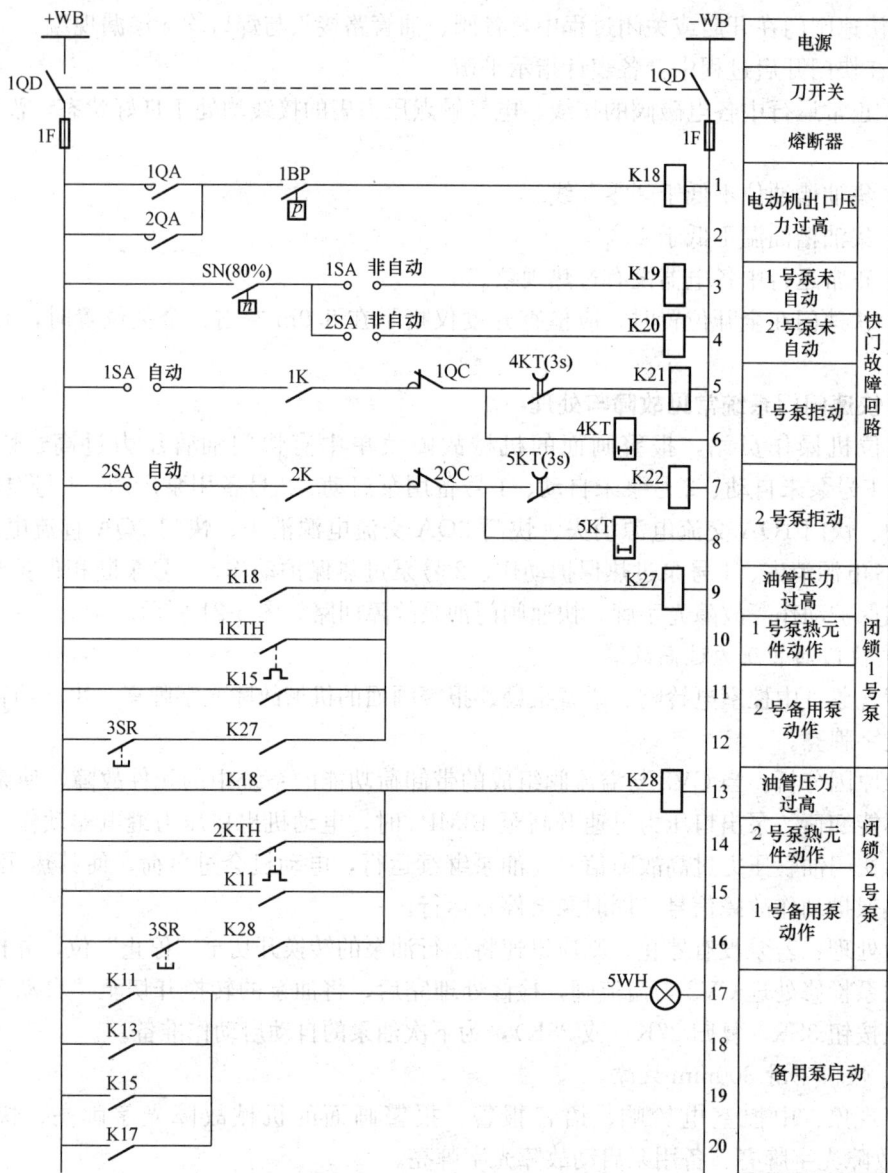

图 5-21 快速闸门油泵故障回路图

故障原因分析：油泵手动启动后，没有切至自动位；油泵的转换开关触点故障。该信号只有在机组转速高于额定转速的80％时才会发出。

故障处理：将油泵的转换开关切自动位，如果转换开关已损坏，则加以更换。

（四）泵拒动故障

故障现象：中控室电铃响、语音报警、报警画面的机械故障光字牌亮、泵拒动故障光字牌亮。

故障原因分析：由控制回路可知，当油泵切换把手在自动位置，油泵自动启动中间继电器已经励磁，但电动机磁力起动器1QC（2QC）的动断触点没有打开，时间超过20s便发出泵拒动故障信号。故障原因是油泵控制回路中 1F 和 1KTH 动作，从而使 1QC 线圈不能励磁。

故障处理：检查油泵的控制回路，若是 1F 熔断，则查找过电流的原因，消除后并更换。若是 1KTH 没有复归，则手动复归 1KTH。

（五）泵断相保护动作故障

故障现象：中控室电铃响、语音报警、报警画面的机械故障光字牌亮、泵断相保护动作故障光字牌亮。

快门油泵的电动机采用的是断相保护热继电器，其工作原理如图 5-22 所示，当电流为额定值时，3 个热元件均正常发热，其端部均向左弯曲，推动上、下导板同时左移，但达不到动作位置，继电器不会动作；当电流过载达到整定值时，双金属片弯曲较大，把导板和杠杆推到动作位置，继电器动作，使动断触点立即打开；当一相设（L1 相）断路时，L1 相（右侧）的双金属片逐渐冷却降温，其端部向右移动，推动上导板向右移动，而另外两相双金属片温度上升，使端部向左移动，推动下导板继续向左移动，产生差动作用，使杠杆扭转，继电器动作，

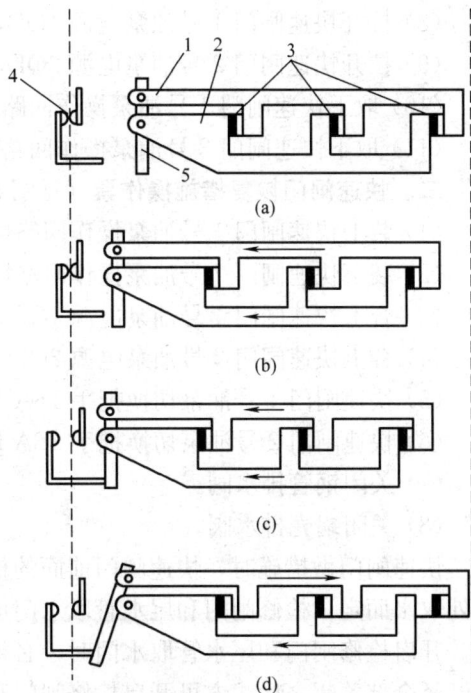

图 5-22　带断相保护的热继电器
(a) 通电前；(b) 三相正常通电；
(c) 三相均匀过载；(d) L1 相断线
1—上导板；2—下导板；3—双金属片；
4—动断触点；5—杠杆

起到断相保护作用。热继电器缺相保护只有当一相电流为 0、另两相电流为 1.15 倍设定值时热继电器才动作，动作延时小于 2h。

故障原因分析：电动机外部缺相，如主电源本身就缺相，一般由控制电动机的接触器触点烧毁而造成；电动机内部断相，如电动机断相运行时将导致断相瞬间在断相绕组两端产生高于额定电压数倍的反电动势，从而使电动机绕组间击穿而损坏。

5.3.6　快速闸门的大修与恢复措施

机组大修时，对在转轮室等水下部分进行的大修项目，为保证检修人员的安全，防止水下部分充水，一般需对快速闸门采取相应措施。

一、快速闸门措施操作票（见图 5-19）

(1) 关闭快速闸门。

(2) 关闭检修闸门。

(3) 关闭尾水管取水门。

(4) 打开蜗壳排水阀。

(5) 打开钢管排水阀。

(6) 快速闸门 1 号油泵切换把手 1SA 切至"切除"位置。

(7) 快速闸门 2 号油泵切换把手 2SA 切至"切除"位置。

(8) 拉开快速闸门 1 号油泵电源 1QD，检查在开位。

(9) 拉开快速闸门 2 号油泵电源 2QD，检查在开位。

(10) 取下快速闸门 1 号油泵操作回路熔断器 1F。

(11) 取下快速闸门 2 号油泵操作回路熔断器 2F。

二、快速闸门恢复措施操作票（见图 5-19）

(1) 装上快速闸门 1 号油泵操作回路熔断器 1F。

(2) 装上快速闸门 2 号油泵操作回路熔断器 2F。

(3) 合上快速闸门 1 号油泵电源 1QD，检查在合位。

(4) 合上快速闸门 2 号油泵电源 2QD，检查在合位。

(5) 快速闸门 1 号油泵切换把手 1SA 切至"自动"位。

(6) 快速闸门 2 号油泵切换把手 2SA 切至"自动"位。

(7) 关闭钢管排水阀。

(8) 关闭蜗壳排水阀。

快速闸门做措施时，快速闸门前面的检修闸门是否关闭要根据是否是一台机组从检修闸门处取水而定。检修闸门和尾水管取水门可以在钢管充水试验或尾水管充水试验时再恢复开启。开启检修闸门和尾水管取水门时，必须检查压力钢管进人孔、蜗壳进人孔、尾水管进人孔已经全部关闭之后，方可开启检修闸门和尾水管取水门。

5.4 蝶阀的自动化

5.4.1 蝶阀机械液压系统

一、组成元件

图 5-23 所示为竖轴蝶阀机械液压系统。蝶阀的操作压力油由 5YB 油泵提供，油泵出口设置一单向阀 15YFS，用于防止接力器内压力油在油泵停止后倒流。15YVD、16YVD 为电磁配压阀。15YVD 用于控制旁通阀的开启与关闭；16YVD 用于控制接力器上、下腔的进排油，从而控制蝶阀的开启与关闭。SSD 为水压锁锭阀，只有在机组侧水压是蝶阀前水压的 80% 及以上时，该锁锭才会拔出，水压锁锭拔出后 16YVD 才会动作。蝶阀的每个接力器上都有个弹簧球形锁锭，在接力器全开与全关位置时会自动投入，当接力器向开启及关闭方向移动时它会自动拔出。34YVA 为电磁空气阀，用于控制蝶阀空气围带密封的供排气。蝶阀关闭时间为 110s。

二、工作原理

(1) 自动开启蝶阀。开蝶阀条件具备的情况下，操作蝶阀把手发开蝶阀令，从而 34YVA 脱开线圈励磁，蝶阀密封橡胶围带排风，340SP 压力降为 0MPa；蝶阀油泵启动，油压正常后，旁通阀开放电磁阀 15YVD 励磁，油路走向为：压力油→5YB 出口→15YFS→15YVD 的 P 孔→15YVD 的 B 孔→旁通阀的下腔；旁通阀上腔的压力油→15YVD 的 A 孔→15YVD 的 T 孔→排回集油槽。结果是旁通阀活塞上移，水由压力钢管旁通管和旁通阀向机组侧充水，充水至平压，水压锁锭 SSD 拔出，为蝶阀开放电磁阀 16YVD 励磁作准备。蝶阀开放电磁阀 16YVD 励磁，油路走向为：压力油→5YB 出口→15YFS→16YVD 的 P 孔→

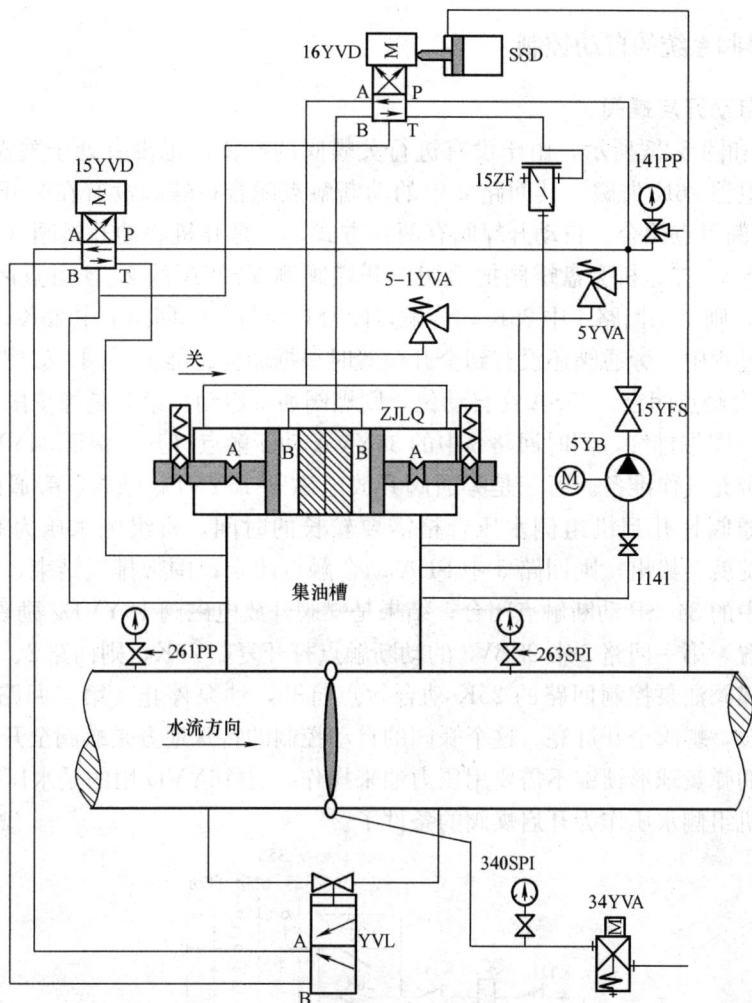

图 5-23 竖轴蝶阀机械液压系统图

16YVD 的 B 孔→蝶阀接力器的 B 腔；蝶阀接力器 A 腔的压力油→16YVD 的 A 孔→16YVD 的 T 孔→15ZF→排回集油槽。结果是蝶阀接力器向开侧移动，弹簧球形锁锭自动拔出，通过传动机构带动活门打开至全开位置，蝶阀全开后，蝶阀油泵停止。

（2）自动关闭蝶阀。操作蝶阀把手发关蝶阀令，蝶阀油泵启动，油压正常后，蝶阀关闭电磁阀 16YVD 励磁，油路走向为：压力油→5YB 出口→15YFS→16YVD 的 P 孔→16YVD 的 A 孔→蝶阀接力器的 A 腔；蝶阀接力器 B 腔的压力油→16YVD 的 B 孔→16YVD 的 T 孔→15ZF→排回集油槽。结果是蝶阀接力器向关侧移动，通过传动机构带动活门关至全关位置，蝶阀全关后弹簧球形锁锭自动投入。旁通阀关闭电磁阀 15YVD 励磁，油路走向为：压力油→5YB 出口→15YFS→15YVD 的 P 孔→15YVD 的 A 孔→旁通阀的上腔；旁通阀下腔的压力油→15YVD 的 B 孔→15YVD 的 T 孔→排回集油槽。结果是旁通阀活塞下移，旁通阀全关，机组侧水压降低到一定数值后水压锁锭 SSD 自动投入，防止没有平压就开蝶阀。旁通阀全关后蝶阀油泵停止。34YVA 投入线圈励磁，蝶阀密封橡胶围带给风，340SPI 压力升为 0.7MPa，蝶阀密封投入。

5.4.2 蝶阀系统的自动控制

一、远方自动开启蝶阀

如图 5-24 和图 5-25 所示,由于没有进行关蝶阀的操作,也没有处于关蝶阀的过程中,因此关蝶阀继电器 26K 失磁,其回路 2 中的动断触点闭合;蝶阀没有在全开位置,回路 2 中 2SBV3 的动断触点闭合。自动开蝶阀有两种方式,一是开机联动开蝶阀(由开机继电器 21K 发开蝶阀令),二是机旁盘蝶阀把手切至开蝶阀侧(22SA 的 2、4 触点闭合)。结果第一是 25K 励磁,则:①回路 4 中 25K 动合触点闭合自保持;②回路 7 中 25K 动合触点闭合,保证开蝶阀的过程中,旁通阀还没有到全开位置时根据需要也能关蝶阀;③蝶阀油泵控制回路中的 25K 动合触点闭合,35SA 在自动位,则蝶阀油泵启动。第二是橡皮围带排风电磁阀 34YVA$_K$ 励磁,围带排气,同时回路 3 中的 34YVA 动断触点打开,保证 34YVA$_K$ 线圈短时带电,也为围带充气作准备。第三是旁通阀开放电磁阀 15YVD$_K$ 励磁,旁通阀开启向机组侧充水。从旁通阀打开到机组侧水压合格需要较长的时间,机组侧水压为蝶阀前水压的 80% 时水压锁锭就会拔出,则回路 5 中 SLA 动合触点闭合;围带排气结束,340SP 气压为零,则回路 5 中的 340SP 动断触点闭合;结果是蝶阀开放电磁阀 16YVD$_K$ 励磁,蝶阀开启。蝶阀到全开位置,第一回路 2 中 2SBV3 的动断触点打开复归 25K,则回路 2、7 中的 25K 动合触点打开;蝶阀油泵控制回路的 25K 动合触点打开,油泵停止。第二回路 13 中 2SBV3 的动合触点闭合,蝶阀全开灯亮。这个蝶阀的自动控制的特殊地方是蝶阀全开后,旁通阀不关闭,接力器的弹簧球形锁锭不需要用压力油来操作,且 16YVD 用的是水压锁锭,这样开蝶阀时就不用机组侧水压作为开启蝶阀的条件了。

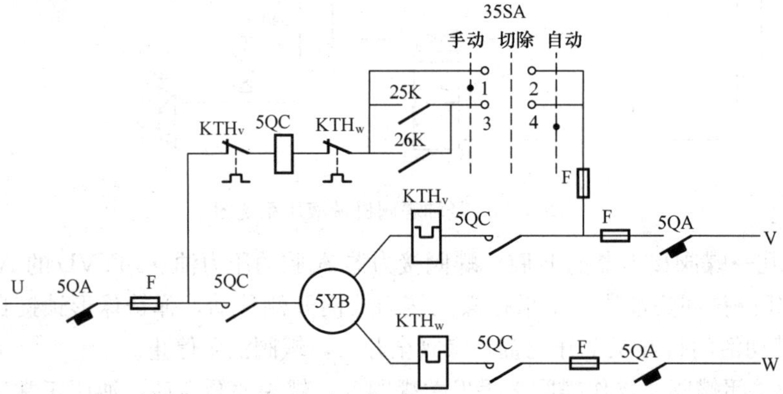

图 5-24 竖轴蝶阀油泵控制回路图

二、手动开启蝶阀

手动开启蝶阀时油的走向与自动开启蝶阀时相同,不同的是 15YVD$_K$ 线圈励磁、16YVD$_K$ 线圈励磁、34YVA$_K$ 线圈励磁及油泵的启动及停止都需到各设备所在地分别进行手动操作,另外还要按启动蝶阀油泵→围带排气→开旁通阀→机组侧水压合格→开蝶阀→停止油泵的操作顺序进行操作,当然操作的过程中还有一些检查项目,具体的见手动开启蝶阀的操作。

三、自动关闭蝶阀

旁通阀在开启位置,回路 6 中的 PF 动合触点闭合。自动关蝶阀有两种方式,一是机组

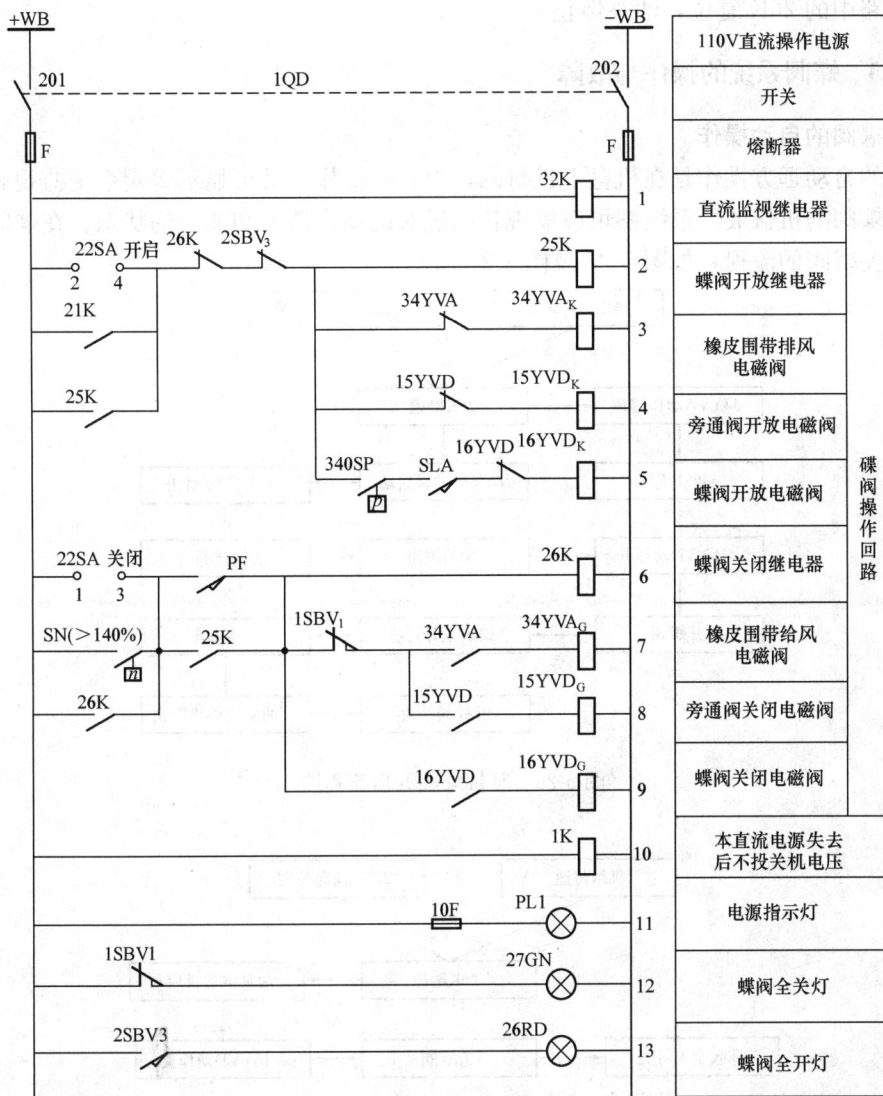

图 5-25 竖轴蝶阀控制回路

过速，转速达到额定转速的140%（由转速继电器SN发关蝶阀令）；二是机旁盘蝶阀把手切至关蝶阀侧（22SA的1、3触点闭合）。机组正常停机时不联动关闭蝶阀，只有在导叶漏水量大或机组需要检修时才在停机后关蝶阀。发出关蝶阀令后，是第一 26K 励磁，则：①回路 8 中 26K 动合触点闭合自保持；②回路 2 中 26K 动断触点打开，保证关蝶阀的过程中不能开蝶阀；③蝶阀油泵控制回路中的 26K 动合触点闭合，35SA 在自动位，则蝶阀油泵启动。第二是蝶阀关闭电磁阀 16YVD$_G$ 线圈励磁，蝶阀关闭，到全关位置后，回路 12 中的 1SBV$_1$ 的动断触点闭合，蝶阀全关信号灯亮；回路 7 中的 1SBV$_1$ 的动断触点闭合，一方面橡皮围带给风电磁阀 34YVA$_G$ 励磁，围带充气；另一方面，旁通阀关闭电磁阀 15YVD$_G$ 励磁，旁通阀关闭。

旁通阀全关后，回路 6 中的 PF 动合触点打开复归 26K，回路 2、8 中 26K 复位，蝶阀油控制回路中的 26K 复位，油泵停止。

5.4.3 蝶阀系统的操作与故障

一、蝶阀的自动操作

蝶阀的自动远方操作是在机盘上进行的，上位机操作员站可显示蝶阀系统监视画面。该画面显示蝶阀的机械液压系统图可以监视各电磁阀的动作情况和油泵的状态。在蝶阀流程画面有开、关蝶阀的流程，如图 5-26 及图 5-27 所示。

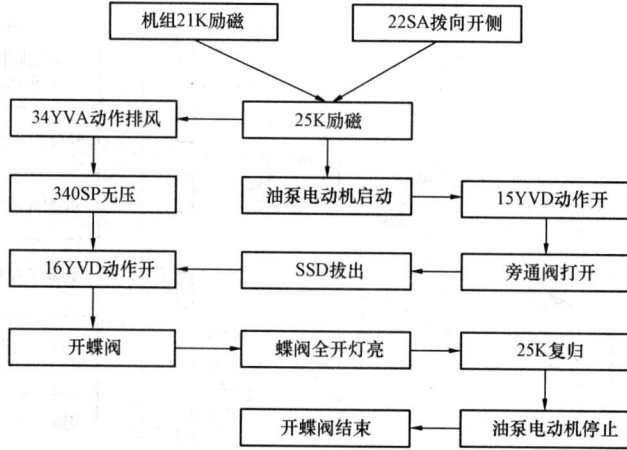

图 5-26　竖轴蝶阀开启流程图

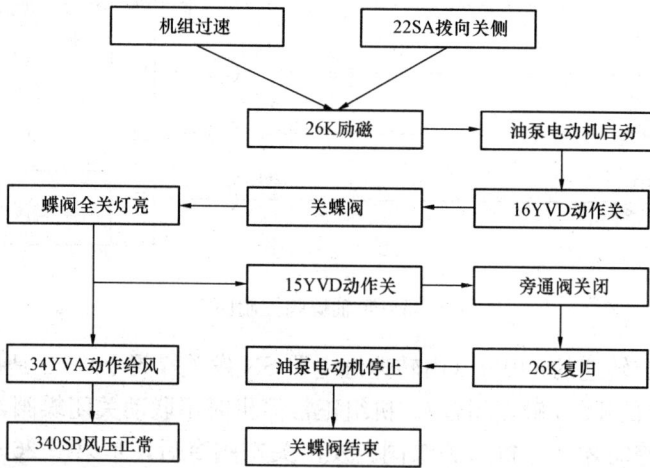

图 5-27　竖轴蝶阀关闭流程图

二、蝶阀的手动操作

蝶阀的手动操作是在蝶阀室进行的，一般按如下步骤进行手动开启蝶阀的操作：

（1）蝶阀油泵切换把手 35SA 切至"手动"位置。

（2）检查蝶阀油泵启动，油压合格。

（3）旁通阀电磁 15YVD 推向开侧，检查旁通阀全开。

（4）检查机组侧 263SP 水压合格。

（5）检查水压锁锭拔出。

（6）电磁空气阀 34YVA 推向排风侧。

（7）检查围带风压表 340SP 风压为零。

（8）蝶阀开启电磁阀 16YVD 推向开向，开蝶阀。

（9）检查蝶阀全开，蝶阀全开灯亮。

（10）蝶阀油泵切换把手 35SA 切至"自动"位置。

（11）检查蝶阀油泵停止。

按照手动开启蝶阀的方法，可以编制手动关闭蝶阀的操作票。

三、蝶阀系统的故障

蝶阀与快速闸门及球阀的主要区别是，蝶阀在全开位置要承受一定的动水压力，且正常运行时处于全开或全关状态，运行中的蝶阀在机组带负荷的情况下自行关闭的现象称为冲关。运行中活门缓慢偏离全开状态，旋转 30°～70°，从而使蝶阀处于部分关的状态称为部分冲关。蝶阀部分冲关对水轮发电机组的影响和危害主要是：引起水轮机机械振动；高速水流将在活门后面产生空蚀区，使活门受到空蚀破坏；产生机械别劲，使接力器缸振动，严重时崩断连接螺杆；减少机组出力。

如果蝶阀全开后，锁锭没能投入到位，则会使蝶阀被水冲关，具体故障现象是：

（1）监控系统、保护系统工作正常，其信号和音响报警系统没有动作；没有进行减负荷的操作时，发现上位机发电机出口的有功功率表指示缓慢下降。

（2）蝶阀全开灯灭。

（3）部分冲关角度较小时，水轮机调速器工作正常，没有明显变化，导水叶开度没有变化，但在蝶阀室可看到蝶阀开度指针正向关的方向缓慢移动；部分冲关角度较大时，没有进行减负荷的操作，出力下降较多，调速器上显示导叶开度增大较多。

（4）部分冲关现象较严重时，蝶阀室有明显响声，有时在蝶阀室可看到空气阀跑水。

（5）当活门在 30°～70°范围内，蝶阀被水冲关的过程太快时，压力钢管内会产生很大的水锤压力，进而产生强烈的振动。

（6）蝶阀油槽油面过高，蝶阀已关一定的角度。

故障处理方法是：首先，将负荷卸至空载，将调速器开限闭至空载；其次，蝶阀油泵 35SA 切手动，启动油泵，由于 16YVD 在开启位置，油泵启动后蝶阀活门就会向全开位置转动；第三是检查蝶阀到全开位置，蝶阀锁锭投入良好；第四是将蝶阀油泵 35SA 切自动；最后是慢慢将开限开至正常位置，带上所需负荷。

产生部分冲关现象的原因比较复杂，在排除了误拧操作把手、误碰关蝶阀继电器，以及蝶阀开启后锁锭没有投入等因素后，还有可能引起部分冲关的原因如下：

（1）蝶阀接力器活塞磨损，使活塞腔盘根密封不严，压力油从关闭腔漏失，致使活塞在不平衡压力下向关侧运动，进而带动活门转向关的位置。当关断到一定位置时，剩余的压力油起作用，阻止活门继续转向全关位置。

（2）蝶阀转动轴承未能落到位而造成阀轴偏离安装中线，致使活门上产生关闭力矩或轴承磨损、打滑，进而造成蝶阀轴承摩擦力矩减小，以致运行中，在某一原因（如接力器压力油漏失）或振动影响下，活门向关侧偏转。

（3）偶然的水流不平衡在活门上产生不平衡力矩，使活门转向关侧。

（4）蝶阀检修未能达到质量标准，主要是转动轴未能落到位或中心轴线偏移，从而使蝶阀不能按要求保持稳定状态。

（5）未能将活门开启到全开位置，留有行程空间，即留下了部分冲关的隐患。

5.4.4 蝶阀的 PLC 控制

PLC（Programmable Logic Controller）可编程控制器是在传统顺序控制器的基础上引进微电子技术和计算机技术而形成的一代新型工业控制装置。该装置具有通用性强、使用方便；功能强、适应面广；可靠性高、抗干扰能力强；采用梯形图语言编程；PLC 控制系统的设计安装调试和维护工作量少；体积小、质量轻、功耗低；控制速度快；可进行信息的采集和处理，并可直接送给中央数据处理装置等特点。它用可编程序存储器存储指令，以执行如逻辑、顺序、计时、计数和运算等功能，并通过模拟和数字的输入及输出组件等，控制各种执行元件，如接触器、电磁阀、信号灯等。

对水轮发电机组值班员来说，重点不是掌握 PLC 的组成与编程，而是如何根据 PLC 图册（输入输出模块接线图）、梯形图和模块点量对照表来掌握被控制对象的控制原理。

MODICON984 型 PLC 可编程控制器采用的是以网络为单位计算的梯形图。所谓的网络是一页有 7 行 11 列的图纸（见梯形图），最左边的竖线称左引线，是逻辑上的电流源线；最右边的一列即 11 列，只能放置线圈，行与列的交点（节点）上放置一般的编程元素，如继电器的动断、动合节点、定时器、数据传送的功能柜等。

在读梯形图程序时，有以下几点需加以说明：

（1）梯形图中的继电器不是物理继电器，每个继电器和触点均为存储器中的一位，相应位为"1"态，表示继电器得电或动合触点闭合或动断触点断开，相应位为"0"态，表示继电器失电或动合触点断开或动断触点闭合。

（2）—┤├—为控制器内部动合触点，其意义与继电器的动合触点相同。—┤/├—为控制器内部动断触点，其意义与继电器的动断触点相同；———(#0050 T0.1 40031)—为计时器，设定值为 50×0.1＝5s，因此，当计时器为 1 的时间到了 5s 时，其后面的线圈得电。

（3）PLC 的内部继电器线圈不能作输出控制用，它们只是一些逻辑控制用的中间存储状态寄存器。

梯形图程序编好后，编程器把用户编制的梯形图程序送到 984 的内存中，接下来就是 PLC 在系统软件的控制下，主机在进行必要的内务处理及自诊断之后，按照用户编写的梯形图网络的顺序号，从 1 号网络开始逐一解读，直到最后一个网络为止，然后又从 1 号网络重新开始解读，如此周而复始地进行扫描工作。在每个网络内又是从第一列开始，从上到下逐列运算，第 11 列运算完成立即转到下一个网络的第一列，再从上到下逐列运算第二网络。简而言之，PLC 的主要工作就是扫描和自诊断，而扫描又分为读入（将输入信号读入到输出状态存储器缓冲区内，该信号保持一个扫描周期）；解（把用户存储器内的梯形图程序逐一读解并根据输入状态和内部逻辑关系得出输出数据 1 或 0）；写（把解读程序逻辑结果送入解出状态存储器缓冲区，再通过输出模块来控制现场设备）。

一、蝶阀 PLC 模块点量对照（见表 5-1）

表 5-1 　　　　　　　　　　　　　　　蝶阀 PLC 模块点量对照表

标号	模块类型	INPUT	OUTPUT	模块说明
101	984			PLC-65E
102	984			PLC-65E
103	B8			
106	B814		00017～00024	REIAY8-OUT B814
107	B814		00025～00032	REIAY8-OUT B814
108	B814		00033～00040	REIAY8-OUT B814
109	B814		00041～00048	REIAY8-OUT B814
207	B853	10001～10016		125V DC IN B857
208	B853	10017～10032		125V DC IN B857
307	B883	30052～30054	40004～40006	BIDIR 3REG B884
308	B883	30055～30057	40007～40009	BIDIR 3REG B885

注　1. 0××××用以表示线圈及其触点/开关量输出。

　　2. 1××××用以表示开关量输入。

　　3. 3××××用以表示模拟量输入寄存器。

　　4. 4××××用以表示保持/输出寄存器。

从点量对照表 5-1 上可以查出每个模块的性质及点量范围。如 207 模块为开关量输入模块，点量范围为 10001～10016，即在 207 模块端子分配图上第一触点为 10001，第二触点为 10002，依此类推，最后一个触点为 10016。

二、蝶阀 PLC 的输入输出端子分配图

现将蝶阀的 PLC 控制涉及的模块输入输出端子分配图给出，并根据点量对照表和各模块端子分配图查出模块的点量编号，将编号列于图上，如图 5-28 所示。

三、蝶阀 PLC 的控制原理

下面结合蝶阀梯形图（见图 5-29）、机械液压系统图、蝶阀油泵控制回路图（见图 5-30）和各模块的输入输出模块接线图说明开蝶阀的控制过程。

蝶阀的 35SA 切自动，其触点②③与⑥⑦闭合，35SA⑥⑦所对应的 PLC 内部的输入继电器 10008 为 1（ON）；蝶阀位于全关位置，没有撞到行程开关 2BSV，因而 2DZF 的动断触点闭合，即 10005 为 0（OFF）；机组处于停机状态，导叶全关，动断位置触点 SGVV＜0%闭合，即 10019 为 1（ON）；此时没有发出关蝶阀门令，则关蝶阀内部继电器 00249 失电，其动断触点 00249 闭合为 0（OFF）；以上为开蝶阀的条件。现按 22SB 发出现场开蝶阀命令，则 10001 为 1（ON），结果是旁通阀开放电磁阀线圈 15YVD$_K$ 得电，00033 为 1（ON），其与 10001 并接的动合触点 00033 闭合（1）自保持，网络 1 第 6 行的 00033 动合触点闭合为 1，结果是 00046 得电为 1（ON）；通过输出模块使蝶阀油泵控制回路中的 319 至 320 接通。由于 403QA 已在合位，则 5QC 磁力启动器线圈励磁，其 3 个动合主触点闭合，5QC 蝶阀油泵启动；压力油由油泵出口经旁通阀电磁阀至旁通阀下腔，上腔排油，旁通阀开启。蝶阀油泵启动的同时 00037 得电为 1（ON），通过 108 输出模块使 34YVA$_K$ 围带排风

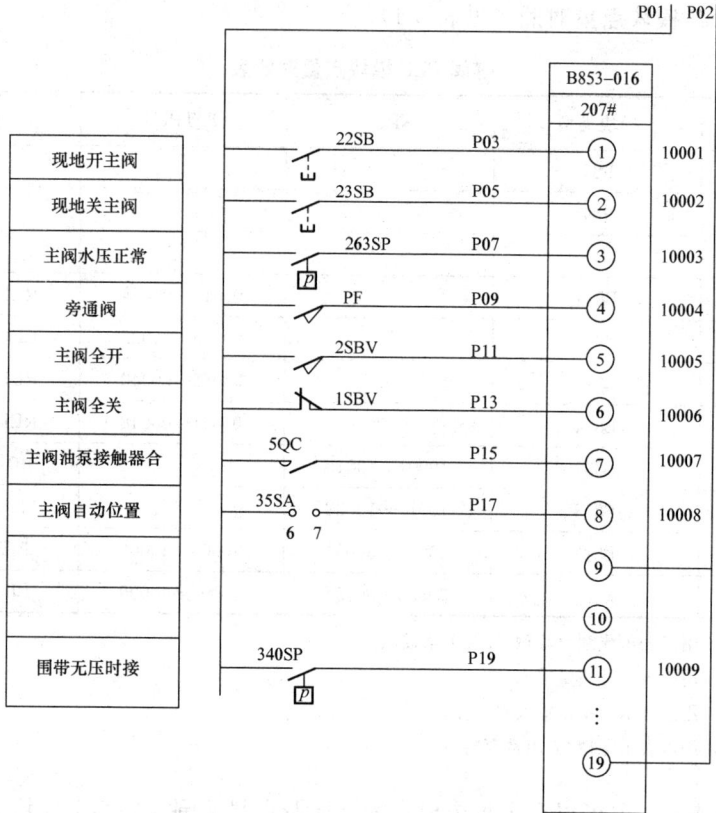

图 5-28 蝶阀输入输出模块接线图（一）

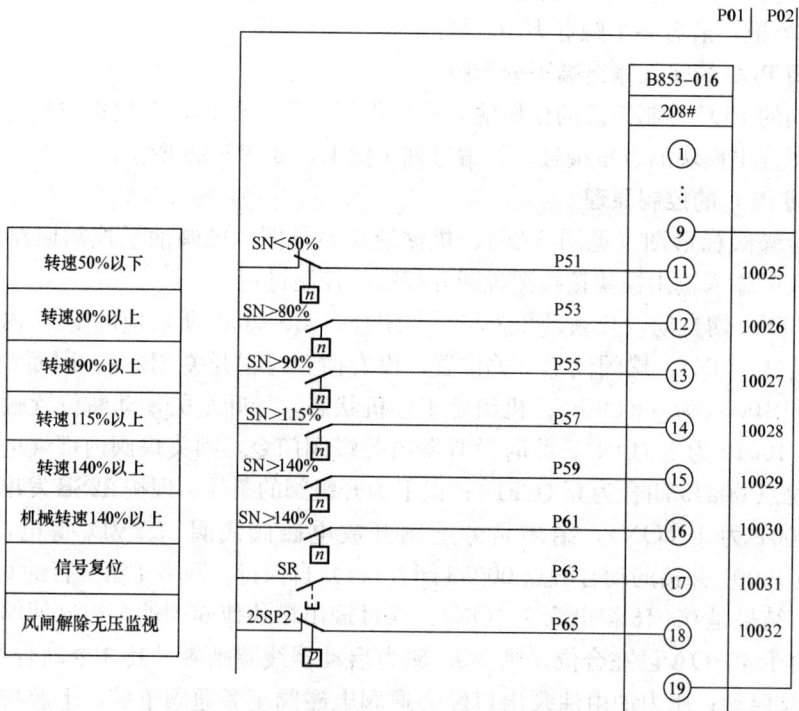

图 5-28 蝶阀输入输出模块接线图（二）

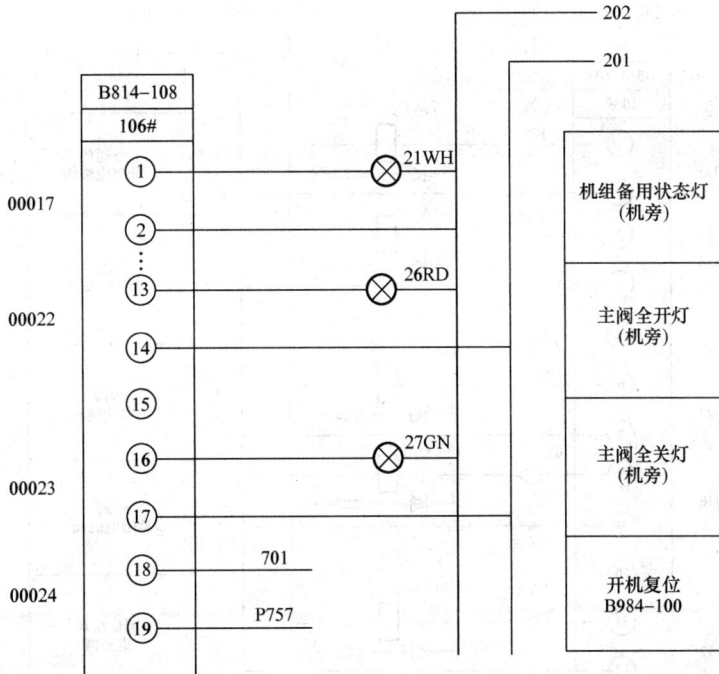

图 5-28 蝶阀输入输出模块接线图（三）

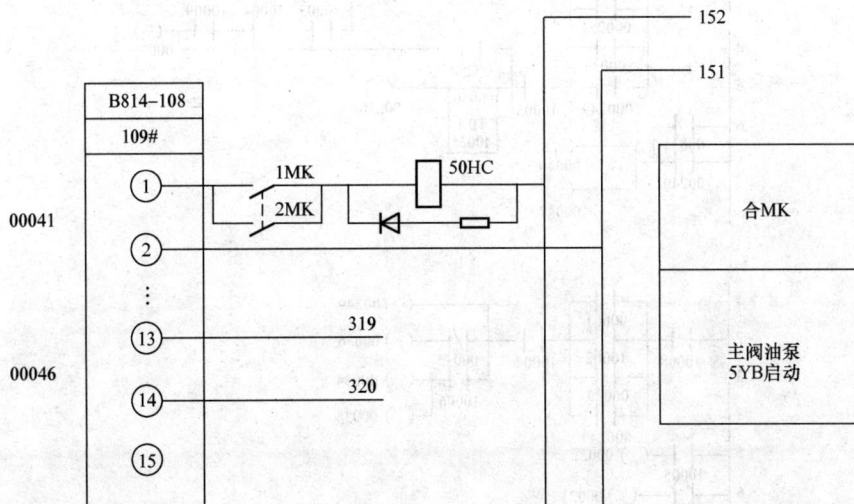

图 5-28 蝶阀输入输出模块接线图（四）

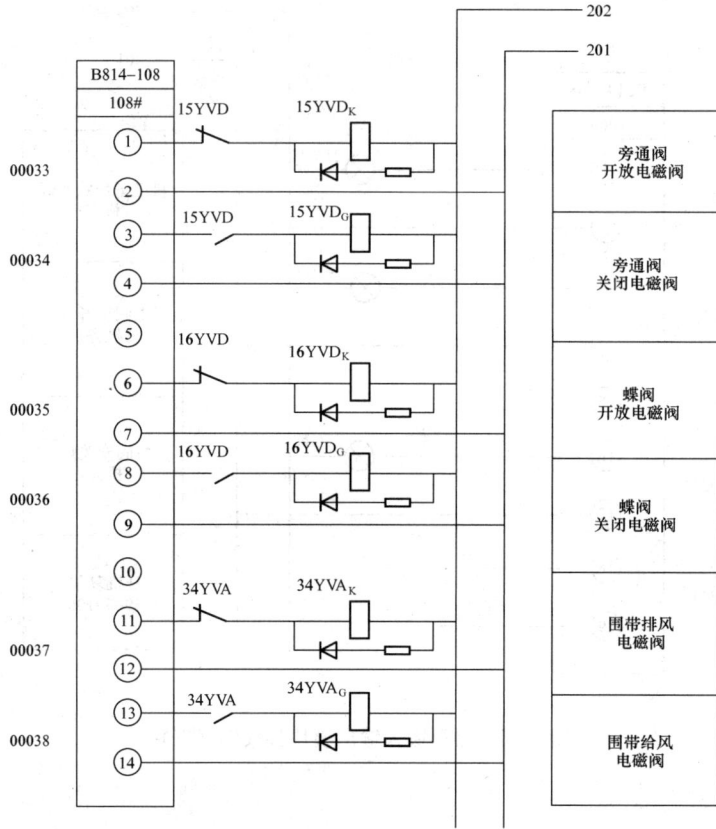

图 5-28 蝶阀输入输出模块接线图（五）

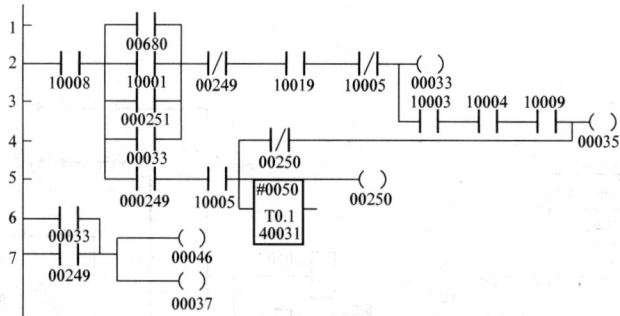

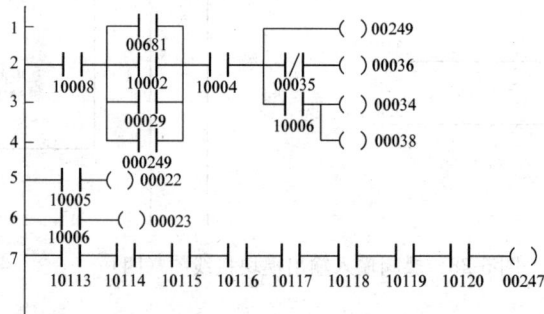

图 5-29 蝶阀梯形图

电磁阀励磁，蝶阀密封围带排气。水流经旁通阀向机组侧充水，水充满后，旁通阀两侧水压平衡，机组侧压力信号器 263SP 动作，而 10003 为 1（ON）。加上旁通阀已在开启位置，其位置触点 PF 闭合，即 10004 为 1（ON）；围带风压为零，340SP 触点闭合，即 10009 为 1（ON），结果输出继电器 00035 得电为 1。通过输出模块使蝶阀开放电磁阀 16YVD$_K$ 励磁，压力油由油泵

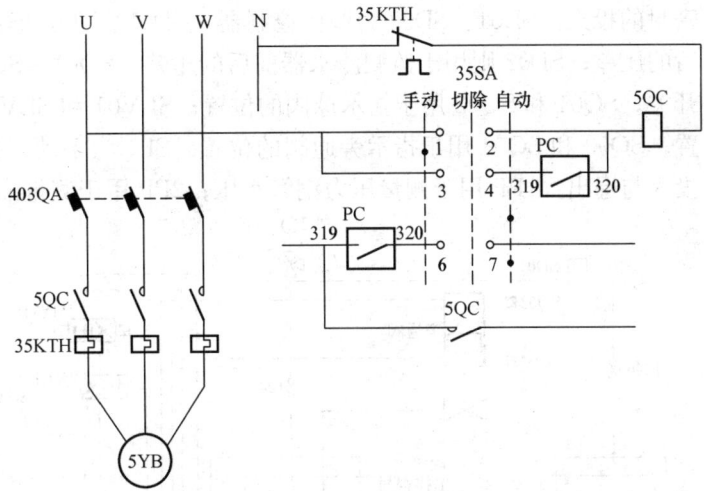

图 5-30　蝶阀油泵控制回路

出口分别进入蝶阀两个接力器的下腔，接力器上腔的油排走，接力器活塞上移。通过转臂带动蝶阀阀轴转动，使蝶阀向开启侧转动。在 00035 为 1（ON）的同时，通过 00250 的动断触点启动与之相连的定时器，使定时器的输入 1 与输入 2 同时得电（ON），定时器开始计时。由于设定值为 50×0.1=5s，因此，当由 00035 为 1 的时间达到 5s 时，定时器输出得电 00025 线圈为 1（ON），从而使其动断触点 00250 断开。这一方面使 00035 失电为 0（OFF），从而保证蝶阀开放电磁阀短时带电（在 16YVD$_K$ 线圈前面的动断联锁触点不能断开的前提下，防止烧坏电磁阀线圈）；另一方面 00250 的断开使定时器输入 1 与输入 2 同时为 OFF 状态，从而使定时器复位，当前值清零。当蝶阀至全开位置时，一方面锁锭在其弹簧的作用下投入；另一方面将撞到 2SBV，使其动断触点断开，即 10005 为 1（ON），结果是 00033 线圈失电为 0，其动合触点 00035 断开为 0，失去自保持，也使 00046 线圈失电，蝶阀油泵停止。10005 为 1（ON）使网络 2 中的 00022 线圈得电，通过输出模块使 26RD 蝶阀全开红灯亮。

以上叙述即为读 PLC 控制图的方法，关蝶阀的过程读者可根据图纸自行给出。当然，不同厂家的 PLC 梯形图稍有不同，但方法是相同的。

5.5　球阀的自动化

球阀是水轮机进口主阀的一种，现以某电厂液压自动控制的球阀为例，叙述其机械液压系统、自动控制系统的工作原理及操作方式。

5.5.1　球阀机械液压系统

一、组成元件

图 5-31 所示为球阀机械液压系统球阀全关状态图，1 台球阀配 1 套 HYZ-1.6-4.0 油压装置，它能向球阀系统提供 4.0MPa 的高压油。52YVD 为电磁配压阀，用于控制接力器的开启与关闭。51YVD 也为电磁配压阀，用于控制旁通阀的开启与关闭。YVL1、YVL2、YVL3 均为二位四通阀，机组过速时，用 YVL2 控制接力器的关闭，而用 YVL1 控制工作

密封的投入。SD01、SD02 为差压控制器。SD01 用于开球阀前向机组侧充水时监测球阀前后的压差;SD02 则用于监测滤水器前后的压差。SQ01～SQ04 及 SLV01、SLV02 均为行程开关。SQ01 和 SQ02 用于指示球阀的位置;SLV01 和 SLV02 用于指示接力器手动锁锭的位置;SQ03 和 SQ04 用于指示旁通阀的位置。SF1 为手动三位四通阀,用于控制检修密封的投入与退出。1PP 用于测量压力钢管水压;2PP 用于测量油压。

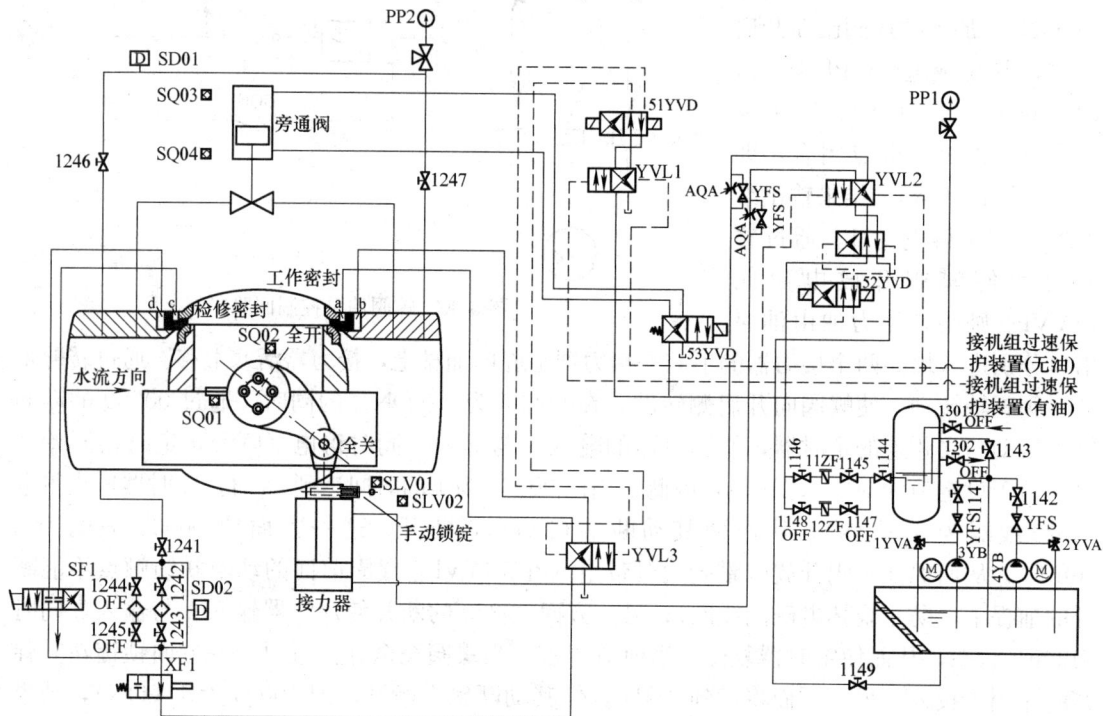

图 5-31 球阀机械液压系统图(球阀全关状态)

二、工作原理

(1)自动开启球阀。开球阀条件具备的情况下,操作球阀把手发开球阀令,51YVL 脱开线圈励磁,油路走向为:压力油→YVL1 的 P 孔→YVL1 的 B 孔→51YVD 的 A 孔→51YVD 的 D 孔→经控制油管到 YVL3 右侧。YVL3 左侧的压力油→51YVD 的 C 孔→51YVD 的 B 孔→YVL1 的 A 孔→YVL1 的 T 孔排走。结果是 YVL3 的活塞左移,压力水由钢管取水口→1241 阀→1242 阀→滤水器→1243 阀→XF1→YVL3 的 P 孔→YVL3 的 A 孔→工作密封的 a 腔;工作密封中 b 腔的水→YVL3 的 B 孔→YVL3 的 T 孔排走→工作密封止漏环右移→工作密封退出。

51YVD 脱开线圈励磁的同时 53YVD 线圈励磁,油路走向为:压力油→53YVD 的 P 孔→53YVD 的 A 孔→旁通阀下腔、旁通阀上腔的油→53YVD 的 B 孔→53YVD 的 T 孔排走→旁通阀活塞上移→旁通阀开启→球阀上游侧的水经旁通管向机组侧充水,直至平压。

平压后,52YVD 开启线圈励磁,油路走向为:压力油→52YVD 的 P 孔→52YVD 的 B 孔→YVL4 左侧;YVL4 右侧的压力油→52YVD 的 A 孔→52YVD 的 T 孔排走→YVL4 右移;压力油→YVL4 的 P 孔→YVL4 的 B 孔→YVL2 的 A 孔→YVL2 的 D 孔→节流装置 AQA→接力器下腔;接力器上腔的压力油→节流装置 AQA→YVL2 的 C 孔→YVL2 的 C 孔

→YVL2 的 B 孔→YVL4 的 A 孔→YVL4 的 T 孔→排回集油槽→接力器活塞上移→拐臂逆时针旋转 90°→活门逆时针旋转 90°→活门全开。

活门全开后，53YVD 线圈失磁，油路走向为：压力油→53YVD 的 P 孔→53YVD 的 B 孔→旁通阀上腔，旁通阀下腔的油→53YVD 的 A 孔→53YVD 的 T 孔排走→旁通阀活塞下移→旁通阀关闭。

(2) 自动关闭球阀。操作球阀把手发关球阀令，52YVD 关闭线圈励磁，油路走向为：压力油→52YVD 的 P 孔→52YVD 的 A 孔→YVL4 右侧；YVL4 左侧的压力油→52YVD 的 B 孔→52YVD 的 T 孔排走→YVL4 左移；压力油→YVL4 的 P 孔→YVL4 的 A 孔→YVL2 的 B 孔→YVL2 的 C 孔→节流装置 AQA→接力器上腔；接力器下腔的压力油→节流装置 AQA→YVL2 的 D 孔→YVL2 的 A 孔→YVL4 的 B 孔→YVL4 的 T 孔→排回集油槽→接力器活塞下移→拐臂顺时针旋转 90°→活门顺时针旋转 90°→活门全关。

活门全关后，51YVD 投入线圈励磁，油路走向为：压力油→YVL1 的 P 孔→YVL1 的 B 孔→51YVD 的 A 孔→51YVD 的 C 孔→经控制油管到 YVL3 的左侧。YVL3 右侧的压力油→51YVD 的 D 孔→51YVD 的 B 孔→YVL1 的 A 孔→YVL1 的 T 孔排走。活门到全关位置，由机械部件将 XF1 行程阀切换到沟通水路的状态。YVL3 的活塞右移，钢管取水口的压力水→1241 阀→1242 阀→滤水器→1243 阀→XF1→YVL3 的 P 孔→YVL3 的 B 孔→工作密封的 B 腔；工作密封的 A 腔的水→YVL3 的 A 孔→YVL3 的 T 孔排走→工作密封止漏环左移→工作密封投入。

(3) 手动开启球阀。手动开启球阀时，油的走向与自动开启球阀时相同，不同的是 51YVD 脱开线圈励磁、53YVD 线圈励磁、52YVD 开启线圈励磁、53YVD 线圈失磁复归都需到各电磁阀所在地分别进行手动操作。

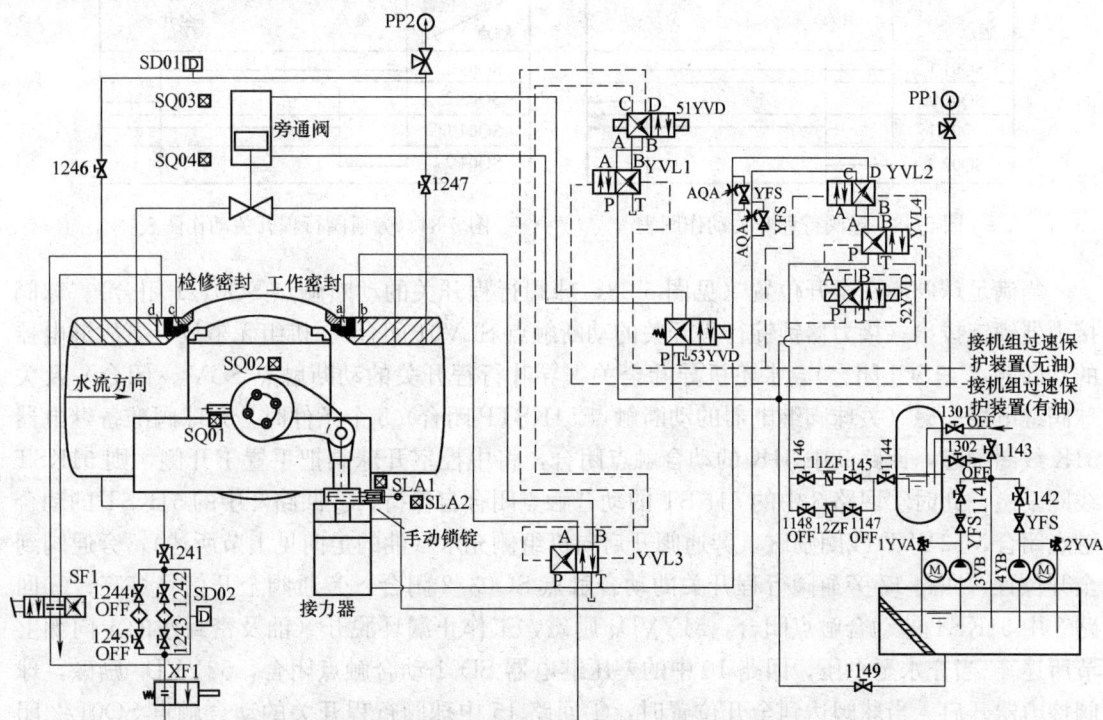

图 5-32　球阀机械液压系统图（球阀全开状态）

（4）手动关闭球阀。手动关闭球阀时，油的走向与自动关闭球阀时相同，不同的是52YVD关闭线圈励磁、51YVD投入线圈励磁都需到各电磁阀所在地分别进行手动操作。

（5）机组过速保护动作关闭球阀。如图1-53所示机组正常运行时，51YVD脱开线圈励磁，52YVD开启线圈励磁，机组过速保护装置不动作，M管无油，N管有油，YVL1、YVL2在图示位置，51YVD与52YVD在与图示相反的位置。当发生机组过速事故时，过速保护装置动作，M管接排油，N管接调速器的压力油，则YVL1、YVL2的左侧进压力油，右侧排油，两阀将右移，此时油路一方面为：压力油→YVL4的P孔→YVL4的B孔→YVL2的A孔→YVL2的C孔→节流装置AQA→接力器上腔；接力器下腔的压力油→节流装置AQA→YVL2的D孔→YVL2的B孔→YVL4的A孔→YVL4的T孔→排回集油槽→接力器活塞下移→拐臂顺时针旋转90°→活门顺时针旋转90°→活门全关。另一方面，压力油→YVL1的P孔→YVL1的A孔→51YVD的B孔→51YVD的C孔→经控制油管到YVL3的左侧。YVL3右侧的压力油→51YVD的D孔→51YVD的A孔→YVL1的B孔→YVL1的T孔排走。结果是YVL3的活塞右移，活门到全关位置，自动将XF1行程阀切换到沟通水路的状态，钢管取水口的压力水→1241阀→1242阀→滤水器→1243阀→XF1→YVL3的P孔→YVL3的B孔→工作密封的b腔；工作密封中a腔的水→YVL3的A孔→YVL3的T孔排走→工作密封止漏环左移→工作密封投入。

5.5.2 球阀系统的自动控制

一、远方自动开启快球阀

球阀机械液压系统图中的行程开关动作图表如图5-33和图5-34所示。

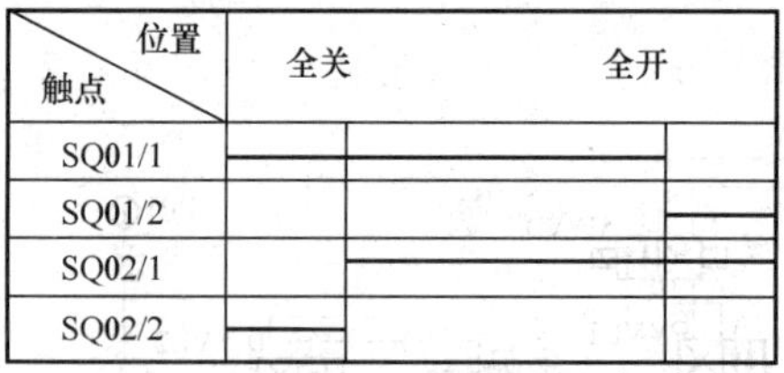

位置 触点	全关	全开
SQ01/1		
SQ01/2		
SQ02/1		
SQ02/2		

位置 触点	全关	全开
SQ03/1		
SQ03/2		
SQ04/1		
SQ04/2		

图5-33 球阀行程开关动作图表 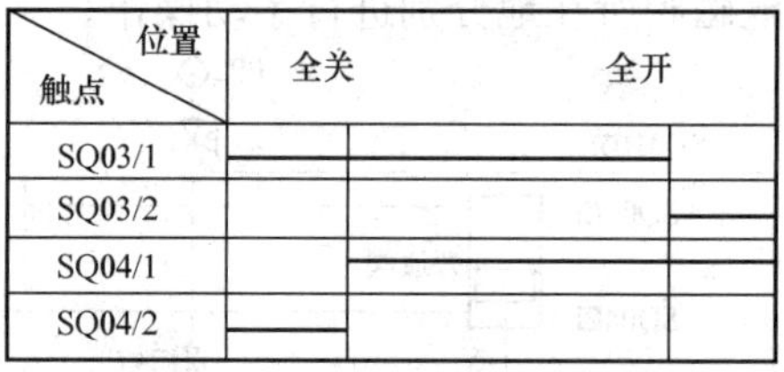　　　　图5-34 旁通阀行程开关动作图表

当满足球阀不在全开位置（见图5-33，球阀行程开关的动断触点SQ01/1闭合）、球阀接力器锁锭拔出（接力器锁锭行程开关的动断触点SLV01闭合）、机组无事故（事故继电器的动断触点41SCJ闭合）、水轮机导叶全关（导叶行程开关的动断触点$SGV_{全关}$闭合）及关球阀继电器失磁（关球阀继电器的动断触点51KSTP闭合）5个条件时，开球阀准备继电器51K线圈励磁，回路2中51K的动合触点闭合，将中控室开球阀把手置于开侧，则51KST线圈励磁，此时①回路3中的51KST的动合触点闭合自保持；②回路9中的51KST的动合触点闭合，53YVD线圈励磁，旁通阀开启向机组侧充水（油的走向见上节所述），旁通阀到全开位置，回路17旁通阀行程开关的动合触点SQ03/2闭合，旁通阀全开信号灯亮；③回路3中51KST的动合触点闭合，$51YVD_K$励磁，工作止漏环脱开（油及密封水的走向如上节所述）。当充水至平压，回路10中的差压继电器SD01动合触点闭合，$52YVD_K$励磁，球阀接力器开启。当球阀达到全开位置时：①回路15中球阀行程开关的动合触点SQ01/2闭合，球阀全开信号灯亮；②回路1中球阀行程开关的动断触点SQ01/1打开，开球阀准备继

+WB　　　　　　　　　　　　　　　　　　　－WB

	控制电源	
QA	开关	
F	熔断器	
SQ01/1　SLV01　41SCJ　SGV全关　51KSTP1　51K	开阀准备继电器	1
51SA　　　　51K　51KST	中控室	开阀继电器	2
51KST	自保持		3
51SB	就地		4
SQ02/1　51SA　　51K　51KSTP	中控室	关阀继电器	5
41SCJ	事故关闭		6
51KSTP	自保持		7
52SB	就地		8
51KST　　53YVD	旁通阀		9
SD01　52YVD$_K$	开启	接力器	10
51KSTP　52YVD$_G$	关闭		11
51KST　51YVD$_K$	脱开	止漏环	12
SQ02/2　51KSTP　51YVD$_G$	投入		13
51PL	球阀全关信号灯		14
SQ01/2　52PL	球阀全开信号灯		15
SQ4/2　53PL	旁通阀全关信号灯		16
SQ3/2　54PL	旁通阀全开信号灯		17
SLV02　55PL	全关锁锭投入信号灯		18
56PL	电源指示灯		19

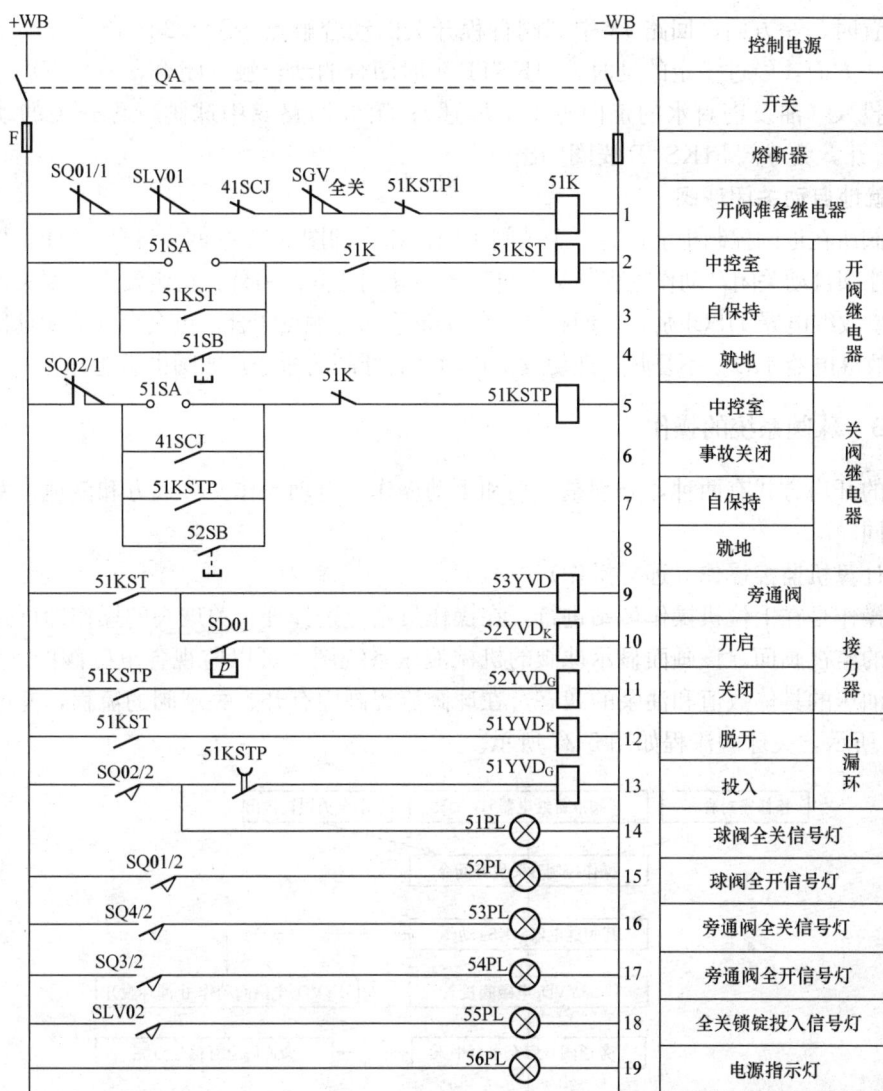

图 5-35　球阀控制回路图

电器 51K 线圈失磁；回路 3 中 51K 的动断触点闭合，为关球阀作准备；回路 2 中 51K 的动合触点打开，51KST 线圈失磁；回路 9 中 51KST 的动合触点打开，53YVD 线圈失磁，旁通阀关闭。

二、就地自动开启球阀

在球阀所在地的控制柜上，有一个球阀开启按钮，就是图 5-35 回路 4 的 51SB，当开球阀条件满足时，按下该按钮即可将球阀自动开启，动作过程与远方自动开启球阀相同。

三、远方自动关闭球阀

球阀不在全关位置见图 5-35，球阀行程开关的动断触点 SQ02/1 闭合，没有在开启球阀的过程中，开球阀准备继电器 51K 线圈失磁，回路 5 中 51K 的动断触点闭合，将中控室开关球阀把手置于关侧，则 51KSTP 线圈励磁，且：①回路 7 中 51KSTP 的动合触点闭合自保持；②回路 11 中 51KSTP 的动合触点闭合，52YVD$_G$ 励磁，球阀接力器关闭。当球阀置于全关位置时，一方面，回路 14 中球阀行程开关的动合触点 SQ02/2 闭合，球阀全关信号灯亮；另一方面，经过一定的延时，51KSTP 延时闭合的动合触点闭合，51YVD$_G$ 励磁，工作止漏环投入（油及密封水的走向见上节所述）；第 3 回路 5 中球阀行程开关的动断触点 SQ02/1 打开，关球阀 51KSTP 线圈励磁。

四、就地自动关闭球阀

在球阀所在地的控制柜上，有一个球阀关闭按钮，即图 5-35 中回路 8 的 52SB，按下该按钮就能将球阀自动关闭，动作过程与远方自动关闭球阀相同。另外，机组发生需要关闭球阀的事故时，事故继电器 41SCJ 励磁，回路 7 中的 41SCJ 动合触点闭合，也会自动关闭球阀。但要注意，事故继电器 41SCJ 不复归，即使发出自动开启球阀的命令，球阀也不能开启。

5.5.3 球阀系统的操作

球阀的开启方式有两种，分别是自动和手动操作。自动操作又分远方和就地，两者的动作过程相同。

一、计算机监控操作（远方操作）

远方操作是在上位机操作员站进行，在操作员站上选择开、关球阀的操作即可弹出开启球阀系统的监视画面。该画面显示球阀的机械液压系统图，可以监视各电磁阀的动作情况、油压装置油压的具体数值和油泵的状态。在球阀流程画面有开、关球阀的流程，开球阀流程如图 5-36 所示，关球阀流程如图 5-37 所示。

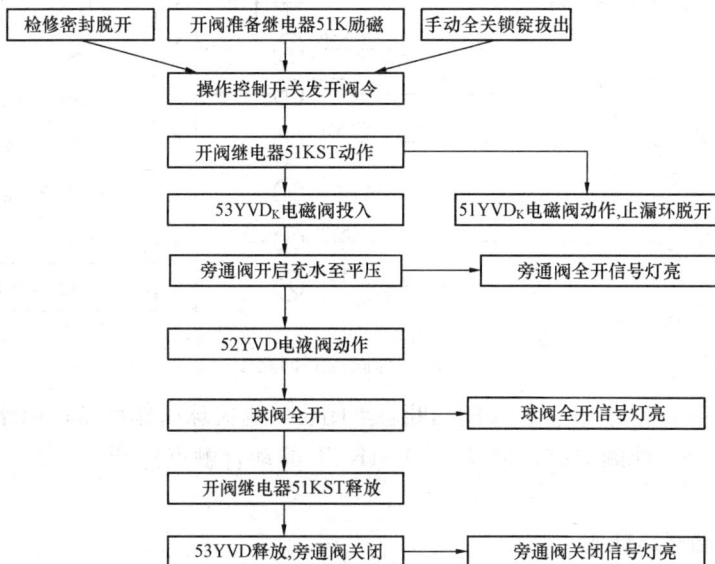

图 5-36 球阀开启流程图

二、球阀的手动操作

球阀的手动操作是在球阀室进行的，若是在机组正常停机后开启球阀，则按如下步骤进行手动开启球阀的操作：

（1）检查水轮机导叶在全关位置。

（2）检查球阀在全关位置。

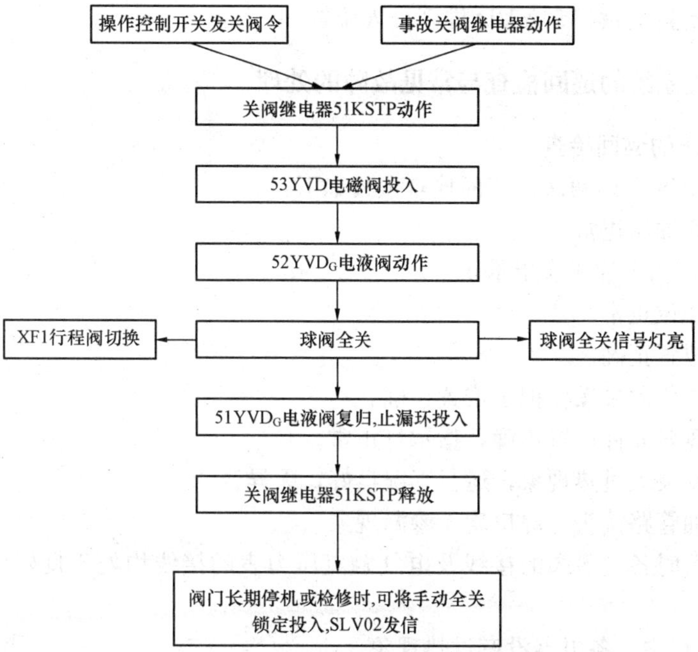

图 5-37 球阀关闭流程图

（3）检查机组无事故。

（4）检查球阀油压装置油压合格。

（5）将接力器手动锁锭拔出。

（6）将旁通阀电磁阀 53YVD 投到开启位置。

（7）检查旁通阀在全开位置。

（8）检查旁通阀全开灯亮。

（9）将工作密封电磁阀 51YVD 投到脱开位置。

（10）检查 PP2 压力表，确保水压合格。

（11）将接力器电磁阀 52YVD 投到开启位置。

（12）检查球阀在全开位置。

（13）检查球阀全开灯亮。

（14）将旁通阀电磁阀 53YVD 投到关闭位置。

（15）检查旁通阀在全关位置。

（16）检查旁通阀全关灯亮。

若是在机组检修后开启球阀，则要加上退出检修密封的操作。

假定机组要长时间停机或停机后要进行检修，则关闭球阀的操作步骤如下：

（1）检查球阀油压装置油压合格。

（2）将接力器电磁阀 52YVD 投到关闭位置。

（3）检查球阀在全关位置。

（4）检查球阀全关灯亮。

（5）将接力器手动锁锭投入。

（6）将检修密封换向阀 SF1 推到投入位置。

（7）将工作密封电磁阀 51YVD 推到投入位置。

5.5.4　球阀系统的巡回检查与常见故障的处理

一、球阀系统的巡回检查

球阀系统每周要巡回两次，巡回检查项目如下：

（1）油压装置油压正常。

（2）球阀系统 PP1 油压表指示正常。

（3）集油槽油位正常。

（4）各阀门位置正确。

（5）油泵正常，油泵操作把手位置正确。

（6）各动力盘各元件位置正确，指示灯正常。

（7）各隔离开关无过热现象，运行工况良好，无异音。

（8）各阀、油管路接头与焊口均无渗漏现象。

（9）正常运行时各电磁阀的接线及电气触点压力表的接线均处于良好状态，没有松动、脱落现象。

（10）正常运行中，各电器没有过热现象。

二、球阀系统常见故障与处理

在上位机操作员站，报警画面的机械故障菜单中有球阀油压降低、球阀油压过低、球阀油压过高、球阀滤水器堵塞、集油槽油面过高、集油槽油面过低、备用泵启动、1 号泵过热保护动作、2 号泵过热保护动作、1 号泵断相保护动作、2 号泵断相保护动作、1 号泵拒动、2 号泵拒动及球阀操作电源消失故障光字牌。上述故障的处理方法与快速闸门系统和蝶阀系统的处理方式基本相同。

6 调速系统的运行

6.1 水轮机调节的基本知识

6.1.1 水轮机调节的任务与方法

在水电厂中，水轮机带动交流发电机而构成水轮发电机组，通常讨论"水轮机调节"就是指对水轮发电机组的调节。水轮发电机组把水能转变为电能输送到电网供用户使用，而电网的负荷是不断变化的，这将导致电网频率的波动。如果电网频率波动过大，将产生不利影响。例如，使用电设备的电动机转速产生过大的波动，从而影响产品的质量；使某些科学实验无法准确进行；使某些医疗设备、仪器工作异常，危及患者生命等。因此，电力用户不仅要求供电安全可靠、电压稳定，还要求电能的频率保持稳定，即维持在额定值附近的某个范围内。为此，我国电力系统对电能质量的要求中规定，频率应保持在 50Hz，大电网频率波动不得超过 0.2Hz。

在机组运行中，根据负荷的不断变化及时地调节水轮发电机组的输出功率，并维持机组的频率在额定频率的规定范围内，就是水轮机调节的基本任务。

机组频率 f 和转速 n 的关系为

$$f = \frac{pn}{60}$$

式中：p 为磁极对数，对于特定的机组而言，p 为常数。

由上式可以看出，频率 f 发与转速 n 成正比，为维持机组频率在一定范围内，就应调节机组转速使其保持在规定范围内。我们所熟知的水轮机的调节装置——调速器，也正由此而得名。

机组运行中，其转动部分是绕固定轴线转动的，水流冲击转轮形成驱动力矩，而转动部分所受到的阻力矩主要来自于定子、转子之间的电磁力和轴承摩擦力。当动力矩大于阻力矩时，机组转速将上升，相反时转速会下降，而且力矩差值越大，转速变化的加速度也越大，即转速上升或下降得越快。只有当动力矩和阻力矩平衡时，机组转速才能保持稳定。所以，动力矩和阻力矩不平衡是造成机组转速变化的根本原因，只有从分析力矩变化入手，才能找到水轮机调节的方法。

一般情况下，动力矩是由输入的水能形成的，其他条件不变时，水流量越大，水能越大，动力矩也越大，因而通过调节水轮机流量，便可以改变动力矩（或者说，调节水轮机的输入水能，就可改变动力矩）。而阻力矩的变化是主要受负荷变化影响（轴承摩擦力变化不大，对阻力矩变化的影响可不考虑），其他条件不变时，机组所带负荷越大，在定子、转子之间形成的电磁力就越大，阻力矩就越大。机组运行中正是由于负荷的不断变化，使阻力矩变化，从而造成转动部分所受力矩的不平衡，机组转速才发生了变化，这种内在的原因，在外部就相应地表现为输入水能和输出电能之间的不平衡，频率就不断变化。

所以，水轮机调节的方法就是在外部负荷变化引起频率变化时，相应地调节水流量（即水能），使机组内部力矩平衡，外部能量平衡，从而维持频率的稳定。具体的实现方式就是通过调速器对水轮机流量调节机构（导叶、桨叶、喷针等）进行调节。

6.1.2 水轮发电机组的自平衡特性

在上面的讨论可知，力矩不平衡必将引起转速变化。然而，当转速变化后，如果没有导叶的调节，这种不平衡力矩却不会使机组转速无休止地上升或下降。这是因为，转速的变化反过来影响了力矩，使力矩也同时发生了变化。具体来说，当动力矩大于阻力矩时，将引起转速上升，若导叶开度不变，则动力矩将随着转速的升高而减小，而阻力矩则随着转速的升高而增大，直到力矩重新达到平衡时，机组会稳定在较高的转速上，不再升速；同理，对应转速下降的情况，力矩也会重新达到平衡，机组将稳定在较低的转速上，不再降速。也就是说，机组转速变化后，在无任何调节的条件下，最终也能达到稳定，这是机组自身具有的一种特性，通常称为机组自调节能力或自平衡特性，它是使转速稳定的有利条件。但是由于这种自调节形成的转速（频率）偏差较大，同时电压波动也大，无法满足电能质量的基本要求，因此实际当中必须进行导叶的调节。

6.1.3 水轮机调节系统

水轮机调速器是水轮发电机组的调节设备，专门用于对机组导叶进行调控，实现机组运行调节的各项功能。由水轮机调速器和机组组成的系统通常称为水轮机调节系统。其中，机组就是被调节对象。

机组在运行调节过程中，调速器开关导叶将造成引水系统的压力变化；这种压力变化也会影响机组所受的动力矩，进而影响到机组出力，严重时还会影响机组安全。另外，机组所带负荷的变化还将影响到电力系统的稳定。所以，调节对象不仅指机组自身，广义上还包括与机组相连的引水系统和电力系统，如图 6-1 所示。

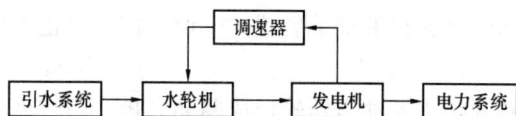

图 6-1 水轮机调节系统的组成

机组引水系统压力变化、电力系统频率与负荷类型的变化都将引起机组转速的波动，使得调速器自动产生调节作用，调节机组的转速与出力，从而达到新的平衡状态。调速器与被调节对象通过这种互动作用，构成一个整体——水轮机调节系统。

在调节过程中，水轮机调节系统的各种参数，如转速、导叶开度、水压力等都随着时间而变化，其变化规律称为调节系统的动态特性。调节过程结束后，各种参数不再随时间而变化，这种状态称为平衡状态或稳定工况。不同平衡状态下各参数形成的关系称为调节系统的静特性。破坏水轮机调节系统平衡状态的负荷或转速变化称为负荷扰动或转速扰动。

为确保水轮机调节的效果和质量，必须要求调节过程达到一定的品质。衡量和评价调节过程的品质，通常是在相同的负荷或转速扰动作用下，比较其转速动态特性是否满足以下要求：

（1）稳定性。调节系统在负荷或转速扰动作用下偏离了平衡状态，如果扰动作用消失后，经过一定时间，系统能够回到原来的或新的平衡状态，这样的调节过程称为稳定的，否则称为不稳定的。稳定性是对调节系统最基本的要求，不稳定的调节系统是不能使用的。

（2）速动性。调节系统受到扰动作用后，应迅速产生足够大的调节作用，以保证在尽可能短的时间内达到稳定状态，这一特性称为速动性。提高速动性有利于机组运行的效率和安全性。

（3）准确性。调节系统动态特性的准确性用动态偏差和静态偏差来表示。动态偏差是指转速在调节过渡过程中的最大偏差；静态偏差是指转速在调节过程结束后，新稳定值与原来稳定值的偏差。转速偏差并非越小越好，而是在不同情况下应满足相应的要求；特定的静态偏差有利于增强机组负荷稳定性或提高系统负荷调整的灵敏性，而减小动态偏差则有利于机组设备安全，削弱对系统的扰动和冲击。

稳定性、速动性、准确性这三个要求常常互相矛盾、互相制约。提高速动性会降低稳定性和准确性，提高准确性又会降低速动性。在水轮机调节系统中，对调节品质的首要要求是稳定性，应在保证稳定的基础上提高速动性，并满足一定的动态偏差和静态偏差，以获得最佳的调节过程。

6.1.4　水轮机调节的原理概述

简单地说，水轮机调节的工作原理是：由调速器测量机组的转速偏差，并接收外界输入的控制调整指令，而后根据转速偏差的大小和趋势或调控指令来驱动调速器的执行元件（液压系统），调节和控制水轮机的导水机构，以实现水轮机转速及输出功率的调控。具体来说，当转速偏高或输入减指令时，调速器将对输入信号进行处理和放大，并驱动执行元件关小导水机构开度，反之则开大导水机构。如此反复调节，直到调速器的综合输入信号稳定为零，调节过程终止，即转速、出力或运行工况达到了要求。

调控导水机构时，应有足够大的操作力，这就要求调速器必须将调节信号进行能量放大，所以调速器必须设置信号放大元件。调速器内部的各种液压元件（如电液转换器、辅助接力器、主配压阀等）及主接力器就是配套进行液压放大的。

最初的调速器设计中，液压放大元件是以转速偏差输入为动作指令工作的，只要转速有偏差，液压放大元件就处在工作状态，接力器就持续调节导水机构，直到转速向相反方向变化，偏差消失，液压放大元件才停止动作。但由于此时转速是反向变化的，说明力矩偏差已经反转，仍是不平衡，即导水机构已经出现过度调节，转速将持续向相反方向变化，出现反向偏差，使液压放大元件反向动作，导水机构也将反向动作，逐渐使转速反向偏差减小、消失，而此时导水机构再次出现过度调节。如此循环往复，使转速摆动，难于稳定，甚至会加剧振荡。出现这一问题的原因就是，每当转速偏差消失时，导水机构已经过度调节，不能使力矩平衡。所以，必须提前使液压放大元件停止动作，才能减小过度调节，从而使转速逐渐趋于稳定。为此，改进后的调速器设计增设了反馈元件，其原理就是将接力器位移信号引回到液压放大元件的输入端，这样，在接力器和导水机构动作后，反馈信号可以部分抵消转速偏差信号，使液压放大元件提前停止动作，以减小过度调节。在反复调节的过程中，由于每次调节都能比前一次减小过度调节，因此水轮机调节系统最终将趋于稳定。由此可见，调速器必须有反馈元件才能使调节过程达到稳定。

调速器反馈的类型分为硬反馈和软反馈两种。硬反馈的特点是，反馈量在调节过程中始终存在，并与接力器位移量成正比，又称为永态反馈；软反馈的特点是，反馈量在调节初始过程中存在,调节终了时消失,也称为暂态反馈。采用硬反馈时,由于硬反馈量不能消失,因此需要有一个转速偏差量与之相抵,才能使液压放大元件达到静态,故此调节达到稳定后会形成转速静态偏差。而采用软反馈时则不会形成静态转速偏差,从而提高了调节的准确性,但也影响了调节的速动性。两种反馈在过去的机械液压型和电气液压型调速器中都有使用,但在新型微机调速器中已不再采用软反馈。

水轮机调节不仅要调节转速、负荷,还要进行其他操作。如在机旁进行手动开停机操作;事故状态下的自动紧急停机;与自动化控制回路配合实现工况转换等,这些都需要通过调速器实现,所以调速器还设有一系列操作控制元件。

6.1.5 水轮机调速器的作用、分类与发展

水电厂中按设备的性质、类别,将调速器及其相关设备组成的闭环操作系统称为调速系统。水轮机调速系统对调速器的要求首先是必须保证闭环系统的稳定性,其次是必须保证在各种不同工况下均可靠运行(如机组并入大电网运行、单机孤立带负荷运行、空载工况、与电网解列甩负荷工况等)。此外,还要求调速器具有较小的转速死区,对上位机发出各种指令信号具有很好的速动性。在机组与系统解列甩负荷时,调速器还应保证导水机构在关闭过程中,使得水轮发电机组的转速升高值、压力管道的水压上升值和尾水管进口的真空值符合调保计算的要求。

调速器作为水轮发电机组的控制设备,在运行中具有非常重要的作用,具体包括以下几方面:

(1)自动或手动启动、停止机组或事故紧急停机。

(2)自动或手动调整机组的转速,增减机组负荷。

(3)当机组并列运行时,自动地分配各机组之间的变动负荷。

(4)在各种运行方式下,作为执行环节实现自动化联合控制。

水轮机调速器最初是从蒸汽机调速器发展而来的。随着20世纪初水电技术的发展,到20世纪30年代已有相当完善的机械液压型调速器,60年代电气液压型调速器趋于成熟,进入80年代以来,微机技术被应用到调速器领域,到21世纪,我国在微机调速器的研制和应用方面已达到了国际领先水平。

调速器的类型很多,主要有以下各种分类方法。

(1)按元件结构分:可分为机械液压型、电气液压型、微机液压型(PC控制型、PLC控制型、工控机控制型)。

(2)按调节规律分:可分为比例积分型、比例积分微分型。

(3)按执行机构的数目分:可分为单调节型、双调节型。

(4)按工作容量分:可分为大型(主配压阀直径大于80mm)、中型(操作功10 000～30 000N·m)、小型(操作功3000～10 000N·m)、特小型(操作功3000N·m以下)。

(5)按反馈位置分:可分为中间接力器型、主接力器型。

目前,为了进一步提高水轮机调节系统的动态品质和抗干扰特性,人们还在进一步开发控制规律更为复杂的调速器,主要有:按状态反馈设计的调速器;附加水压补偿调节的调速器;引入反馈控制的调速器;具有模糊——PID复合控制的调速器和具有自适应控制的调速器。

6.2　调速系统运行维护与故障分析处理

6.2.1　调速系统设备的运行与维护

一、基本要求

调速器和油压装置是水电厂的重要设备。正确、良好的监视、检查和维护，对于机组的安全经济运行、减少事故和隐患、延长调节设备的无故障间隔时间和使用寿命都是极其重要的。为此，对运行值班人员的基本要求是：

（1）运行值班人员必须认真学习和充分掌握运行规程中有关调速系统设备监视检查与维护的具体要求、规定等内容。

（2）现场运行值班人员必须按规定进行调速系统设备的运行状态监视、巡回检查及定期维护工作，并做好相应的记录。

（3）对现场设备进行现地操作时，除操作人员外，必须另有专人监视设备状况，操作未完，操作人员不得离开现场。

（4）运行交接班时，必须对设备状态的变动情况和需提醒的事项认真做好交代。

当前，随着水电厂设备运行自动化水平的不断提高，计算机监控系统在各水电厂得到了全面推广和应用。利用监控系统，可以实现在中控室对各种设备进行状态监视和控制操作，从而极大地提高了设备运行的安全性、可靠性及操控的便捷性。

二、调速器的运行监视与检查

目前，各水电厂大多采用计算机监控系统，从而可以通过相关参数、状态的显示界面，对调速器进行监视、检查。通常，运行监视时应做到：

（1）通过查看机组转速、导叶开度（桨叶角度）指示等，判断机组是否正常运行或处于停机、启动等状态，并对比其与机组工况显示的一致性。

（2）对比电网频率、机组频率是否一致，并参照有功功率变化，分析判断其是否符合当前机组工况，如有异常则及时查找原因。

（3）对比当前运行水头与显示值是否一致，若是人工设定水头，则与实际值相差不应太大；机组在空载时应同时检查空载开度与水头是否匹配，以免因水头设定值不合适而造成调节不稳定或并网困难。

（4）在调速器动态过程中，认真观察机组转速、导叶开度（桨叶角度）、平衡表指示、机组负荷等相互之间是否对应，从中及时发现异常情况，并正确处理。

（5）要根据需要随时查看调速器手动、自动运行方式；发现调速器有故障指示时，要结合当前双微机工作的主从状态，做出正确的分析。

（6）掌握调速器的运行参数值及其调整修改情况，观察调速器的稳定性，判断参数匹配是否合理，是否适应当前工况。

（7）进行开、停机操作或在机组发生事故、调速器出现故障时，应查看接力器锁锭的状态、紧急停机电磁阀的状态，以便正确操作或处理问题。

此外，还必须对调速系统设备进行巡回检查，其目的主要是查看现场设备，及时发现和处理在中控室无法监视和处理的问题。为确保及时性，巡回必须定期进行。巡查时应做到：

（1）观察调速柜盘面各表计有无损坏、失灵，指示值是否正常；机组转速表和频率表的指示值应相对应；导叶开度与接力器实际行程、机组负荷应相对应；正常稳定状态下，平衡表指示应为零；观察开关位置是否正确，指示灯显示是否正确。

（2）观察调速器电气柜内电气元件是否正常、接线有无断点。

（3）观察调速器机械柜内元件（手/自动切换阀、紧急停机电磁阀、滤油器切换阀、位移传感器、电液转换器或伺服阀、反馈钢丝绳）的外观情况和所处状态，油压表指示情况，特别是要注意电液转换器或伺服阀工作是否正常，漏油量是否偏多，各液压元件、接头等处应无漏油，引导阀、辅接、相应连杆等应有明显微调动作，位移传感器接线是否完好等。

（4）观察主接力器缸体有无渗漏现象，锁锭位置是否合适，动作是否灵活。

（5）检查调速器油管路、阀门有无渗漏现象，各阀门所处状态是否正确等。

三、调速器的维护

调速器运行中应定期进行维护，这是预防故障产生的重要措施，可以有效地保障调速器的正常工作。具体维护措施如下：

（1）调速器手/自动切换阀要定期进行切换操作，以检查电磁阀的动作是否灵活、可靠，有关指示信号是否正确，从而保证在调速器自动状态出现故障时能及时、平稳地转为手动控制状态，以避免故障扩大，甚至造成事故。

（2）调速器滤油器也应定期进行切换操作（一般每周一次，各厂规程规定可能不同），并经常清扫滤网，特别是在滤油器压差异常（超过 0.25MPa）时必须进行切换，并清扫滤网。

（3）调速器机械柜内有关部位应定期加油，以防锈蚀或发卡。

（4）调速器紧急停机电磁阀每隔半年应进行一次动作试验，以防止因长期不用而动作失灵。

6.2.2 调速器故障及分析处理

一、整机运行故障

（一）自动开机不成功

现象： 给开机令后，开限没有打开，或开限已打开，但机组转速达不到额定值。

原因分析与处理：

（1）对于开限没有打开的情况，多半是由于二次接线、开关量板卡、D/A 转换器等存在问题，但也可能是 CPU 的问题。应检查二次接线及微机调节器内板卡，有损坏时必须更换新板卡。

（2）对于开限已打开的情况，则有多种可能，除了上述原因之外，还可能是机组频率测量或电网频率测量有问题，应检查频率测量环节；也可能是由于水头较低，原整定的空载开度不能保证机组达到额定转速，此时可通过键盘增大空载开度并打开开限即可。

（二）机组空载运行中过速

现象： 空载运行中转速高于额定转速，甚至出现过速保护动作，紧急停机等情况。

原因分析与处理：

（1）导叶反馈断线。此时导叶反馈无指示或者一直指在某一值，但接力器一直开到全开，造成过速。对此应检查反馈接线并恢复正常。

(2) 导叶反馈传感器有偏差。此时若导叶反馈指示小于实际开度，会造成空载转速总是高出额定转速。对此只要调整导叶反馈传感器，使实际开度与反馈指示值一致即可。

(3) 微机输出故障。此时若微机数字显示正常，而输出模拟指示为最大，可断定是 D/A 转换器故障，应更换板卡处理。

（三）调负荷不正常或溜负荷

现象一： 增、减负荷缓慢。

原因分析与处理：此种情况是由于调节参数整定不当，缓冲时间常数 T_d、暂态转差系数 b_t 太大或比例增益 K_p 太小而造成。这 3 个参数既影响系统的响应速度，又影响系统的稳定性，应在保证调节系统有稳定余量的前提下，适当减小 T_d 和 b_t，或加大 K_p。

现象二： 功率给定调负荷时接力器拒动，负荷不变。

原因分析与处理：原因可能是电液伺服阀卡紧或接线断开、功率给定单元故障，致使功给变化的信号传输中断，应检查电液伺服阀或功给单元并作处理。

现象三： 溜负荷或自行增负荷。

所谓溜负荷，是指在系统频率稳定，也没有操作功率给定或频率给定的情况下，机组原来所带的全部或部分负荷逐渐会自行卸掉。

原因分析与处理：

(1) 电液伺服阀发卡。电液伺服阀发卡是调速器溜负荷或自增负荷的主要原因之一。若卡于关机侧，则造成全溜负荷，导叶关到零；若卡于开机侧，则使接力器开启，导致自增负荷，直到限制开度为止。此时应检查电液伺服阀，并排除故障。

(2) 电液伺服阀工作线圈断线。此时调节信号为零，若电液伺服阀的平衡位置偏关，则接力器要减小某一开度，造成溜负荷；若其平衡位置偏开，则接力器开启，造成自行增负荷。处理方法也是检查电液伺服阀，并排除故障。

(3) D/A 转换器故障。此时输出减少或为零，机组溜部分或全部负荷；应检查、更换 D/A 转换器板卡。

(4) 有干扰信号串入调相令节点，或者调相令节点与外壳短路。这时负荷全溜光，导叶关到零。此时应检查调相令节点，并排除故障。

(5) 微机调速器 CPU 故障。造成数据错乱，可能引起溜部分负荷。此时必须排除 CPU 故障，必要时更换 CPU。

(6) 微机调速器电源有接地现象，或者是电液转换器线圈有接地。此时，油泵电动机启动将造成微机调速器数字显示变动，同时引起接力器抽动。可用万用表（不能用绝缘电阻表）去逐个检查排除接地现象（对地电阻一般均在 5MΩ 以上）。

(7) 机组运行点特殊。机组运行点接近发电机最大出力点处，且功率角 δ 接近 90°。此时，若频率下降，水轮机还要增大出力，但由于发电机功角不能突变，因此主动力矩的增加将使机组加速；当发电机功角达到其极限功率点时，由于机组惯性，而励磁系统强励特性又不好，因此反而导致发电机功率下降而溜掉部分负荷，若机组主动力矩增加过多（即超过发电机极限功率），则将使发电机失步而产生连锁反应，负荷可能全部溜光。为此，应通过调整工况点解决。

（四）机组并网运行时，转速和出力摆动

机组并入电力系统运行后，容量占系统容量比重不大的，一般都能稳定运行，但当调速器的质量较差或机组性能较差时，也会出现不稳定情况，即引起转速和出力摆动；对于机组在系统中承担调频任务或单机在孤立电网中运行的，则将出现接力器和出力摆动，根据摆动特点不同可能有不同原因：

现象一：转速和出力周期性摆动。

原因分析与处理：

（1）电网频率波动引起机组转速、出力和接力器摆动。判别方法最好是用示波器录制导叶接力器位移和电网频率波动的波形，比较两者波动的频率，如果一致，则为电网频率波动所引起，此时应从整个电网来分析解决频率波动问题。其中，对调频机组的水轮机调速器性能及其参数整定应重点分析。

（2）转子电磁振荡与调速器共振。判别方法是用示波器录制发电机转子电流、电压、调速器自振荡频率和接力器行程摆动的波形，将之进行比较即可判定是否为共振。这种故障可用改变缓冲时间常数 T_d 以改变调速器自振频率的办法来解决。

（3）机组引水管道水压波动与调速器发生共振。有时，虽然引水管道水压波动的幅值不大，但当其波动频率与调速器自振频率相等或很接近时，就会发生共振，从而引起调节系统不稳定。其处理方法也是通过改变缓冲时间常数 T_d 来消除共振。

现象二：转速和出力非周期摆动。

原因分析与处理：

（1）多台并列运行机组同时产生接力器及负荷摆动。这是由于并列的多台机组调速器的永态转差系数 b_p 整定得太小，而且各台机组的转速死区和缓冲时间常数 T_d 不相同，甚至相差很大，因此当电力系统负荷变化时，引起这些机组之间拉抢负荷而导致接力器和负荷摆动。遇到这种故障，只要将大部分机组、尤其死区较大的机组的 b_p 值增大，并尽可能使各台机组的 T_d 值相等或接近，一般即可稳定。

（2）水轮机汽蚀引起效率突然下降或转桨式水轮机协联破坏而引起效率下降，从而导致机组在无任何调整的情况下，出力突然下降，破坏了调节系统的稳定平衡状态而发生接力器偶然摆动。其他电气干扰信号偶然袭击，接力器也会发生偶然摆动。对此应密切监视调节系统的调节趋稳过程。

（3）油压漂移所引起。因油压变化而引起电液伺服阀平衡位置变化的现象称为油压零点漂移。性能不良的电液伺服阀，当油压在正常范围内变化时，也会产生较大的漂移，从而引起接力器摆动。这种故障的处理办法是要更换电液伺服阀；合格的电液伺服阀应满足，当油压在正常变化范围内变化时所引起的主接力器位移不大于全行程的 5%。

（五）机组甩负荷时的工况状态不良

现象一：转速上升过高。

这种故障产生的原因可能是导叶关闭时间 T_s 太大或导叶关闭规律不合理。鉴别方式是用示波器录制甩负荷时各主要参数变化情况。处理方法常是减小 T_s 值，或减小 b_t 值。

现象二：水压上升过高。

这种故障产生的原因可能是 T_s 值太小，导叶关闭规律不合理，装设的调压阀动作不灵。鉴别方法同上，并检查配压阀动作情况。处理方法是增加 T_s 值，调整调压阀的开启时间或灵活性，改善导叶关闭规律。

现象三：转速与水压同时升高过大。

这种故障产生的原因可能是水轮机与实际水头不适应，调压阀动作不正常，导叶关闭规律不合理。鉴别方法同上，并核算水轮机适应的水头。处理方法是调整调压阀，改变导叶关闭规律。

现象四：转桨式水轮机转速上升或波动太大。

这种故障产生的原因可能是导叶接力器与轮叶接力器关闭时间相差过大。鉴别与处理方法常是实测二者时间差，并做适当的调整，以增大加负荷时的缓冲时间。

现象五：转桨式水轮机发生抬机现象。

这种故障产生的原因可能是导叶和轮叶接力器关闭时间太短，真空破坏阀和补气阀不起作用。处理方法常是增加两个接力器的关闭时间，提高补气阀的灵活性并加大补气量，改善导叶关闭规律。

二、调速器电气部分故障

微机调速器出现故障后，首先必须判别是电气故障还是机械故障，才能做到有的放矢，尽快地处理故障。电气故障和机械故障的判别主要通过平衡表的指示来实现。操作功给进行负荷的增减调整，若平衡表偏向开（关）侧的方向正确，但指针回零过程很缓慢或不回零，则可认定是机械液压系统故障，否则可认定是电气部分发生故障。

现象一：微机运行异常或故障灯亮。

原因分析与处理：有备用机的应切至备用机运行；公用部分故障或无备用机的可切换至手动运行，同时脱开电液转换器连接的杆座；一般对微机故障采取更换板卡法进行排除。

现象二：机频消失，中控室有调速器故障信号出现，现场有机频故障信号。

原因分析与处理：由于机组测频回路熔断器熔断，测频元件损坏等造成该故障。若发生在开机过程中，则应立即停机或改手动方式开机；若发生在并网运行中，则对具有容错功能的调速器可继续自动运行，否则应切至手动运行，尽快处理。

现象三：电调柜电源消失。

原因分析与处理：如果是电调电源消失，则应检查备用电源是否投入，若同时失去工作电源与备用电源，则应将调速器切手动运行，查明失电原因，并恢复供电。

三、调速器机械柜元件故障

(一) 主配压阀

现象一：开机时振动。

原因分析与处理：

(1) 油管路或液压阀中窝存空气。鉴别方法是观察油管路或液压有关部位有无油气泡。多次移动配压阀和接力器活塞排除内部空气后，如无振荡或振动，则为窝存空气。处理方法是在开机前排净调速器系统内部空气，改进窝存空气部位的结构。

(2) 主配压阀放大系数过大。鉴别方法是核算放大系数；处理方法常是在结构上改善杆件的传递比。

现象二：主配压阀卡死。

原因分析与处理：可能由于油路内有水锈住、油内有脏东西卡住、辅助接力器装配不良或上下不同心等造成。可作如下处理：

(1) 进行油的净化和过滤。

(2) 重新装配，使主配压阀和辅助接力器相互同心。

（二）电液转换器

现象一：线圈架不动或行程不足。

原因分析与处理：可能是工作线圈断线、接地等造成不能工作或线圈架恢复弹簧刚度不足。必须用绝缘电阻表来检查线圈情况，检查恢复弹簧刚度等，有问题则必须更换线圈、弹簧。

现象二：控制套旋转不良。

原因分析与处理：

（1）组合弹簧歪斜，组件装配不良，不符合设计要求，此时必须更换弹簧或检查装配质量。

（2）控制套口碰伤，这时必须拆下检查，若发现有碰伤之处，必须用专用研棒研磨。

（3）控制套和阀塞间隙过小或不圆，此时必须检查和更换控制套。

现象三：喷油过大或过小。

原因分析与处理：这可能是节流孔选择不当或者节流孔堵塞，一般南方电厂节流孔选 $\phi0.9$；北方电厂节流孔选 $\phi1.0 \sim \phi1.1$，北方冬季可选 $\phi1.2$。

（三）位置反馈电位器

调速器位置反馈电位器包括导叶反馈电位器（传感器）和柜内元件位置反馈电位器。位置反馈电位器的故障可能导致机组过速和自动调节不稳的现象，其原因和处理方法是：

（1）钢带断开。这种情况必须重新更换钢带。

（2）电位器与钢带之间活动脱节。必须检查固定精密电位器轴的螺钉，并将其锁紧。

（3）电位器接线断线。应检查接线，重新连接。

7 水轮发电机组的控制与操作

7.1 水轮发电机组的自动控制

7.1.1 水轮发电机组常用的自动化元件

一、插装阀

二通插装阀通常由插入元件、先导元件、控制盖板和插装块体 4 部分组成，如图 7-1 所示。插入元件是二通插装阀的主级或称功率元件，插装在阀体或集成块体中，通过它的开启、关闭动作和开启量的大小来控制液流的通断或压力的高低、流量的大小，以实现对液压执行机构的方向、压力和速度的控制。

插入元件的基本结构形式见图 7-2，其形状与通用的单向阀相似，主要由阀芯、阀套、弹簧，以及相应的密封圈组成。它具有两个工作腔 A 和 B 及一个控制腔 C。阀芯在阀套中滑动，其配合间隙很小，以减少 B 腔与 C 腔之间的泄漏。阀芯头部的锥面紧贴在阀套孔内的阀座上，形成可靠的线密封，以保证 A 腔与 B 腔间没有泄漏。阀套上的三处密封圈防止了 A、B、C 三腔之间沿阀套外缘的泄漏。

（一）方向流量控制插入元件

（1）A 型方向阀插入元件的结构形式同图 7-2。因为具有较大的面积比，A 型方向阀插入元件通常只允许用于工作流向为 A→B 的单向流动，符号如图 7-3（a）所示。

（2）B 型方向阀插入元件的结构形式与 A 型相

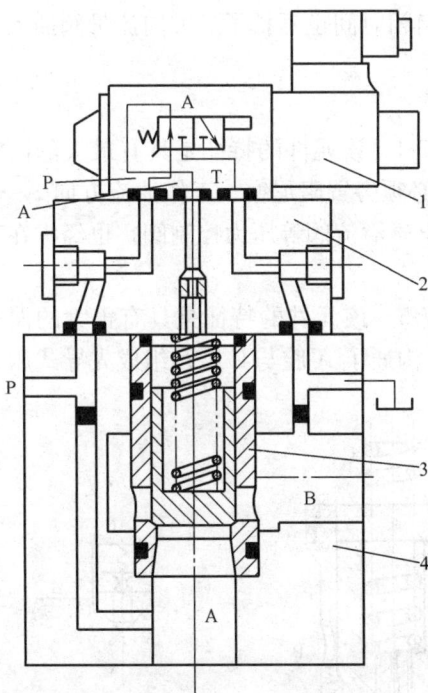

图 7-1 二通插装阀的典型结构

1—先导控制阀；2—控制盖板；
3—插装单元；4—阀块体；

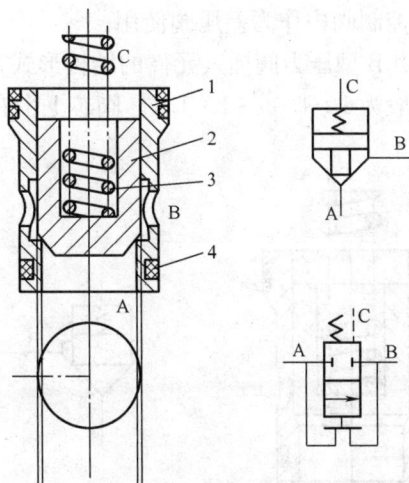

图 7-2 插入元件的基本结构形式

1—阀套；2—阀芯；3—弹簧；4—密封圈；

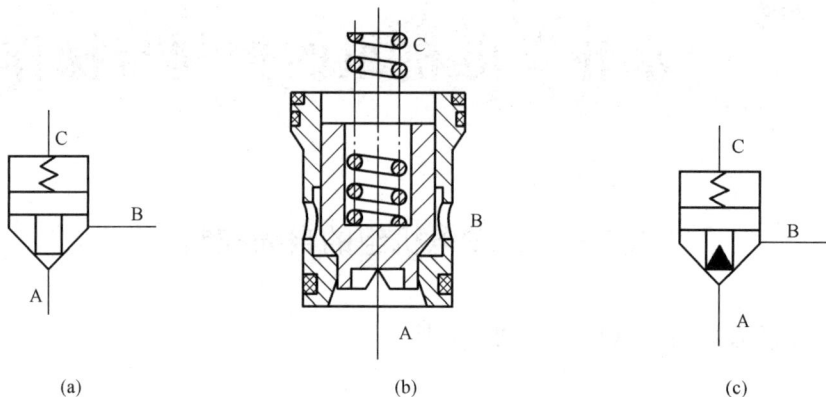

图 7-3 插装阀插入元件符号

(a) A 和 B 型方向阀插入元件符号；(b) 方向流量阀插入元件结构；(c) 方向流量阀插入元件符号

同。因为具有较大的面积比，B 型方向阀插入元件允许用于工作流向为 A→B 和 B→A 的双向流动，符号如图 7-3（a）所示。

（3）方向流量阀插入元件的结构形式见图 7-3（b）。该元件的特征是阀芯头部带有一个节流塞，且面积比一般较小，与 B 型方向阀插入元件相同，所以也允许双向流动。带节流塞后，阀芯的启闭分为两个阶段，在节流塞未进入阀口前为一个阶段，这时与普通的阀芯没有什么差别；在节流塞进入阀口后为另一阶段，这时阀口流道截面的变化比较平缓，所以有利于消除启闭过程中的液压冲击，也可以实现在小流量范围内比较细致的流量调节。但是另一方面，带节流塞后插入元件的压降增加很多，同时启闭时间也延长了。方向流量阀插入元件符号如图 7-3（c）所示。

（二）压力控制插入元件

（1）A 型压力阀插入元件的结构形式及符号见图 7-4。该元件的特征是具有最大的面积比 1∶1。阀芯上无阻尼塞，所以组成先导式压力阀时必须旁置阻尼塞。工作油流方向 A→B 的形式主要用来组成溢流阀、顺序阀、卸荷阀，以及电磁溢流阀等压力控制阀，也经常在三通流量控制阀中作为差压阀使用。

（2）B 型压力阀插入元件的结构形式及符号见图 7-5。该元件的特征是具有很大的面积比，一般为 1∶1.05～1∶1.1。阀芯上带有阻尼螺塞，沟通了 A 腔与 C 腔；组成先导式压力

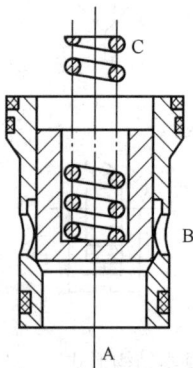

图 7-4 A 型压力阀插入元件的结构形式及符号

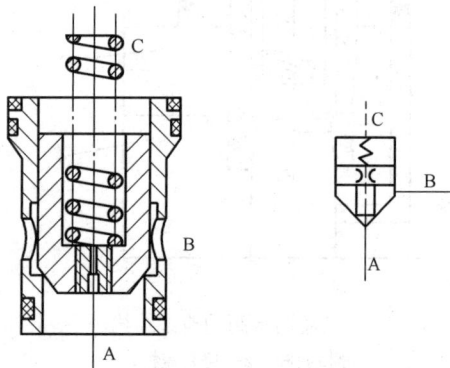

图 7-5 B 型压力阀插入元件的结构形式及符号

阀时不须再旁置阻尼螺塞，应用比较方便。A 腔通过 C 腔与 B 腔间有泄漏。调压工作油流方向为 A→B，但由于 B 腔的作用面积虽小但不等于零，加之 A 与 C 两腔相通，所以始终存在着 B→A 反向流动的可能性。B 型压力阀插入元件主要用来组成各种压力控制阀，也常用来实现二位二通开关机能。

（3）减压阀插入元件的结构形式及符号见图 7-6。该元件的特征是采用了滑阀式结构，面积比为 1：1，常开型。减压工作油流方向为 B→A。

阀芯中带有一个单向元件，允许 A→C 的单向流动，可保持插入元件的常开状态，还可以防止 A 腔压力超过 C 腔压力，也即防止了二次压力超过控制压力而使减压阀失控。

图 7-6　减压阀插入元件的结构形式及符号

减压阀插入元件的主要用途是构成减压阀，用螺堵代替单向元件后经常在二通流量阀中作为差压阀使用。

（三）控制单元的先导元件

（1）电磁换向阀。用于二通插装阀先导控制的电磁阀有两种类型，一种是传统的电磁滑阀；另一种是较新的电磁球阀，符号如图 7-7 所示。

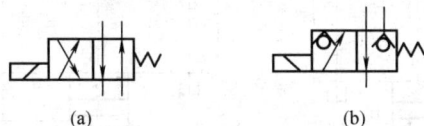

图 7-7　电磁换向阀符号

(a) 电磁滑阀；(b) 电磁球阀

（2）先导压力控制元件。先导调压阀的结构与传统的先导式溢流阀上的先导调压阀的结构相同，只是在安装连接形式上有所不同，如图 7-8 所示。在二通插装阀中常用两种形式，一种是插装式，即先导压力控制元件直接插装在控制盖板中，一般单级调压时均采用这种形式，但现在在双级调压时也已经开始用它组成双级调压盖板，以提高结构紧凑性；另一种是叠加式，即先导压力控制元件安装在控制盖板与先导电磁阀之间，一般都用作第二级或第三级调压控制。

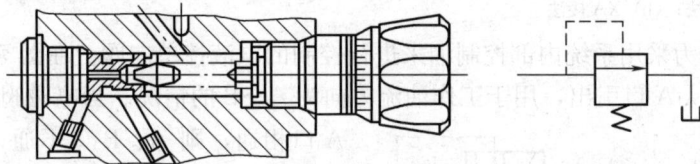

图 7-8　先导压力控制元件

（3）阻尼塞。阻尼塞只是一个中间钻有阻尼孔的螺钉，一般都拧在控制盖板的流道中，以调节先导回路中的液阻。它被用来调节阀的启闭速度、改变压力阀的静动特性和减小液压冲击，图形为符号)(（。

（4）行程调节器。行程调节器安装于节流控制盖板之上，用来调节主阀芯的行程，并分精调（见图 7-9）和粗调两种。

下面介绍快速闸门机械液压系统中所用到的二通插装阀组件，图形符号分别如图 7-10 和图 7-11 所示。

将上述基本盖板的 X 口与插入元件的 A 或 B 口相连，便构成了一个单向阀组件。

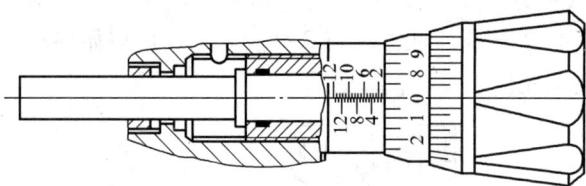

图 7-9　行程调节器

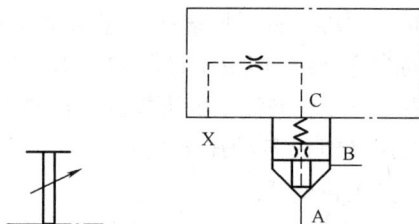

图 7-10　液控单向阀
（X 开启，A→B 通；
X 关闭，A→B 断）

按 XB 接法［见图 7-11（a）］，允许油流方向为 A→B，反向关闭可靠，A、B 两腔之间没有泄漏；按 XA 接法［见图 7-11（b）］，允许油流方向为 B→A，反向关闭不严，因为 A 腔可经 C 腔和配合间隙至 B 腔产生泄漏。

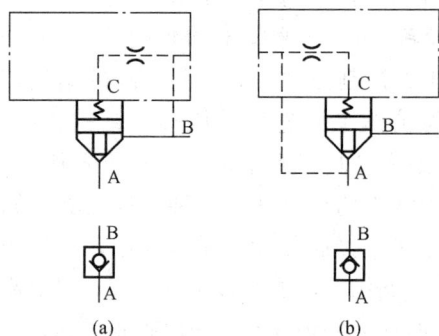

(a)　　　　　　　(b)

图 7-11　单向阀

（a）XB 接法；（b）XA 接法

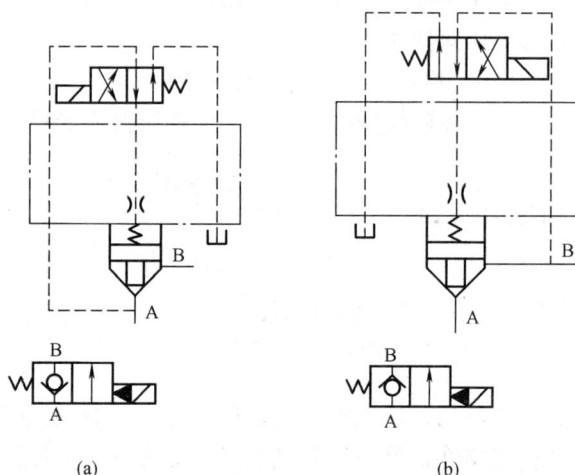

(a)　　　　　　　(b)

图 7-12　电液控单向阀

图 7-12 所示为采用系统内部控制油来进行控制的电液控单向阀。在图 7-12（a）所示的结构中，控制油从 A 口引出，用于工作油流方向为 A→B 的情况。当电磁阀断电时，X 口与 A 口相通，则 A、B 口不通；当电磁阀通电时，X 口与回油口相通，则 A→B 口相通。在图 7-12（b）所示结构中，控制油从 B 口引出，用于工作油流方向为 B→A 的情况。当电磁阀断电时，X 口与 B 口相通，则 A、B 口不通；当电磁阀通电时，X 口与回油口相通，则 B→A 口相通。

在阻尼塞内置式溢流阀的先导回路上加装电磁阀后，便构成了目前常用的电磁溢流阀。图 7-13（a）所示为常泄式，电磁铁不通电时系统卸荷；通电时系统升压工作。

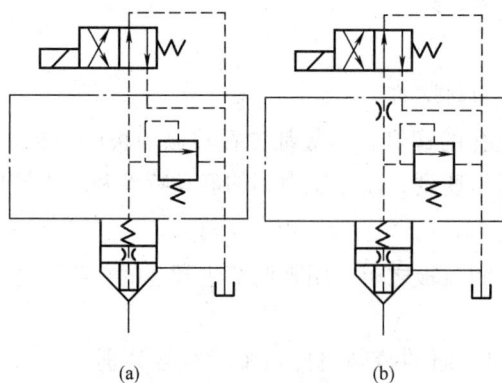

(a)　　　　　　　(b)

图 7-13　电磁溢流阀

（a）常泄式；（b）阻尼塞缓冲式

电磁溢流阀从工作转到卸荷速度快，会造成液压冲击，为此，在先导回路中加一个阻尼塞可降低开启速度，如图 7-13（b）所示。

将方向流量阀插入元件与带行程调节器的节流阀盖板组合便可构成节流阀，见图 7-14。

将上述节流阀盖板的 X 口与工作口 B 相接，则变为一个只允许 A→B 单向流动的节流阀；如 X 与 A 相接，则变成一个 B→A 单向流动的节流阀（见图 7-15）。

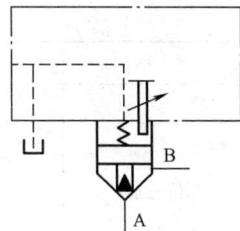

图 7-14　节流阀

图 7-16 所示为采用系统内部控制油来进行控制的节流阀。在图 7-16 所示的结构中，控制油从 B 口引出，用于工作油流方向为 B→A 的情况。当电磁阀断电时，X 口与 B 口相通，则 A、B 口不通；当电磁阀通电时，X 口与回油口相通，则 B→A 通。

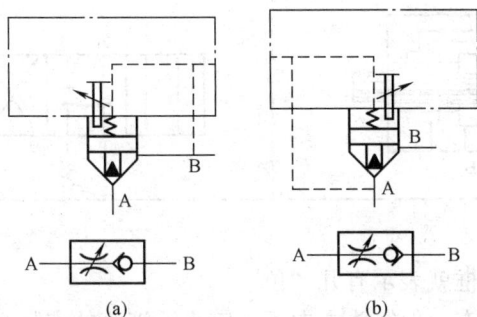

图 7-15　单向节流阀
（a）A→B 单向流动的节流阀；（b）B→A 单向流动的节流阀

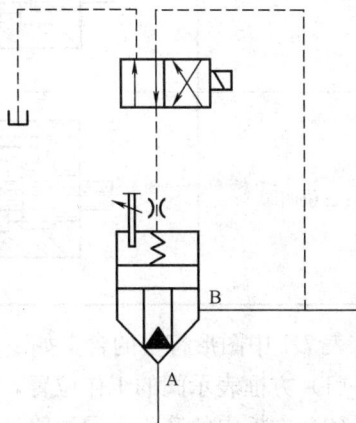

图 7-16　电磁节流阀

二、电磁阀

（一）电磁换向阀

电磁阀 1YV、2YV、3YV 的主要部分是换向阀，"通"和"位"是换向阀的重要概念。不同的"通"和"位"构成了不同类型的换向阀。

"位"是阀芯的工作位置。通常所说的"二位阀"、"三位阀"是指换向阀的阀芯有两个或三个不同的工作位置。一个方格代表一个工作位置，二格即二位，三格即三位。

"通"是指换向阀的通油口数目。所谓"二通"、"三通"、"四通"是指换向阀的阀体上有两个、三个、四个各不相通，且可与系统中不同油管相连的油道接口，不同油道之间只能通过阀芯移位时阀口的开关来沟通。不同"通"和"位"的滑阀式换向阀主体部分的结构形式和图形符号见表 7-1。

表 7-1　　　不同"通"和"位"的滑阀式换向阀主体部分的结构形式和图形符号

名　称	结构原理图	图形符号
二位二通		

153

名　称	结构原理图	图形符号
二位三通	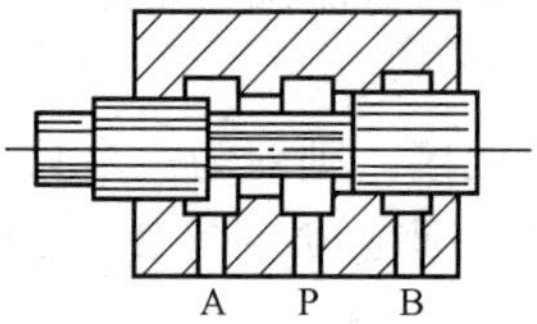	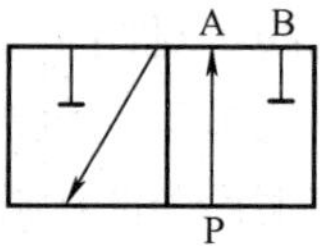
二位四通	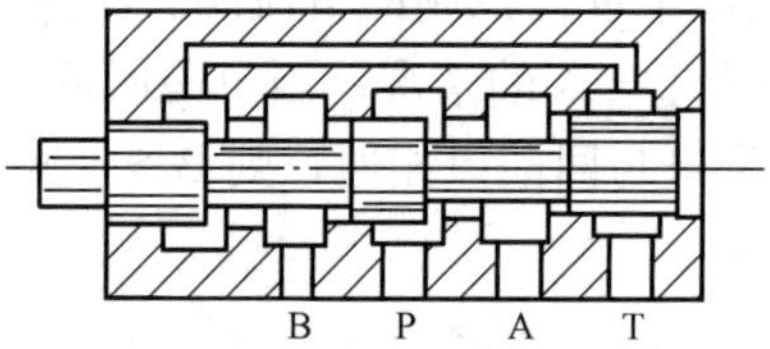	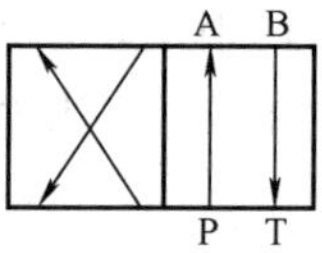
三位四通	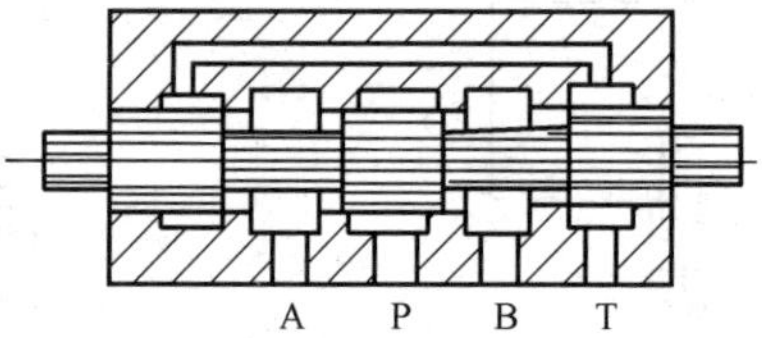	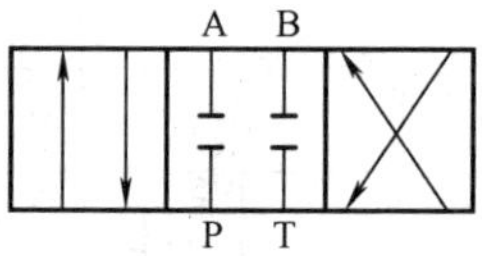

表 7-1 中图形符号的含义如下：

（1）方框表示阀的工作位置，有几个方框就表示有几"位"。

（2）方框内的箭头表示油路处于接通状态，但箭头方向不一定表示液流的实际方向，也有可能是反向流动。

（3）方框内符号"⊥"或"⊤"表示该通路不通。

（4）方框外部（全部）连接的接口数有几个就表示几"通"。

（5）一般，阀与系统供油路连接的进油口用字母 P 表示；阀与系统回油路连通的回油口用 T（有时用 O）表示；阀与执行元件连接的油口则用 A、B 等表示。有时，在图形符号上用 L 表示泄漏油口。

（6）换向阀都有两个或两个以上的工作位置，其中一个为常态位，即阀芯未受到操纵力时所处的位置。图形符号中的中位是三位阀的常态位。利用弹簧复位的二位阀则以靠近弹簧的方框内的通路状态为其常态位。绘制系统图时，油路一般应连接在换向阀的常态位上。

二位二通换向阀两个油口之间的状态只有两种，即通或断，见图 7-17（a）。自动复位式（如弹簧复位）的二位二通换向阀的滑阀机能有常闭式（O 型）和常开式（H 型）两种，见图 7-17（c）。

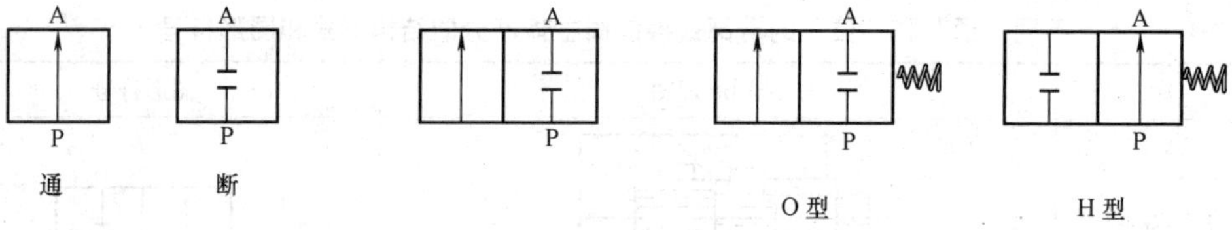

图 7-17　二位二通换向阀的滑阀机能

电磁换向阀按使用电源的不同，可分为交流电磁阀和直流电磁阀。直流电磁阀在工作或过载情况下，其电流基本不变，因此不会因阀芯被卡住而烧毁电磁铁线圈，且工作可靠，换向冲击、噪声小，换向频率较高（允许 120 次/min，最高可达 240 次/min 以上），但需要直流电源，并且启动力小、反应速度较慢、换向时间长；交流电磁阀电源简单、启动力大、反应速度较快、换向时间短，但其启动电流大，在阀芯被卡住时会使电磁铁线圈烧毁，换向冲击大、换向频率不能太高（30 次/min 左右）、工作可靠性差。

图 5-14 中 3YV 为常开型二位二通电磁式换向阀，电磁铁失磁时，该阀处于常态位置，其所连接的两个油路接通；电磁铁励磁时，该阀所连接的两个油路断开。

图 5-14 中 1YV 为常开型二位三通电磁式换向阀，电磁铁失磁时，该阀处于常态位置，其所连接 A、P 的两个油路接通；电磁铁励磁时，该阀所连接的 B、P 两个油路接通。

图 5-14 中 2YV 为常开型二位三通电磁球式换向阀，该阀主要由左、右阀座 4 和 6，球阀 5，弹簧 7，操纵杆 2 和杠杆 3 等零件组成，见图 7-18，图示为电磁铁断电状态，即常态位。P 口的压力油一方面作用在球阀 5 的右侧；另一方面经通道 b 进入操纵杆 2 的空腔而作用在球阀 5 的左侧，以保证球阀 5 两侧承受的液压力平衡。球阀 5 在弹簧 7 的作用下压在左阀座 4 上，P 与 A 通，A 与 T 切断。当电磁铁 8 通电时，衔铁推动杠杆 3，以 1 为支点推动操纵杆 2，以克服弹簧力，使球阀 5 压在右阀座 6 上，实现换向，P 与 A 切断，A 与 T 通。

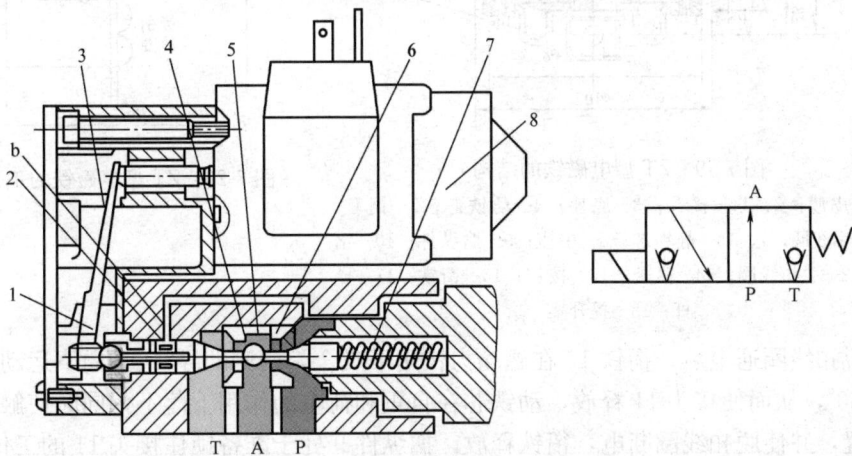

图 7-18   二位三通电磁球式换向阀结构及图形符号
1—支点；2—操纵杆；3—杠杆；4—左阀座；5—球阀；6—右阀座；7—弹簧；8—电磁铁

（二）立式双线圈电磁阀

蝶阀系统用的 15YVD、16YVD 为立式双线圈电磁阀，其核心部件为 ZT 型电磁铁。ZT 型电磁铁有锁扣机构、工作线圈及脱扣线圈，具体结构如图 7-19 所示。

ZT 型电磁铁的工作线圈与它本身的一个动断辅助触点串联，脱扣线圈则与它本身的一个动合辅助触点串联，这样可以使其线圈短时带电。ZT 型电磁铁的工作原理如图 7-20 所示。

（1）电动吸合和释放。当吸引线圈通电后，动铁芯 4 在磁场力的作用下吸合。连接在动铁芯上端的接头 11 在弹簧作用下将擒纵件 9 锁住，使动铁芯不能自由落下。同时，接头 11 上面的提升架 18 由于动铁芯的吸合而向上运动，从而带动触头机构向上运动，使得所有的动合触头闭合，动断触头打开。动断辅助触点断开使吸引线圈断电，但不会改变触点的状态；动合辅助触点闭合使脱扣线圈处于准备工作状态。

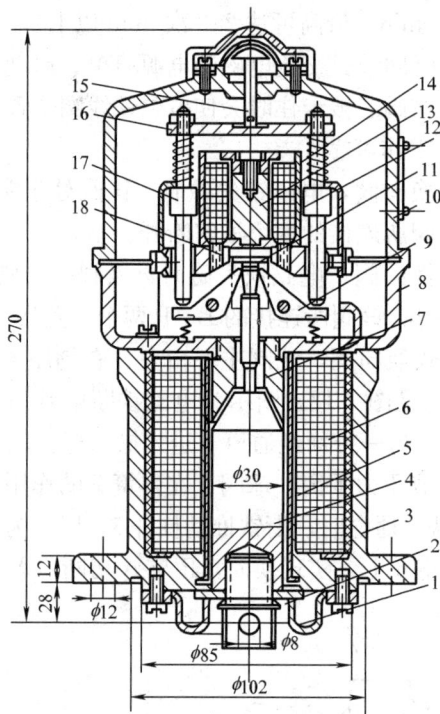

图 7-19 ZT 型电磁铁的结构

1—橡皮膜；2、11—接头；3—底座；4—动铁芯；5—铜套；6—吸引线圈；7、13—静铁芯；8—中座；9—擒纵件；10—铭牌；12—脱扣线圈；14—磁轭；15—按钮；16—衔铁；17—导杆；18—提升架

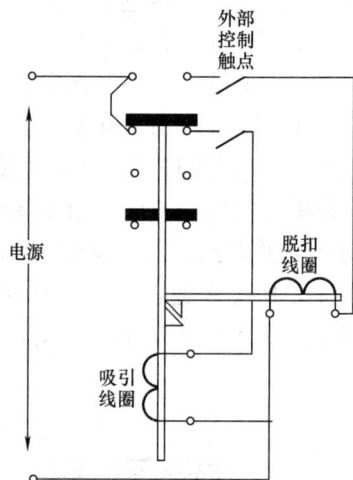

图 7-20 ZT 型电磁铁的工作原理图

当脱扣线圈通电后，衔铁 16 在磁场力作用下吸合，两侧的导杆 17 向下运动，迫使擒纵件转动 30°，从而使接头 11 释放，动铁芯在自重和荷重的作用下落下，同时使触头恢复到原来的位置，并使脱扣线圈断电，衔铁释放，擒纵件 9 处于准备锁住接头 11 的工作位置。

（2）手动吸合和释放。当电源断电或有特殊情况需要时，可进行手动操作。电磁铁接头 2 与管道阀门装配时，在接头处配有手柄，能手动提起动铁芯，擒纵件 9 将动铁芯锁在吸合位置，手动释放时，可揭开罩 19，按动按钮 15，使衔铁和导杆向下运动，擒纵件 9 将接头 11 释放，动铁芯则因自重和荷重的作用而落下。

（三）卧式双线圈电磁阀

球阀机械液压系统图 5-31 中的 51YVD 是一个双线圈电磁阀，其工作原理如图 7-21 所示。电磁阀左侧的电磁铁为 51YVD$_G$，电磁阀右侧的电磁铁为 51YVD$_K$；电磁铁上设有滚珠式机械自保持机构，以防止电磁铁在失磁期间阀芯误动，实际使用中可调整弹簧压缩量来改变保持力的大小。电磁铁的线圈与其自身的一个辅助动断触点串联后再与外电源相连接。若阀处于图示的工作位置，且此时按下按钮 1SB，则右侧电磁铁励磁，其动静铁芯吸合，推动蝶阀阀芯至左端，使蝶阀的 P 腔与 B 腔相通，压力油进入蝶阀 B 腔的同时也进入柱塞的 B 腔；蝶阀的 A 腔与柱塞的 A 腔同时与回油腔相通，则改变外油路的同时柱塞右移，且带动其上面的行程开关右移，从而使右侧电磁铁的动断触点断开，右侧电磁铁失磁，失磁后由于被保持机构锁住阀芯，因此右侧电磁铁将保持在其励磁时的位置。与此同时，左侧电磁铁的动断触点闭合，为左侧电磁铁的励磁做好了准备。

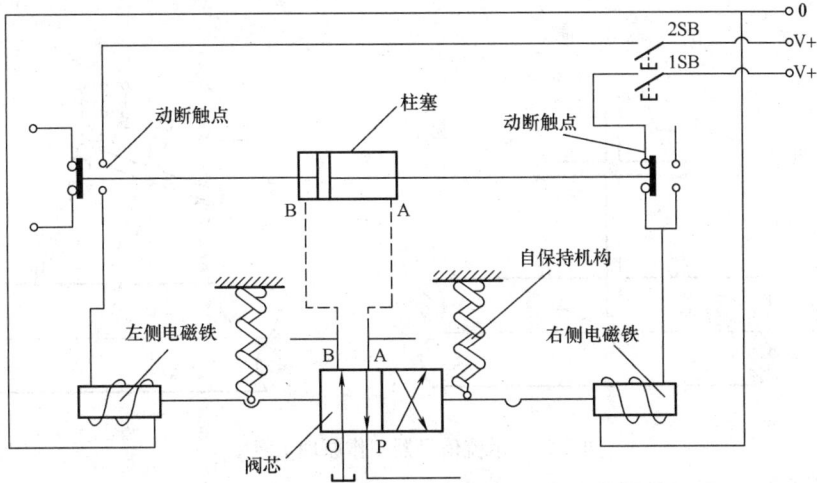

图 7-21　双线圈电磁阀的工作原理图

三、单向节流阀

图 7-22 所示为单向节流阀的结构和图形符号。油液正向流动时，从进油口 3 进入，经阀芯 2 和阀体 4 之间的节流缝隙后，由出油口 5 流出，此时单向阀不起作用；油液反向流动时，从反向进油口 5 进入，靠油液的压力将阀芯压下，使油液通过，进而从油口 3 流出。这时，此阀只起通道作用而不起节流调速作用；节流缝隙的大小可通过手柄进行调节。通道 10 将高压油液引到活塞 6 的上端，使其与阀芯下部的油压相平衡，以便于在高压下进行调节。

四、示流信号器

如图所示，示流信号器的测量元件是一个长方形的平板靶，此靶位于管路中央并与水流方向垂直，当管路正常水流方向有正常水流通过时，流体的流动对靶产生一个作用力，此力与靶杆的旋转中心形成力矩，靶杆和靶在该力矩的作用下倾斜，并克服弹簧的预压缩力，带动推杆推动正常水流方向侧微动开关的动断触点断开，动合触点闭合；当管路中的水流逐步减小，靶杆上的作用力矩也随之减小，靶杆在弹簧的作用下返回，推杆逐渐松离微动开关；当流量减小到低于或等于信号所整定的流量值时，微动开关动断触点闭合，动合触

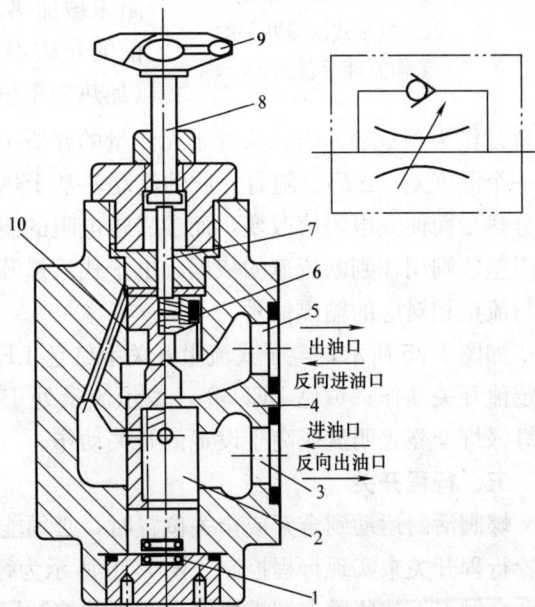

图 7-22　单向节流阀结构及图形符号

1—弹簧；2—阀芯；3—进油口；4—阀体；5—出油口；6—活塞；7—顶杆；8—调节杆；9—调节手柄；10—通道

点打开，并发出报警信号。若管路中的水流方向改变，则靶连同靶杆就被推向相反位置，信号器另一边的弹簧和微动开关动作，动作过程与上述过程一样。上述示流信号器在安装时要装在被监测管路的末端，并且要与管路串联。

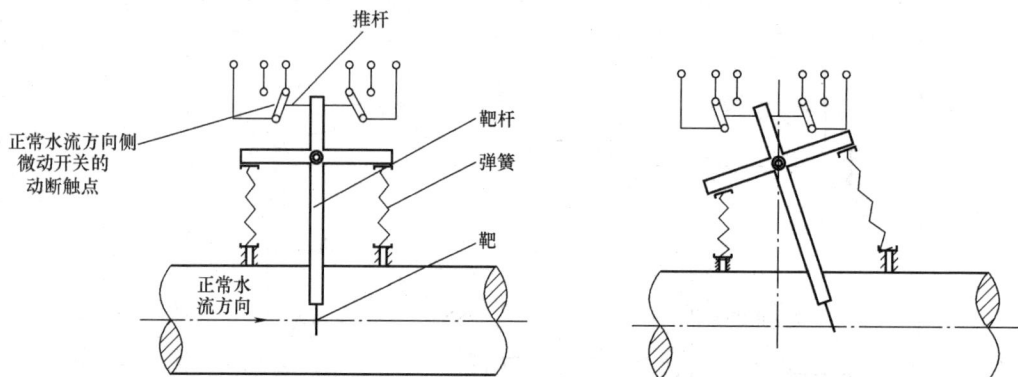

图 7-23　示流信号器工作原理示意图

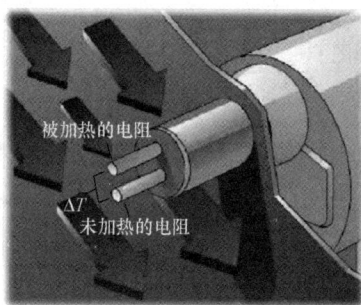

图 7-24　电子式流量开关的
工作原理示意图

随着科技的进步和计算机监控系统的发展，示流信号器已由挡板式开关发展成能同时输出模拟信号和开关信号的开关。下面介绍电子式流量开关（传感器）的工作原理，如图 7-24 所示。

电子式流量开关利用的是热扩散技术，在封闭的探头内包含两个铂热电阻，这两只电阻各项参数匹配一致，带有保护套管，并与传感器探杆连接。其中一只电阻未被加热作为基准电阻，而是作为参考端，以测量当前的介质温度；另一只电阻上伴有一只独立的加热器（加热功率恒定），这只被加热的电阻则作为探测电阻，

也就是作为测量端。当探头置于无流量的介质中时，由于加热器的作用，在两只电阻间将形成一个温度差（ΔT）。随着介质的流动，基于热传导原理，介质分子将带走测量端电阻上的部分热量而使其电阻值改变，而参考端电阻的温度将保持不变，其电阻值也不变，因此两个电阻差值则用作判断流速的依据。电子式流量开关则通过线性化电路将电阻差值的变化转换成与流量相对应的输出信号。

如图 7-25 所示，电子式流量开关上红色 LED（发光二极管）亮，表示断流或流速低于设定值开关动作；黄色 LED 亮，表示流量处于设定范围内。黄灯变亮越多表明流速越大；黄灯绿灯全亮表明流速高于设定值开关动作。

五、行程开关

蝶阀活门运动到全开或全关位置时，必须能自动停下来，因此常在蝶阀全开与全关位置设置行程开关来实现行程控制。图 7-26 所示为行程开关结构示意图，它有 1 对动断触点和 1 对动合触点。这些触点按需要接在蝶阀的控制回路中，并将行程开关固定在预定的位置上。当蝶阀运动到全开与全关位置时，触动行程开关的推杆，使动断触点断开，动合触点闭合，从而断开和接通相应控制回路。

图 7-25　电子式流量开关实物图

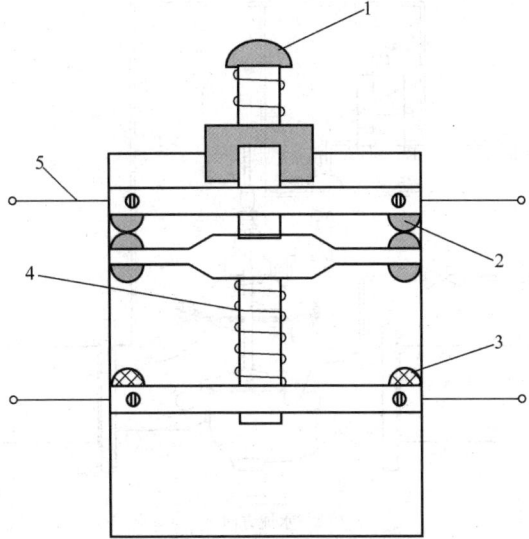

图 7-26　行程开关结构示意图
1—推杆；2—动断触点；3—动合触点；
4—复位弹簧；5—接线柱

7.1.2　水力控制阀的结构与工作原理

随着水力机组控制系统自动化程度的提高，对技术供水系统中电磁配压阀动作的可靠性要求也越来越高。电磁配压阀是将电信号先转变为电磁力，再由电磁力改变压力油与排油的路径，最后用油压操作阀门的开启或关闭。电磁配压阀供电及供油的可靠性直接影响其动作的可靠性。由电信号转变为阀门开度变化的环节越多，可靠性就越低。由此，实际中产生了一种由电的信号借助于被控制的水的压力直接转变为阀门开度变化的水力控制阀门（也叫以色列阀门），这种阀门具有高流量低阻力、控制快速而精确、运行平缓、关闭严密，缓闭性能使其在工作中能有效地防止水锤的特点，特别是具有较强抗空蚀能力，无运动磨损，噪声低，在液压自动控制的同时可手动控制等优点，在各中、大型水电厂中得到了广泛的应用。

水力控制阀的结构如图 7-27 所示，阀体上装有不锈钢阀座，当阀盘与阀座紧密接触时，阀处于关闭状态，切断了被控制的水流；当阀盘与阀座分离时，阀处于开启状态，沟通了被控制的水流。阀盘、隔膜及膜片压板均固定在阀杆上，并随同阀杆一同移动。隔膜与阀盖之间的空间称为阀的控制腔，阀盖上部装有导阀。当控制腔与阀前水流连通时，由于隔膜的面积大于阀盘的面积，在相同的水压力作用下，隔膜上部向下的水压力大于阀盘下部向上的水压力，则在向下的合力作用下，阀盘与阀座紧密

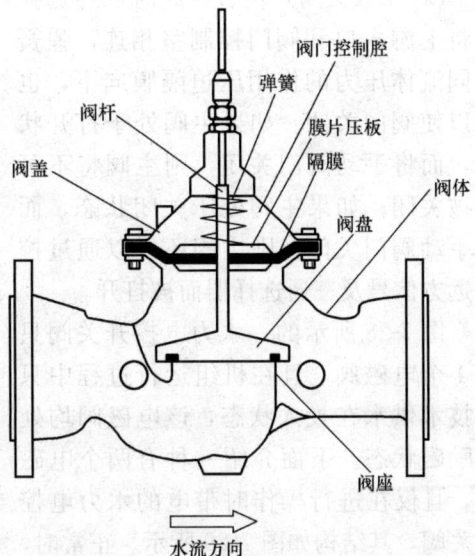

图 7-27　水力控制阀的结构示意图

159

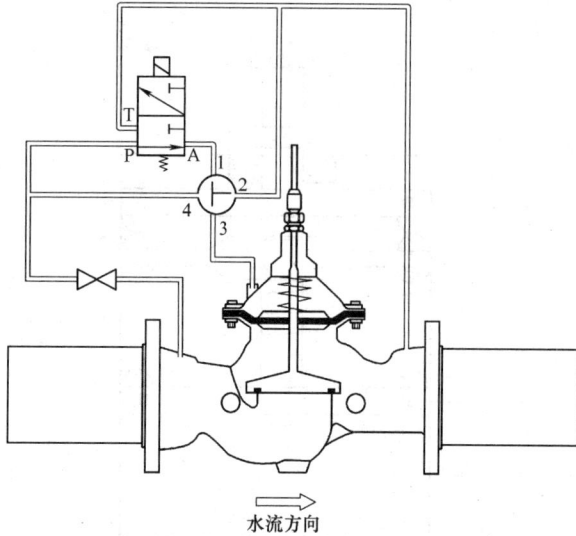

图 7-28　水力电控开关阀的结构示意图

接触，阀处于关闭状态；当控制腔与阀后水流连通时，隔膜上部水的压强小于阀盘下部水的压强，隔膜上部向下的水压力小于阀盘下部向上的水压力，阀盘及与其相连接的阀杆上移，使阀开启。

水力控制阀可在上述结构的基础上，在控制水流的管路上增加电控开关、止回、等比例减压等元件来实现减压阀、止回阀、调节阀的功能。

图 7-28 所示为水力电控开关阀的结构。水力电控开关阀是一种通过电信号控制阀门开闭的自控阀门，它可根据远程信号开启和关闭，常用于控制技术供水的主供水及备用供水，其结构组成中有 1 个二位三通电磁阀、三通选择器和 1 个手动的常开阀门。当电磁阀通电（A、T 两个管路沟通），且三通式阀门处于自动位置（1、3 两管路接通）时，控制腔内的水压力通过控制装置排放至下游，阀打开；当电磁阀断电（A、P 两个管路沟通），且三通式阀门处于自动位置（1、3 两管路接通）时，上游水的压力通过控制装置传至控制腔内，阀关闭。如果由于某种原因在主阀打开状态下电磁阀断电，则可将三通选择器置于手动位置后，再将其手柄旋至 OPEN（打开）位置，此时控制室中的压力通过三通选择器 2、3 管路的连通而释放，进水口的压力克服弹簧的压力，推动隔膜和密封盘向上打开阀门。同理，在主阀打开状态下，电磁阀虽通电，但可以将三通选择器置于手动位置后，再将其手柄旋至 CLOSE（关闭）位置，此时三通选择器将上游入口和阀门控制室相连，弹簧协同流体压力的作用压迫隔膜向下，也可以使阀门关闭。如果主阀处于打开状态，而将手动阀门关闭，则主阀将不可能被关闭；如果主阀处于关闭状态，而将手动阀门关闭，则主阀还可以通过控制远方信号及三通选择器而被打开。

图 7-28 所示的一水力电控开关阀只有 1 个电磁阀，且在机组运行过程中只要技术供水在投入状态，该电磁阀均处于励磁状态。下面介绍一种有两个电磁阀，且仅在进行操作时带电的水力电控开关阀，其结构如图 7-29 所示。正常时，2、3 两个电磁阀均处于失磁状态；当需

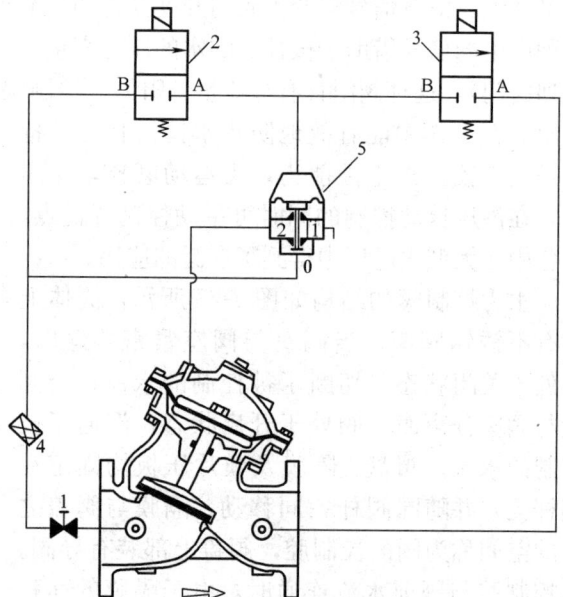

图 7-29　水力电动控制阀门结构示意图

1—手动阀；2—阀门关闭电磁阀；3—阀门开启电磁阀；4—过滤器；5—导阀

要停止供水时，关闭电磁阀 2 励磁，上游压力水进入导阀的上腔，使导阀外部连接的 2、0 两个管路沟通，上游压力水进入主阀控制腔，阀盘下移使主阀关闭。主阀全关后，关闭电磁阀 2 失磁，在其复位弹簧的作用下使关闭电磁阀外部连接的 A、B 管路断开。同理，当远方信号使开启电磁阀 3 励磁时，便可打开主阀。

7.1.3　自动开机的动作过程

水轮发电机组的自动控制及接线是实现全厂综合自动化的基础，现以图 1-9 所示的油系统、图 2-4 所示的水系统、图 3-4 所示的气系统、图 5-14、图 5-18 所示的主阀系统和 PLC 调速器所构成的大型机组为例，介绍水轮发电机组的自动控制系统，并附上相应的 PLC 编程梯型图，以便对照学习。

一、开机条件

水轮发电机组开机前应具备下列条件：

（1）机组没有在停机过程中，停机继电器 22K 失磁。

（2）机组的快速闸门没有在开启过程中，开快速闸门继电器 25K 失磁。

（3）机组的快速闸门没有在关闭过程中，关快速闸门继电器 26K 失磁。

（4）机组制动系统制动器上、下腔均无风压，302SPA、301SPA 动断触点闭合。

（5）制动闸在落下位置，风闸位置触点 SQ 闭合。

（6）发电机出口断路器在断开位置，断路器动断辅助触头 QF 闭合。

（7）导叶全关，导叶位置触点 SGV 闭合。

（8）机组冷却水没投，$1YVD_K$ 失磁，其动断辅助触点 1YVD 闭合。

上述条件满足后，开机准备白灯亮，同时监控系统上位机开机流程中"备用状态"光字牌亮。在开机过程中，只要机组冷却水投入，开机准备白灯和"备用状态"光字牌均复归。

二、开机操作

自动开机前不用退停机联锁压板 4LP。开机令可由现地机旁盘开机按钮 21SB、中控室控制盘台 22SA 把手和上位机 PC 按键发出，此时开机继电器 21K 励磁，则：

（1）若该机组的运行方式为开快门备用，则 21K 的一个触点启动快速闸门开启继电器，开快门。

（2）在主技术供水退出的情况下，使 $1YVD_K$ 励磁，投入主技术供水。

（3）在主密封供水退出的情况下，使 $3YVD_K$ 励磁，投入主密封供水。

（4）在主轴密封围带有压力的情况下，使 $3YVA_g$ 励磁，主轴密封围带排风。

（5）在快速闸门全开，SGP5 触点闭合，退出接力器锁锭电磁阀失磁，$6YVD_g$ 闭合的情况下，$6YVD_K$ 励磁，拔出接力器锁锭。

（6）接力器锁锭已拔出，加上主轴密封围带已排风，29SP 触点闭合，上导、推力、水导、发电机空气冷却器、主轴密封水流水压正常，KT3 励磁，延时 2s 发调速器开机令，调速器按开机令将导叶开度开到空载，机组转速上升。

（7）机组转速大于额定转速的 90%，灭磁开关 1QFG、2QFG 在投入位置，断路器 QF 在断开位置，61K 励磁，给励磁调节器一个起励令，定子电压上升。

（8）发电机电压大于额定电压的 50%，同期把手在自动位置，则起动准同期装置继电器 71K 和起动准同期合闸继电器励磁。

在满足同期条件的情况下，同期装置将机组并入电网，并由断路器的触点复归开机继电器 21K 和同期回路。上位机、现地与中控盘台均可以增减有功，并由 PLC 通过调速器输入回路将指令送入调速器。

机组自动开机控制回路如图 7-30 所示。

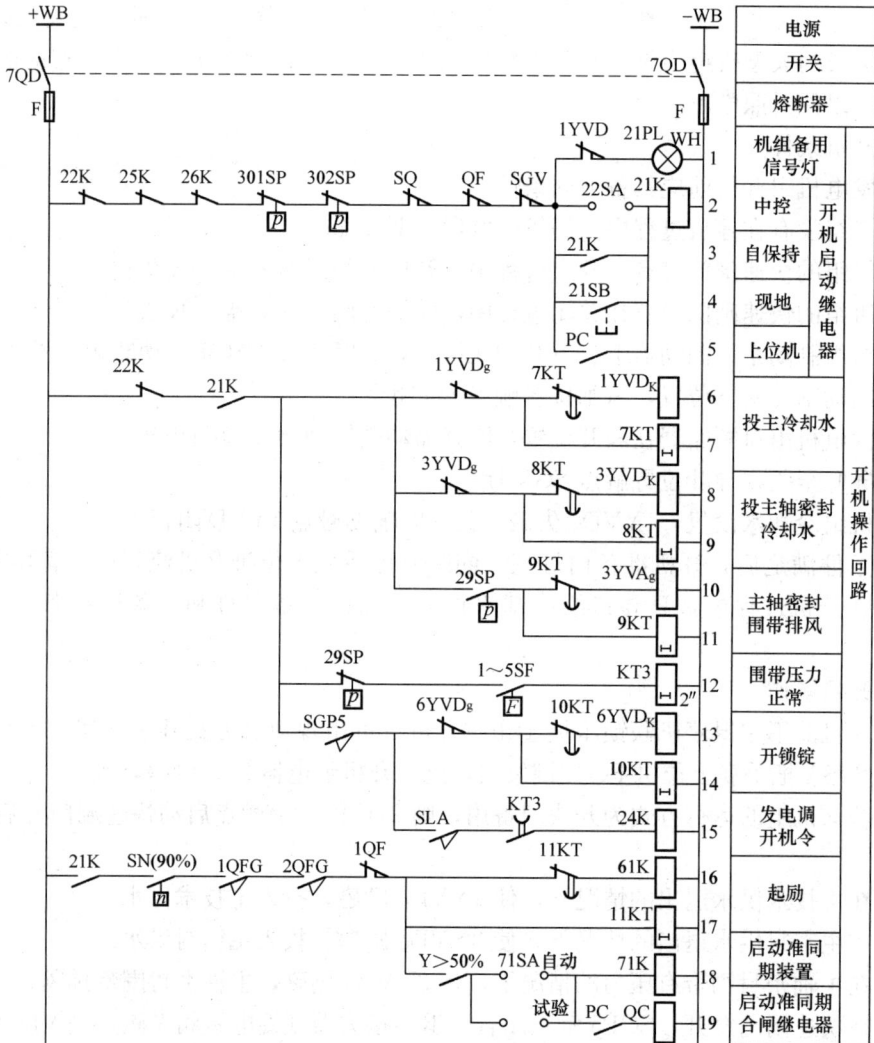

图 7-30 机组自动开机控制回路展开图

自动开机的流程如图 7-31 所示。

机组 PLC 开机自动控制梯形图如图 7-32 所示。

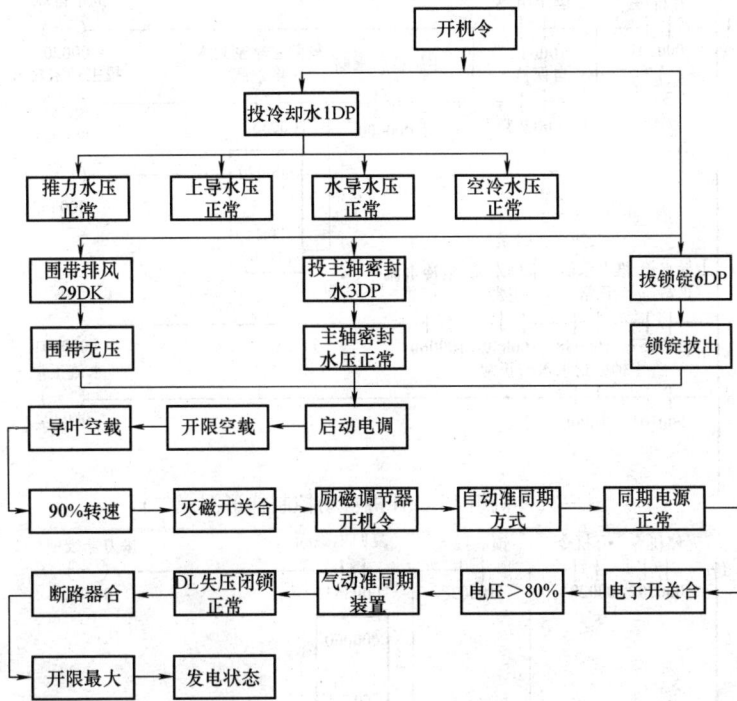

图 7-31 自动开机的流程

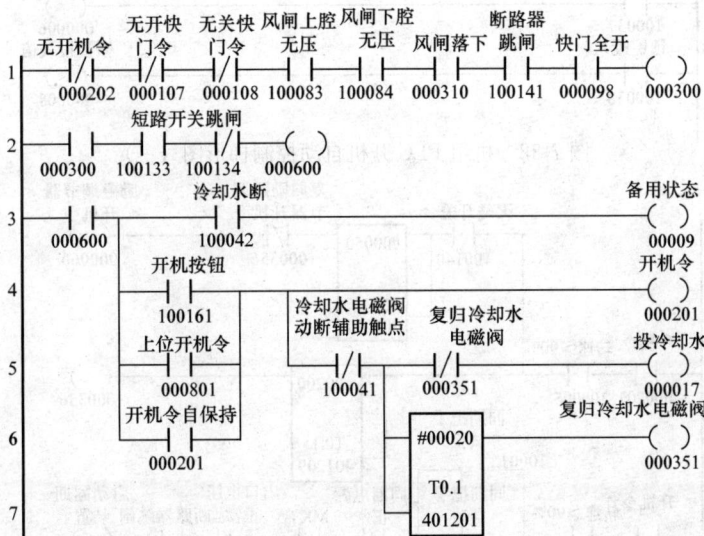

图 7-32 机组 PLC 开机自动控制梯形图（一）

163

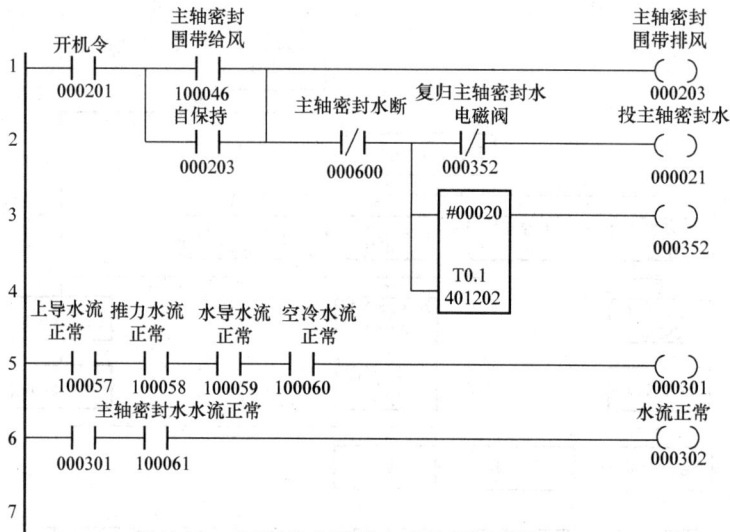

图 7-32 机组 PLC 开机自动控制梯形图（二）

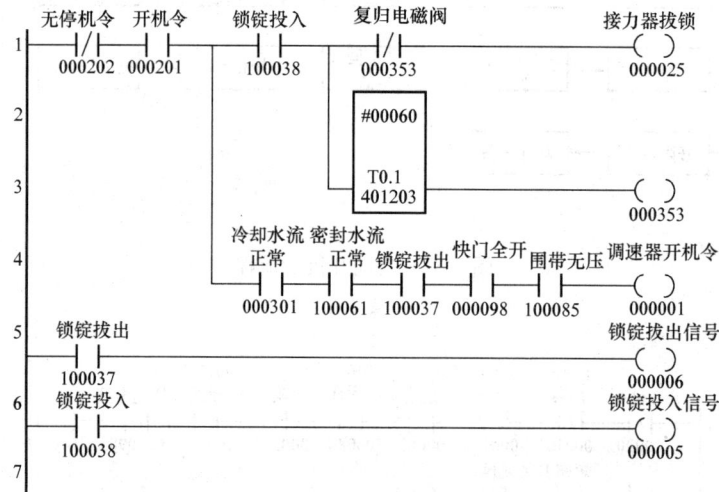

图 7-32 机组 PLC 开机自动控制梯形图（三）

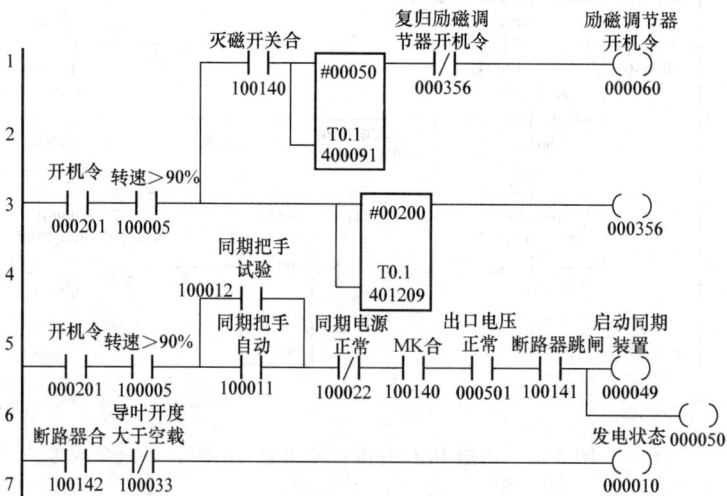

图 7-32 机组 PLC 开机自动控制梯形图（四）

7.1.4 自动停机的动作过程

一、机组的正常停机

机组自动停机控制回路如图 7-33 所示。机组正常停机过程中，应在上位机先减有功（不能低于空载开度，有功不能减到零，防止进入调相工况）与无功到励磁电流在空载值时，再发停机令。停机令可由现地机旁盘停机按钮 22SB、中控室控制盘台 22SA 把手和上位机 PC 按键发出，且停机令优先。

停机令发出后，22K 励磁；导叶开度到空载（25%），22K0 励磁，发电机出口断路器跳闸，则 60K 励磁，励磁系统逆变灭磁；机端电压低于 10%，励磁装置初始化，等待下次开机。

22K 励磁后，由 PLC 通过调速器输入回路将停机指令送入调速器，将导叶关闭，机组转速降低。

22K 励磁且机组转速高于 80% 时，制动启动继电器 29K1 励磁，并自保持。

机组无电气故障 DQGZ 合，导叶已全关，转速下降到 50% 时，按顺序依次合电气制动回路的短路开关 FDK（发电机出口三相短路接地）、直流开关 ZLZZK 和交流开关 JLZZK（给转子加励磁）启动电气制动，机组转速继续下降。如果短路开关、直流开关和交流开关全部合上后，机组在 210s 内转速还没有降到额定转速的 35% 以下，则认为是电制动失效，KT4 的动合触点将制动方式选择连片 7XB 短接，准备启动机械制动。如果短路开关、直流开关和交流开关都没有合上，则认为是电制动失败，60KT 励磁，其动合触点将制动方式选择连片 7XB 短接，准备启动机械制动。

有停机令（29K 励磁）、机械制动连片 7XB 投入或是电制动失效及电制动失败、导叶全关（SGV0 闭合）、转速下降到 35%（SN<35% 闭合）、断路器跳闸，停机令已发出 160s，KT5 延时闭合触点闭合，则加闸启动继电器 2YVA 励磁，风闸下腔进气，将风闸顶起，机组加闸制动。

当机组转速下降到 0% 时，按顺序依次跳电气制动回路的交流开关、直流开关和短路开关复归电气制动。

电气制动回路的交流开关、直流开关和短路开关复归后启动 3KT，其触点延时闭合，复归制动启动继电器 29K1，另一个触点使 1YVg 励磁复归冷却水、3YVg 励磁复归主轴密封冷却水。

当机组转速下降到 0% 及 40s 后，用 12KT 的动断触点复归加闸启动继电器 2YVA，风闸下腔排气；用 12KT 的动合触点，加上风闸下腔无压触点，启动风闸解除继电器 1YVA，则风闸上腔进气，将风闸闸板压下。

用 12KT 的动合触点，使 6YVg 励磁，接力器锁锭加锁。

机组自动停机流程如图 7-34 所示。

二、紧急停机

机组紧急停机控制回路展开图如图 7-35 所示。

当发生下列情况时，会使紧急停机电磁阀 1YVD 励磁，实现紧急停机，同时启动分段关闭继电器 47K。

开停机过速：开停机过速连接片 3XB 在投入位置；开停机过程中，接力器拔出，机组没并网，机组转速大于额定转速的 115%。

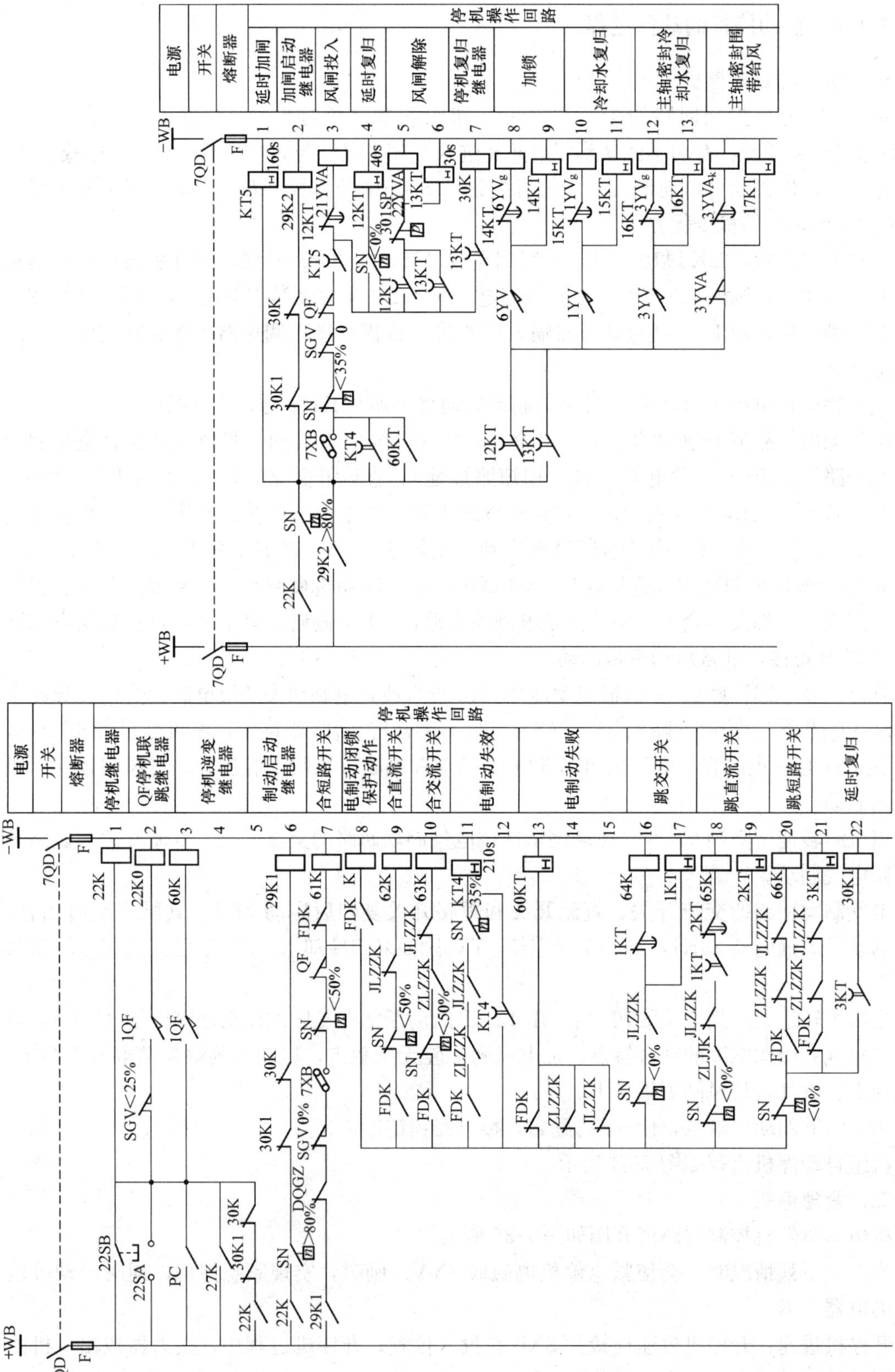

图 7-33 机组自动停机控制回路展开图

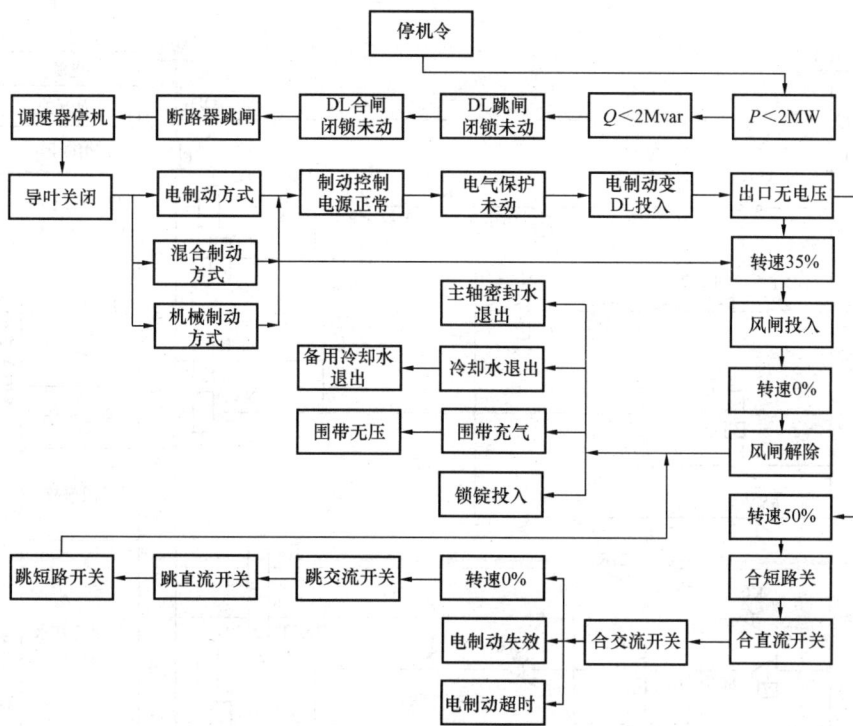

图 7-34 机组自动停机流程

误开导叶：停机联锁连接片 4XB 在投入位置，机组没并网，无开机令，导叶开度大于 5%，机组转速小于额定转速的 80%（手动开机时，一定要将停机联锁连接片退出，否则机组刚有转速就会进入紧急停机状态）。

压油槽油压过低，已达到事故油压。

有机械事故发生，27K 励磁。

三、事故紧急停机

机组事故紧急停机控制回路展开图如图 7-36 所示。

由事故配压阀动作回路不难看出，当发生开停机过速、误开导叶、事故油压和机械事故时，事故配压阀 7YV 会动作。此时，如图 7-37 所示，油阀 2 的活塞上腔接排油，下腔接压力油，油阀活塞上移，事故配压阀活塞右腔接压力油，左腔接排油，则事故配压阀活塞左移，油阀下腔的压力油直接进入接力器关闭腔；接力器开启腔经分段关闭装置接配压阀活塞左腔排油，接力器向关闭侧移动并关闭导水机构。事故配压阀的复归需手动操作，按下 7YV 电磁阀复归侧按钮，油阀活塞落下，事故配压阀的右腔通过电磁阀 7YV 排油。

若机组在运行过程中突然甩掉负荷，则为了减少机组转速上升，同时避免造成因为导叶的快速关闭而导致的转轮出口脱流形成的真空过大，致使尾水倒冲进转轮而引起抬机现象，常采用机械液压分段关闭装置。一般是第一段关闭速度较大，第二段关闭速度较小。分段关闭规律为：导叶从全开至 25% 开度为快速关闭阶段；导叶从 25% 开度至全关为慢关闭阶段，关闭时间分别为 4.5s 与 3s（各段关闭时间会因不同的机组而略有不同）。图 7-37 所示的分

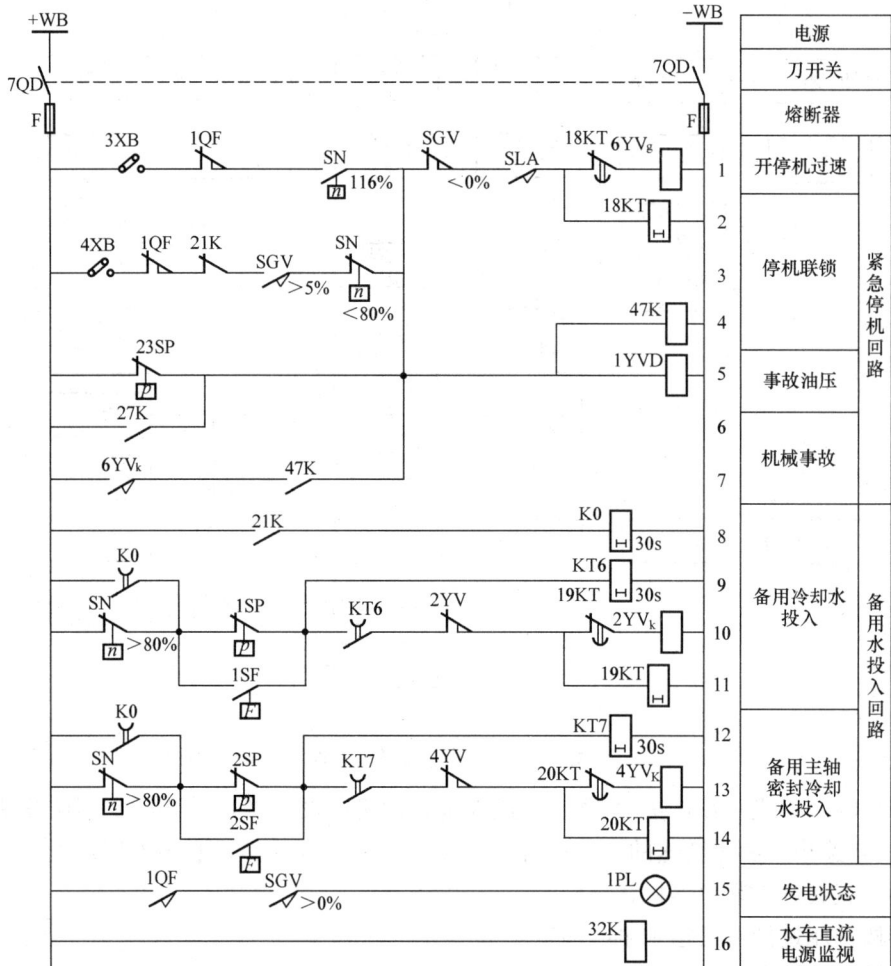

图 7-35　机组紧急停机控制回路展开图

段关闭装置主要由两个插装阀、一个液控单向阀和一个二位三通电磁阀 8YV 组成，其工作原理是：当机组无开机令 21K 动断触点闭合、机组无停机令 22K 动断触点闭合、导叶开度大于 25％时，SGV 动合触点闭合，此时断路器突然断开，机组甩负荷，14K 励磁，且一个触点闭合自保持，另一个触点准备启动 8YV。接力器完成快速关闭的过程后，SGV 的动断触点闭合，8YV 励磁，液控单向节流阀的控制腔接排油，来自接力器的油流使插装阀 3 向关闭方向（右侧）运动，液控单向节流阀处于节流状态，接力器开始慢速关闭，速度可通过控制盖板上的调整螺栓进行调节，此时来自接力器开启腔的油不会使插装阀 5 开启。导叶全关后，SGV 的 0％时动合触点断开，复归 14K，最后复归 8YV。另外，凡是使 27K 动作的事故均会使 8YV 励磁。

开机时，无论 8DP 处于何种状态，来自主配压阀开机腔的油流均能顶开插装单元，从液控单向节流阀中畅通流过，对开机速度没有影响。

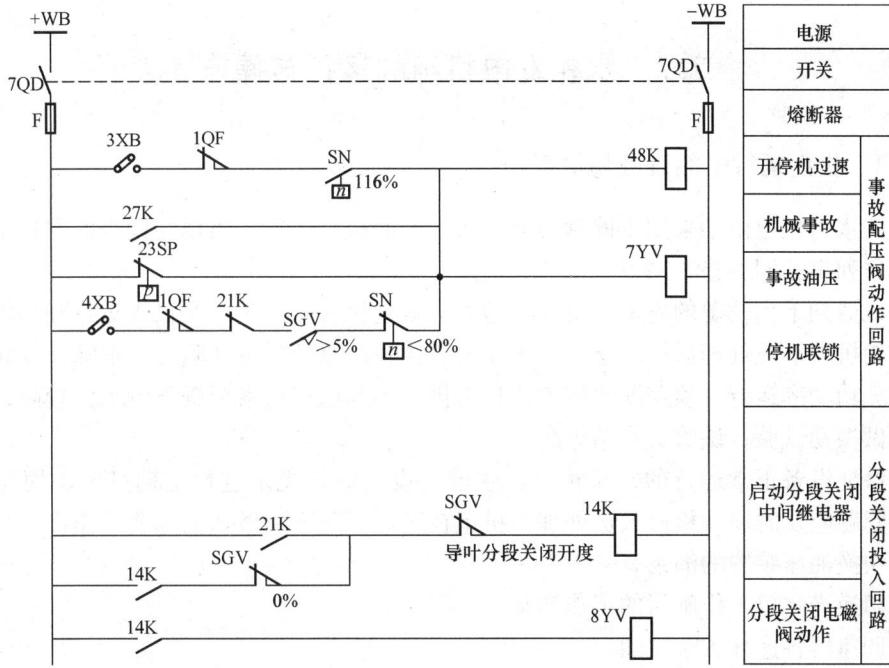

图 7-36　机组事故紧急停机控制回路展开图

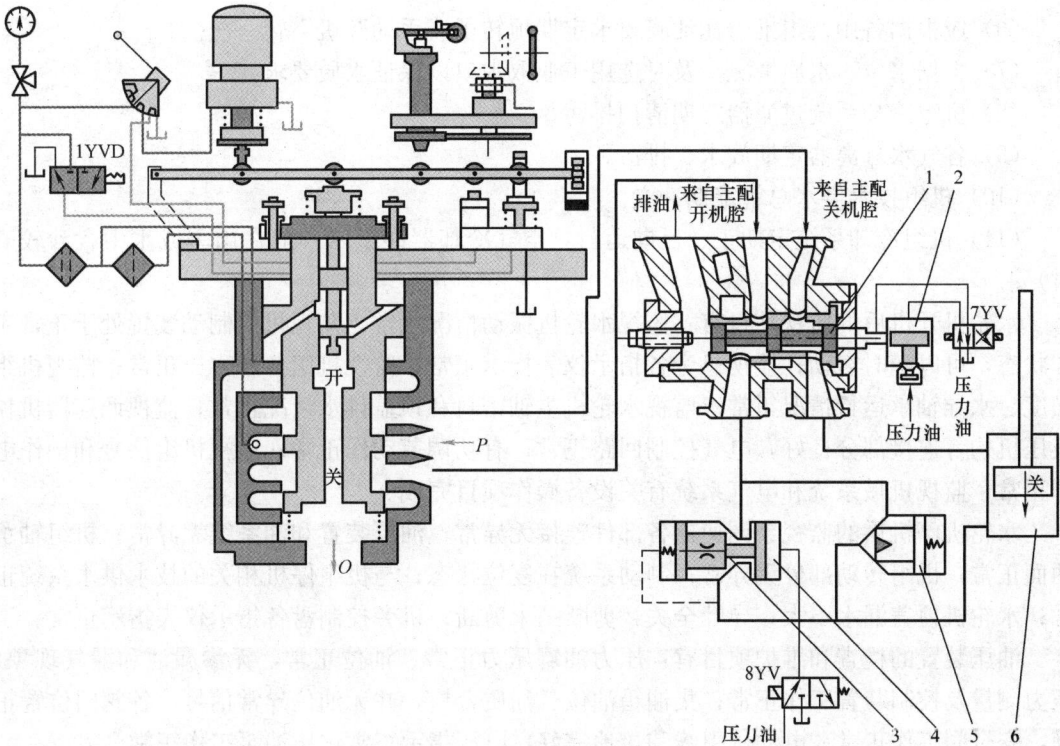

图 7-37　调速系统结构简图

1—事故配压阀活塞；2—油阀活塞；3、5—插装阀；4—液控单向阀；6—接力器

7.2 水轮发电机组的运行与操作

7.2.1 机组运行中的监视与检查

不同的水力机组由于采用不同型号的设备，因此机组运行中监视与检查的项目也有所不同。下面仅列出相同的检查项目。

水轮机遇到下列情况的应加强机动性检查：水轮机检修后第一次投入运行和新设备投入运行；水轮机遇事故处理后投入运行；水轮机有比较严重的设备缺陷尚未消除；水轮机超有功功率和无功功率运行；顶盖漏水较大或顶盖排水不畅通；洪水期或下游水位较高；在振动区运行或做振动试验；试验工作结束后。

为了保证设备正常运行的安全可靠，主辅机设备应按规定进行定期试验、切换维护工作，发现问题应及时通知检修人员处理。机组在正常情况下要做如下定期工作：

(1) 切换油压装置的油泵。

(2) 切换进水口工作闸门的工作油泵。

(3) 调速器各连杆关节注油。

(4) 调速器过滤器切换。

(5) 测量发电机、水轮机主轴的摆度。

(6) 应根据备用机组推力瓦油膜要求定期顶转子或手动开机空转一次。

(7) 根据水位、水质情况，及时选用工业取水口以保证水质要求。

(8) 机组冷却系统过滤器定期清扫排污。

(9) 各气水分离器定期放水、排污。

(10) 机组技术供水总管定期冲淤。

(11) 机组冷却系统定期正、反向运行，空气冷却器冲淤（一般在雨季或水中含沙较高时）。

水轮机开机后的监视项目有：监视水轮机振动情况正常；监视机组制动装置处于正常工作状态，可以随时启动；监视机旁各指示仪表指示正常；监视机组各部水压正常；监视机组摆度、水导轴承运行情况正常；监视水轮机主轴密封和顶盖排水情况正常；监视调速器机械液压机构各连接部分良好，电气控制回路正常，有功调节动作正常；监视机组信号和操作电源正常；监视机械系统和电气系统有关设备操作项目完成。

水轮机停机后的监视：调速器各部件连接无异常；油压装置和油系统无异常；机组轴承油面正常；机组转动部分无异常；制动系统在复位状态；与机组停机相关的技术供水系统正常；水轮机顶盖漏水不大；导叶全关，剪断销未剪断；机旁控制盘各指示仪表指示正常。

油压装置的检查和维护项目有：压力油罐压力正常、油位正常，无渗漏油和漏气现象；压力测量及控制装置工作正常；集油箱油位、油质合格，并无油位异常信号；各阀门位置正确，安全阀工作正常；电动机引线和接地完好，电压指示正常，压油泵工作正常。

调速器系统的检查和维护项目有：调速器运行稳定，无异常抽动、跳动和摆动现象。正常运行时转速指示在100%，平衡表指示在平衡位置，电调盘面各指示灯正常；开度限制、手自动切换阀、事故电磁阀在相应位置；发现调速器油压与压力油罐油压相差较大时，应切换过滤器并进行清洗；电液转换器动作正常；各连接部件和管路连接良好，无松动、脱落和渗漏油现象；手动状态下运行时，开度指示与实际开度相符合；电气柜各电源开关、熔丝均在投入状态，电源指示灯指示正常，风机运转正常；控制装置板面指示灯指示正常，选择开关位置正确。各电气元件无过热、脱落断线等异常情况；当机组处于稳定运行时，微机调速器面板上平衡表应无输出，双微机均在运行；引导阀、主配压阀工作正常，事故配压阀在相应位置；主接力器反馈机构钢丝绳无松动、无断股、无异常现象；各端子引线良好，无脱落、断线破损现象。

机组自动盘、动力盘、制动系统的检查和维护项目有：机组自动控制系统盘面开关位置正确、指示正常；盘后各熔丝、电源开关接线紧固无松动；各继电器触点正常，无抖动、烧毛或黏结现象，各端子无松动脱落；各保护压板投切位置正确，测温系统完好，各温度值在正常范围，机组摆度振动监测仪和机组效率在线监测仪的巡视测量显示正常；各动力电源开关和空气开关位置正确，机组电压、电流、有功功率、无功功率指示均在正常范围内；制动系统各阀门位置正确、气压正常，整个系统无漏气现象；空气电磁阀和电触点压力表工作正常；自动装置动作正确，管路阀门位置正确。

水轮机部分的检查和维护项目有：水导轴承油槽油色、油位合格，油槽无漏油、甩油，外壳无异常过热现象，冷却水压指示正常；定期进行油质化验；水轮机室的接力器无抽动、无漏油，回复机构传动钢丝绳无松动和发卡现象，机构工作正常；检查漏油装置油泵和电动机工作正常，漏油泵在自动状态，漏油箱油位在正常范围内，控制浮子及信号器完好；导叶剪断销无剪断或跳出，信号装置完好，机组运转声音正常，无异常振动、摆动现象；水轮机主轴密封无大量漏水，导叶轴套、顶盖补气阀无漏水，顶盖各部件无振动松动，排水畅通，排水泵工作正常；转桨式水轮机的叶片密封正常，受油器无漏油现象；各管路阀门位置正确，无漏油、漏气、漏水现象，过滤器工作正常，前后压差不应过大，否则应打开排污阀清扫排污；各电磁阀和电磁配压阀位置正确，各电气引线装置完好，无过热变色氧化现象；蜗壳、尾水管进人孔门螺栓齐全、紧固，无剧烈振动现象，压力钢管伸缩节正常，地面排水保持畅通。

水轮机导轴承的检查和维护项目有：新安装的水轮机导轴承、机组在启动运行期间应设专人监视其温度变化，发现有异常，应迅速检查并处理；热备用机组投入运行后，按水轮发电机组规定的时间检查和记录轴承温度；当轴承温度在稳定的基础上突然升高 2～3℃时，应检查该轴承工作情况和油、水系统工作情况，测量水轮机摆度，并注意加强检查；水轮机导轴承的油位应在规定的范围内（开机前各油位应保持在中线位置，不应低于下限；水导轴承开机前应注意检查油盆内的油位，若偏低则应作适当增补，待机组开启后，应视其真实甩油情况对油盆内的油位进行判断，油位偏低且甩油不好，应及时增补），若油面过高或过低，应查明原因，并及时处理；机组各轴承使用 30 号透平油，给轴承加油可在开机前或机组运行中进行；轴承油色应正常，有油色变化时，应停机处理，以避免烧损轴瓦；运行中必须定期检查冷却水和润滑水的工作情况，供水水质应符合标准，水压在正常范围之内；各轴承油位观察孔和油位应清洁明亮；润滑油中不可混入水分，泥沙及其他杂质；水导轴承观察孔不应有水蒸气、水珠；上导轴承、推力轴承的排气管如有大量的蒸汽排出时，应引起重视，严密监视机组运行情况；各轴承的运行温度以膨胀型测温计测得值为主，电阻型测温计所测值为参考；正常运行时，各轴承瓦温度低于 65℃，到 65℃ 时发轴承温度升高信号，70℃时发轴承过热信号，并作用于停机。

水泵在检修或长期停用后、启动前应进行如下检查：水泵及其电动机周围洁净无杂物；电动机绝缘良好；水泵与电动机的连接牢固可靠、无松动；在水泵不运转时盘动联轴器，水泵和电动机转动灵活；盘根不可压得过紧，盘根处不应有大量漏水、甩水；水泵轴承润滑正常，油质良好；水泵充水水源或水泵润滑水正常；水泵进出口阀门已打开；水泵电源正常，控制回路良好。

水泵运行时，应作如下检查：水泵内部的声音无异常；水泵的振动情况正常；水泵电动机温度正常，无异味；水泵盘根密封水良好、无大量甩水水泵抽水情况正常；水泵启动前后电源正常。

水轮机主轴密封的巡视检查项目有：机组在运行中应随时注意水轮机室的漏水情况，当漏水情况变化较大时应及时通知维护人员，并密切监视机组的水导瓦温变化情况；若威胁机组的安全运行时，应立即将机组解列停机，顶盖压力指示和摆动情况是否较平时增大；管路接头，法兰连接处有无漏水；机坑内的排水管是否畅通；密封座与密封转环间所构成的密封间隙处是否漏水及漏水变化情况；开停机时应注意水轮机室的漏水情况，并尽可能减少机组在低转速时的运行时间。

处于备用状态的机组应满足如下条件：机组处于完好状态；尾水闸门处于提起状态；主阀处于开启状态，主阀系统的压油装置油压正常，操作油阀均打开；水轮机室无影响转动的杂物；风闸落下，制动气源气压正常；各动力电源在投入位置；调速器处于备用状态，调速器油压装置油压、油位正常；各轴承、空气冷却器、冷凝器的进出水阀开启。

运行人员每周至少要对机组进行两次巡回检查，一般的巡回检查项目有：发电机表计及参数的监视；发电机的绕组、铁芯、轴承温度监视；轴承油槽油位、油色、油流的监视；发电机定子、转子运行中无异常振动和声音；发电机绕组的绝缘电阻的监视；发电机空气冷却器温度的监视（各部温度应均匀，无过热、结露及漏水现象）；制动系统监视（常开、常闭阀门位置正确、系统气压表指示正常、电磁给气阀关闭严密无漏气）；机旁盘、测温盘监视（各盘的空气开关在合闸位置，电源隔离开关在合闸位置，交流电压表指示正常，各熔断器完好无损，机组保护盘无掉牌，各压板投、切位置正确，各继电器工作良好、整定值无变化，测温装置工作良好、指示正确）。

7.2.2 手动开机操作

操作前，主阀应在全开位置，机组的压油槽压力正常、油面合格、油泵操作把手位置正确。

（1）检查机组满足下列条件：机组没有在停机过程中；机组的快速闸门没有在开启过程中；机组的快速闸门没有在关闭过程中；机组制动系统制动器上、下腔均无风压；制动闸在落下位置；发电机出口断路器在断开位置；导叶全关。

（2）退出停机联锁压板 4XB（手动开机前需退出停机联锁压板 4XB，否则在开机过程中满足了断路器在断开位置、导叶开度大于 5%、转速小于 80%和开机继电器 21K 失磁这 4 个条件，紧急停机电磁阀则将动作，造成事故停机）。

（3）复归接力器锁锭电磁阀 6YV。

（4）检查接力器锁锭 SLA 已拔出。

(5) 投入主冷却水电磁阀 1YV。

(6) 检查各部冷却水水压合格（总冷却水压、推力水压、上导水压和水导水压）。

(7) 投入主轴密封水电磁阀 3YV。

(8) 检查主轴密封水压合格。

(9) 复归主轴密封围带电磁阀 3YVA 排风。

(10) 检查主轴密封围带风压为零。

(11) 检查导叶控制开度和开度给定在零。

(12) 调速器切"机手动"。

(13) 检查机手动灯亮。

(14) 将导叶开度开至空载，检查步进电动机运转正常。

(15) 检查机组转速达到额定转速。

(16) 检查步进电动机工作正常，导叶平衡表为零。

(17) 调速器切"自动"位。

(18) 按下手动起励按钮。

(19) 机组同期并列。

(20) 检查电气开限为 100%。

(21) 退出停机联锁压板 4XB。

(22) 根据调令增加无功负荷和有功负荷。

7.2.3 手动停机操作

操作前，机组的压油槽压力正常、油面合格、油泵操作把手位置正确。

(1) 机组卸负荷、解列。

(2) 按下手动逆变按钮。

(3) 调速器切"机手动"。

(4) 检查机手动灯亮。

(5) 按减少按钮将导叶开度减至零，检查步进电动机运转正常。

(6) 监视转速逐渐降低。

(7) 转速下降至 36%，手动加闸。

(8) 检查机组转速为零。

(9) 检查导叶平衡表为零。

(10) 调速器切"自动"位。

(11) 投入主轴密封围带电磁阀 3YVA 充风。

(12) 检查主轴密封围带风压合格。

(13) 投入接力器锁锭电磁阀 6YV。

(14) 检查接力器锁锭 SLA 投入。

(15) 复归冷却水电磁阀 1YV。

(16) 检查冷却水总水压为零。

(17) 复归主轴密封电磁阀 3YV。

(18) 检查主轴密封水压为零。

（19）检查机组备用灯亮。

7.2.4 机组手动发电转调相的操作

（1）将机组的有功功率降到零。

（2）手动将导叶关到全关。

（3）关闭尾水管补气阀和顶盖泄压阀，打开调相压水电磁阀向转轮室充入压缩空气进行压水。

（4）待压水正常后，复位调相压水电磁阀，调相过程中应及时补气压水。

（5）调节无功功率到需要的数值。

7.2.5 机组手动调相转发电的操作

（1）检查主阀在全开位置。

（2）手动复归调相回路。

（3）关闭调相压水补气阀，打开尾水管补气阀和顶盖泄压阀。

（4）手动将水轮机导叶开至空载位置。

（5）按电网要求调整机组有功功率和无功功率。

7.2.6 水轮发电机组缺陷处理的措施

水轮发电机组在运行过程中会出现各种各样的故障，有的故障是由于机组存在缺陷而引起的，因此要对缺陷进行处理。下面介绍水机部分常见缺陷的处理措施。

当机组发生剪断销剪断故障时，机组在运行中无法处理，必须在停机后才能处理，此时要做蜗壳排水措施。在更换剪断销前需要找到剪断销剪断时的位置，为此要将主阀全关，机组加闸，以防止机组转动；调速器切手动，排除蜗壳内的水，然后由检修人员找到剪断销剪断时导叶的位置，更换剪断销。缺陷处理完后要做蜗壳充水措施。

一、蜗壳排水措施操作票

（1）主阀全关。

（2）将主阀电动机选择把手 35SA1 由"自动"切至"停用"位置。

（3）将主阀电动机选择把手 35SA2 由"自动"切至"停用"位置。

（4）拉开主阀动力电源隔离开关。

（5）取下主阀动力电源隔离开关。

（6）检查接力器锁开。

（7）手动投入风闸。

（8）检查风闸风压合格。

（9）值长令：退出停机联锁保护压板。

（10）检查停机联锁保护压板在退出位置。

（11）全闭调速器机械开限。

（12）将调速器手自动切换把手由"自动"切至"手动"位置。

（13）检查调速器在手动位置。

（14）调速器机械开限将导叶开至 5%。

（15）检查蜗壳水压为零。

（16）全闭调速器机械开限。

（17）将调速器手自动切换把手由"手动"切至"自动"位置。

（18）值长令：投入停机联锁保护压板。

二、蜗壳充水措施操作票

（1）检查调速器手自动切换把手在"自动"位置。

（2）检查电液转换器工作正常。

（3）调速器机械开限放机组最大出力位置。

（4）手动复归风闸。

（5）检查风闸风压为零。

（6）检查风闸块全部落下。

（7）值长令：投入停机联锁保护压板。

（8）检查接力器锁开。

（9）将主阀电动机选择把手 35SA1 由"停用"位置切至"自动"位置。

（10）将主阀电动机选择把手 35SA2 由"停用"位置切至"自动"位置。

（11）装上主阀动力电源隔离开关。

（12）合上主阀动力电源隔离开关。

（13）主阀开。

在发电机转子上进行作业，在导水机构转动部分进行作业，以及进行其他维护作业，为防止工作期间机组转动，需做防转措施。

三、机组防转措施操作票

（1）主阀关。

（2）主阀电动机选择把手 35SA1 切至"切除"位置。

（3）主阀电动机选择把手 35SA2 切至"切除"位置。

（4）拉开主阀动力电源隔离开关。

（5）取下主阀动力电源隔离开关。

（6）全闭调速器机械开限。

（7）调速器手自动切换把手切至"手动"位置。

（8）检查调速器在手动位置。

（9）接力器锁锭电磁阀推向闭侧。

（10）检查接力器加锁。

四、机组防转措施恢复操作票

（1）接力器锁锭电磁阀推向开侧。

（2）检查接力器锁开。

（3）调速器手自动切换把手由"手动"位置切至"自动"位置。

（4）检查调速器电液转换器工作正常。

（5）调整调速器机械开限至机组最大出力位置。

（6）装上主阀动力电源隔离开关。

（7）合上主阀动力电源隔离开关。

(8) 主阀 1 号电动机选择把手 35SA1 "停用" 位置切至 "自动" 位置。

(9) 主阀 2 号电动机选择把手 35SA2 "停用" 位置切至 "自动" 位置。

(10) 开主阀。

7.2.7　水轮发电机组大修与恢复措施

为了检修工作能够安全地进行，大修前要对相关的设备做措施。例如，关主阀及主阀做措施，是为了将机组与发电的水源隔离；调速器做措施，是为了将导叶与其控制系统隔离；技术供水的主、备用水源全关，是将机组与技术供水系统的水源隔离；压油装置做措施及外循环导轴承油泵做措施，是将机组与操作油源和润滑油源隔离；有调相功能的机组还要将机组与调相气源隔离。下面以无高压油顶起装置、主阀为快速闸门的系统为例说明水轮发电机组大修措施操作票。

(1) 关快速闸门。

(2) 关检修闸门。

(3) 关尾水管取水门。

(4) 打开蜗壳排水阀 1263，蜗壳排水（见图 2-16）。

(5) 打开钢管排水阀 1263、1261，钢管排水（见图 2-16）。

(6) 快速闸门 1 号油泵切换开关 1SA 切至 "停止" 位置（见图 5-19）。

(7) 快速闸门 2 号油泵切换开关 2SA 切至 "停止" 位置（见图 5-19）。

(8) 拉开快速闸门 1 号油泵电源隔离开关 1QD，检查开关在开位（见图 5-19）。

(9) 拉开快速闸门 2 号油泵电源隔离开关 2QD，检查开关在开位（见图 5-19）。

(10) 取下快速闸门 1 号油泵操作回路熔断器 1F（见图 5-19）。

(11) 取下快速闸门 2 号油泵操作回路熔断器 2F（见图 5-19）。

(12) 全闭调速器机械开限。

(13) 调速器手自动切换把手切至 "手动" 位置。

(14) 检查调速器在手动位置。

(15) 微机直流电源开关切至 OFF 位置。

(16) 微机交流电源开关切至 OFF 位置。

(17) 根据值长令退出相应的联片，如调相运行联片、轴承温度过高停机联片、机械事故停机联跳 QF 联片、事故低油停机联片、一级过速保护停机联片、二级过速落快速闸门联片、投入停机联锁联片等。

(18) 拉开微机调速器交流电源小开关。

(19) 导轴承油泵选择把手 36SA 切至 "切" 位（见图 1-19）。

(20) 导轴承油箱电热选择把手 39SA 切至 "切" 位。

(21) 拉开导轴承油泵动力电源 36 隔离开关。

(22) 拉开导轴承油箱电热动力电源 39 隔离开关。

(23) 拉开水车操作回路电源隔离开关 7QD（见图 7-30）。

(24) 1 号压油泵切换开关 31SA 切至 "停止" 位置（见图 1-2、图 1-7）。

(25) 2 号压油泵切换开关 32SA 切至 "停止" 位置（见图 1-2、图 1-7）。

(26) 拉开 1 号压油泵电源开关 11QA，检查开关在开位（见图 1-7）。

（27）拉开 2 号压油泵电源开关 12QA，检查开关在开位（见图 1-7）。

（28）取下 1 号压油泵熔断器 11F（见图 1-7）。

（29）取下 2 号压油泵熔断器 12F（见图 1-7）。

（30）关闭 1 号压油泵出口阀 1101（见图 1-9）。

（31）关闭 2 号压油泵出口阀 1102（见图 1-9）。

（32）打开压力油罐排风阀 1305（见图 1-9）

（33）检查压力油罐 100PP 压力为零（见图 1-9）。

（34）打开排油阀 1105，压力油罐排油（见图 1-9）。

（35）检查集油槽油位 1SL，油位不得过高；（见图 1-9）。

（36）打开接力器排油阀，各接力器排油。

（37）关闭调速器总油源阀 1106（见图 1-9）。

（38）漏油泵切换开关 33SA 切至"手动"位置，排除全部油（见图 1-2）。

（39）漏油泵切换开关 33SA 切至"停止"位置（见图 1-2）。

（40）拉开漏油泵电源开关 13QA，检查开关在开位（见图 1-8）。

（41）取下漏油泵熔断器 33F（见图 1-8）。

（42）关闭漏油泵出口阀 1135（见图 1-9）。

（43）关闭漏油泵出口阀 1136（见图 1-9）。

（44）打开集油槽排油阀 1132，排集油槽的油（见图 1-9）。

（45）检查集油槽液位 1SL 为零（见图 1-9）。

（46）打开总排油阀。

（47）打开推力油槽排油阀。

（48）打开上导、下导和水导轴承油槽排油阀。

（49）关闭冷却水工作水源总阀 1201（见图 2-4）。

（50）关闭备用工作水源总阀 0201（见图 2-4）。

（51）启动检修水泵抽空尾水管内积水。

水轮发电机组大修后运行前要做恢复措施。做恢复措施应具备的条件是：检修工作已结束，相关工作票已收回；检修质量符合相关规程规定，验收合格；检修安全措施已恢复，检修工作人员撤离现场，现场已达到安全文明生产的要求；检修人员对相关设备的检修更改情况已做完详细的书面交代；关闭尾水管进人孔、蜗壳进人孔和所有的吊装孔；关闭蜗壳排水阀、钢管排水阀、尾水管盘形阀，并已检查确认其关闭严密。

水轮发电机组大修恢复措施操作票如下（以无高压油顶起装置、主阀为快速闸门的系统为例）：

（1）关闭接力器排油阀。

（2）全开调速器总油源阀 1106（见图 1-9）。

（3）打开冷却水工作水源总阀 1201（见图 2-4）。

（4）打开备用工作水源总阀 0201（见图 2-4）。

（5）打开漏油泵出口阀 1135（见图 1-9）。

（6）打开漏油泵出口阀 1136（见图 1-9）。

（7）装上漏油泵熔断器 33F（见图 1-8）。

（8）合上漏油泵电源开关 13QA，检查开关在合位（见图 1-8）。

（9）漏油泵切换开关 33SA 切至"自动"位置（见图 1-2）。

（10）打开 1 号压油泵出口阀 1101（见图 1-9）。

（11）打开 2 号压油泵出口阀 1102（见图 1-9）。

（12）装上 1 号压油泵熔断器 11F（见图 1-7）。

（13）装上 2 号压油泵熔断器 12F（见图 1-7）。

（14）合上 1 号压油泵电源开关 11QA，检查开关在合位（见图 1-7）。

（15）合上 2 号压油泵电源开关 12QA，检查开关在合位（见图 1-7）。

（16）关闭压力油罐排风阀 1305（见图 1-9）。

（17）关闭压力油罐排油阀 1105（见图 1-9）。

（18）关闭集油槽排油阀 1132（见图 1-9）。

（19）打开集油槽给油阀 1331，给集油槽充油（见图 1-9）。

（20）手动启动压油泵，给压力油罐充油至油面合格（见图 1-9）。

（21）打开压力油罐给风阀 1302，调整压力油罐油压力合格（见图 1-9）。

（22）检查压力油罐 100PP 压力为合格（见图 1-9）。

（23）检查集油槽液位 1SL 合格（见图 1-9）。

（24）关闭集油槽给油阀 1331（见图 1-9）。

（25）1 号压油泵切换开关 31SA 切至"自动"位置（见图 1-2、图 1-7）。

（26）2 号压油泵切换开关 32SA 切至"自动"位置（见图 1-2、图 1-7）。

（27）接力器锁锭电磁阀推向开侧。

（28）检查接力器开锁。

（29）合上微机调速器交流电源小开关。

（30）根据值长令投入相应的联片，如调相运行联片、轴承温度过高停机联片、机械事故停机联跳 QF 联片、事故低油停机联片、一级过速保护停机联片、二级过速落快速闸门联片、退出停机联锁联片等。

（31）微机交流电源开关切至 ON 位置。

（32）微机直流电源开关切至 ON 位置。

（33）检查微机调速器停机电压投入。

（34）重新输入人工水头。

（35）调速器手自动切换把手由"手动"切至"自动"位置。

（36）检查电液转换器工作正常。

（37）调速器机械开限放机组最大出力位置。

（38）关闭油槽总排油阀。

（39）关闭推力油槽排油阀。

（40）关闭上导、下导和水导轴承油槽排油阀。

（41）打开油槽总给油阀。

（42）打开推力油槽给油阀。

（43）检查推力油槽油面合格，关闭推力油槽给油阀。

（44）打开上导、下导和水导轴承油槽给油阀。

（45）检查上导、下导和水导轴承油槽油面合格，关闭上导、下导和水导轴承油槽给油阀。

（46）关闭油槽总给油阀。

（47）装上快速闸门 1 号油泵操作回路熔断器 1F（见图 5-19）。

（48）装上快速闸门 2 号油泵操作回路熔断器 2F（见图 5-19）。

（49）合上快速闸门 1 号油泵电源刀开关 1QD，检查开关在合位（见图 5-19）。

（50）合上快速闸门 2 号油泵电源刀开关 2QD，检查开关在合位（见图 5-19）。

（51）快速闸门 1 号油泵切换开关 1SA 切至"自动"位置（见图 5-19）。

（52）快速闸门 2 号油泵切换开关 2SA 切至"自动"位置（见图 5-19）。

（53）合上水车操作回路电源刀开关 7QD（见图 7-30）。

（54）检查水车操作回路电源刀开关 7QD 在合位。

（55）关闭蜗壳排水阀 1263（见图 2-16）。

（56）打开检修闸门。

（57）打开尾水管取水门。

8 水轮发电机组的保护与故障处理

8.1 水轮发电机组的保护

8.1.1 机组过速保护

水轮发电机组运行时，由于故障而突然甩掉全部负荷，此时如果调速系统失灵或其他原因使导叶不能关闭，水轮机转速急骤上升，直到输入水流的能量与随转速上升时产生的机械摩擦损失的能量相平衡时，转速达到某一稳定最大值，该转速称为飞逸转速，此时的工况称为飞逸工况。一般厂家规定，机组在飞逸工况下运行的时间不允许超过 2min。为了减少飞逸工况对机组造成的破坏，机组都设有过速保护。

过速保护的配置一般分为两级。第一级保护动作值为额定转速的 115%，第二级保护动作值一般整定为额定转速的 140%。

8.1.2 轴承的各种保护

推力、上导、水导（乌金瓦）分别设有瓦温升高、冷油温度升高和热油温度升高故障信号，也设有温度过高事故信号和作用于停机的信号。为防止瓦温过高信号误动而作用于紧急停机，实际中水电厂常在推力、上导、水导瓦温过高信号回路串接 1 个连接片，当连接片处于投入位置时，发生瓦温过高的事故才会作用于紧急停机，但机组实际运行中该连接片常处于退出状态。

8.1.3 油压的各种保护

调速器压油系统压油泵故障或管路漏油甚至跑油将导致机组压油系统油压急剧下降，一旦发生此类机组事故，调速器因油压不足而不能及时快速关闭水轮机导叶，就会引起机组过速甚至发生飞逸。为此，水轮发电机均设有油压降低信号和油压过低保护。

调速器系统中事故低油压和油压过高压力开关在机组运行过程中，在受到管路油压的波动干扰后，有时误报信号会造成机组事故停机，严重影响机组的运行安全。对此采取的措施是在压力油的主管路和压力油罐上分别安装了压力开关，将两个部位压力开关的输出节点通过并联或串联组合后，送入监控系统进行控制。同时，在压力开关接头的安装位置各加装 1个直径为 1mm 的节流片，以降低油管路压力波动时对压力开关的干扰。

发生压油槽油压过低事故时的现象为：调速器动作导叶全关，紧急停机；压油槽油压降至事故低油压以下；压油装置工作泵、备用泵均在转或均在停；集油槽油面过低。可能的事故原因有：由于电网事故引起振荡或调速系统失灵引起调速器不稳，使导叶开叶大行程的频繁开关，使油压急剧下降；由于某种原因供油管跑油或压力油罐有严重漏气而引起油压下降；由于集油槽跑油，造成集油槽油面过低或没油，使两台泵均启动也不能正常供油供压，从而造成事故油压。由于压力油罐中全部是油，调速器动作时造成压力油罐油压急剧下降；

由于两台泵均有故障，或无电源，或开关在切位。事故处理方法是如果是系统振荡或调速系统失灵，停机后要详细检查整个调速系统，并排除故障；如果是油路跑油、压力油罐漏气引起的事故，则应查明漏点，检修处理；如果是油泵电源、开关位置引起的故障，仅处理电源和将开关放至适当的位置即可；油泵故障引起的故障应检修油泵；如果事故发生停机过程中，则应监视各自动器具的动作情况，动作不良时手动帮助；检查导叶全关后锁锭是否已自动加锁；停机过程中导叶确实无法关闭时，应关主阀。

某水电厂低油压事故中，事故现象为：1号机组事故跳闸停机，出口断路器红灯灭、绿灯亮，有功甩至零，无功甩至零，光字牌"1号机组机械总故障"、"1号机组机械事故"。

事故原因分析：压油槽低油压动作，是由于启、停压油泵的触点压力表针粘在停止位，使自动泵、备用泵均不启动，从而造成了压油槽低油压事故。

8.2　水轮发电机组的故障、事故分析与处理

8.2.1　瓦温升高故障与事故

规程规定，弹性金属塑料推力轴承瓦温升高警报温度最高为55℃，推力轴承巴氏合金瓦温升高警报温度最高为80℃，导轴承巴氏合金瓦温升高警报温度最高为75℃，停机温度最高值比警报温度最高值高10～15℃。各水电厂的运行规程会根据设备及运行的具体情况再作详细的规定，但所规定的警报温度和停机温度均比以上的数值低。轴承瓦温正常运行中不得高于规范值，当机组轴承瓦温比正常运行瓦温高2～3℃时，应查明原因并及时处理。

当发生机组各部轴承温度升高故障时，首先要从现象上判断故障的真实性，如上位机的事故故障光字牌、机旁盘故障灯亮、测温盘温度计升至故障以上、巡检仪指示故障点及故障温度、上位机的温度棒型图指示瓦温升高至故障温度以上，然后检查油槽轴承油面，若油面下降，则查找是否有漏油处。如果的确是油槽漏油引起，则应根据瓦温的数值和上升速度的大小，确定是否正常停机或紧急停机；若油面升高幅度较大，可确定为轴承进水，则应停机处理。检查油槽油色，若油色变深、变黑，则测量轴电流和化验油质，同时监视瓦温与油温运行。为防止故障扩大为事故，可根据具体情况决定是否停机处理。外循环冷却的轴承还要检查油流是否正常。如果瓦温升高的同时还有冷却水中断的信号，则可确定为冷却水不正常引起的。水压不足时，应检查调节阀和滤过器；冷却水中断时，应检查常开阀和电磁阀。检查轴承内部有无异声，判断轴承是否良好。检查机组摆度、振动是否增大，如果振动摆度较大，则应尽快停机，分析机组振动、摆度的测量结果，找出振动过大的原因并作相应处理。

机组轴承中最重要的是推力轴承，而推力轴承瓦温升高事故从理论上分析，可能由于冷却水中断、推力轴承绝缘不良引起油质劣化、机组检修后质量不达标而使各推力瓦之间受力不均、油槽油面降低而引起润滑条件下降和推力轴承测温元件及其引线损坏、温度计或巡检仪故障引起误警报而引起。

由于运行人员按规定每班都要对推力油槽的油位、油质进行检查，加上推力油槽的油位有专门的信号，油阀渗油导致油面下降会及时被发现，因此由油面下降和油质劣化引起的推力轴承瓦温升高事故较少见，除非遇到油槽及其附属部件破损致使油槽大量跑油，加上处理不及时，才会引起推力轴承瓦温升高事故。

冷却水中断所引起的推力轴承瓦温升高事故的几率更小，原因一方面是冷却水中断会有相应的冷却水中断信号与警报；另一方面，冷却水中断引起油的温度升高及瓦温的升高还需要较长的时间（具体时间与机组所带负荷的不同而不同），除非是真正发生了冷却水中断故障时示流信号器也损坏，不能及时将冷却水中断信号发送出去，加上机组负荷较大，则在短时间内引起推力轴承瓦温升高事故。但水电厂目前一般是将示流中断和水压过低并联作用于推力水流中断信号器，以防止此类事故的发生。

机组检修后质量不达标及机组长时间在振动区运行，使各推力瓦之间受力不均，受力大的推力瓦温度过高而引起推力轴承瓦温升高事故，此时推力轴承各块推力瓦间温差较大。

机组由于推力轴承测温元件及其引线损坏、温度计或巡检仪故障引起力轴承瓦温升高事故时有发生。某电厂对轴承温度的监视采用电阻型的温度计。电阻型温度计埋设在轴瓦内，它是利用电桥原理，将所测得的温度送到上位机。电阻型温度计的引线较长，且与端子排连接，机组运行的振动使某块瓦的温度计端子排螺栓松动引起电阻加大，误发瓦温升高信号而引起机组事故停机。发生此类事故时，只是温元件及其引线损坏的那块瓦的温度会误指升高，但若轴承各瓦温度普遍升高，则可判断不是引线电阻增大而引起。为避免此类事故的发生，在机组控制回路中，温度信号器触点到瓦温过高警报信号器线圈之间串接一个连接片，机组正常运行时该连接片处于退出状态。

某水电厂上导轴承瓦温升高事故中，10：50，现地控制单元上开 4 号机并网，设 4 号机带有功负荷 8MW，并网后对 4 号机进行全面检查，未发现任何异常，11：00，值班人员听到该机组出口断路器跳闸声音，4 号机甩负荷停机，检查保护屏未发现异常，查看温度量时，发现 4 号机上导轴承瓦温为 72℃，其余温度正常。

对 4 号机上导油槽外部的温度和油位进行了详细检查，未发现异常，随后又将上机架顶盖拆开，对油槽里的油位、油温、油色及发电机风洞进行了检查，均未发现异常；然后对测温回路进行了检查，检查中未发现有断线现象，但在上机架外端子排上，测温线的接线柱的连接未安接线端子，而是直接将线缠绕在接线柱上，并发现测温线与接线柱之间有锈蚀现象，因此判断上导轴承瓦温升高可能是由于接线端接触电阻增大所致。为确定此原因，将接线端子进行了重新加固，温度（现地显示）由 45℃下降到 36℃。在基本确定事故原因的情况下，于 11：50，在现在控制单元将 4 号机并网运行，并派人现场观察，连续运行 123h，上导轴承瓦温一直稳定在 42℃。此次事故停机的原因主要是由于厂房严重潮湿，致使接线柱及垫片锈蚀，从而导致测温线与接线柱的接触电阻增大，温度数值误升高而引起保护误动。

8.2.2 机组过速事故

机组发生过速的现象为：中央控制室蜂鸣器响并伴有相应的语音报警，机组噪声明显增大；发电机的负荷表指示为零，电压表指示升高；"水力机械事故"光字牌亮，过速保护动作且相应的光字牌亮，出现事故停机现象；二级过速时机组前的主阀关闭。

机组过速的处理：通过现象判明机组已过速时，应监视过速保护装置能否正常动作，若过速保护拒动或动作不正常，则应手动紧急停机，同时关闭水轮机主阀。若在紧急停机过程中，因剪断销剪断或主配压阀卡住等引起机组过速，此时即使转速尚未达到过速保护动作的整定值，都应手动操作过速保护装置，使导叶及主阀迅速关闭。对于没有设置水轮机主阀的机组，则应尽快关闭机组前的进水口闸门。

引起机组过速度的原因大多是调速系统与导叶开度有关的相关部件故障，如停机时，机组解列，调速器故障，使导叶开度不能关小，从而造成机组过速；开机过程中，导叶反馈信号中断而造成导叶开度增大到开限位置；调速器在手动，机组未并网，开限大于空载开度而造成机组过速。

事故案例一：某水电厂按调度令 3 号机开机，当机组达额定时仍继续上升，直至二级过速停机。此时中控出现"调速器失灵"、"机组二级过速"的光字牌，停机过程良好。经检查发现，电调的功率给定电位器滑片和电阻间已经脱离，未接触上。由于功率给定电位器的固定滑片和滑动电阻分离，造成电调回路中电液转换器线圈所加电压加大，造成开机过速很快，一级过速保护动作并且二级过速动作，从而造成机组事故停机。

事故案例二：某水电厂 1 号机开机，同期装置投入后，中央控制室蜂鸣器响，出现"机组过速"光字牌，专责迅速到现场，见 1 号机已停机，二级过速 140％保护动作，紧急停机电磁阀动作，事故配压阀动作。检查发现分段关闭装置齿轮错位，双微机电调无法工作，从而造成机组事故停机。

8.2.3　发电机着火事故

发生发电机着火事故时会有下列现象产生：发电机有强烈冲击声，差动保护可能动作；风洞密封不严处有浓烟冒出，并有绝缘焦味。相应的处理方法如下：

（1）从发电机风洞缝隙处闻到烧焦气味，看到冒出烟雾、火星，判定发电机确实着火。

（2）保护动作应拉直流，将调速器切为手动，维持机组转速维持在 40％～50％。

（3）保护未动，应联系电气解列，拉开发电机出口开关和灭磁开关。

（4）若热风口在开放，则必须立即关闭。

（5）确认发电机电源已切断方可接上消防水龙头，开启对应消防阀门，保持水压在 0.15～0.2MPa。

（6）检查风洞下部应有水漏出。

（7）确认火已熄灭，关闭对应消防阀门，取下消防水龙头。

消火过程中应注意下列事项：

（1）严禁关主阀，维持低转速，防止大轴变形。

（2）不准破坏风洞密封，不准用沙和泡沫灭火器灭火。

（3）灭火过程中运行人员不准进入风洞内。

（4）火全灭后应打开上下风洞盖板，毒气排除后方可进入风洞，且必须戴防毒面具。

引起发电机着火事故的可能原因有：发电机年久失修，绕组绝缘因长期处于高温运行而老化，机组振动使其剥落；绕组绝缘受污油腐蚀而遭破坏，造成发电机绕组短路引起；发电机绕组未能定期做预防性耐压试验，绝缘受损部位未能及时察觉，加之绕组脏污和处于低温运行，凝结水造成绕组短路；发电机过电压，使绝缘击穿短路；机组过速时使转动部件的个别部件损坏，在离心力的作用下损坏部件被甩出，从而击伤发电机绕组，造成发电机扫膛；空气冷却器冷却水管破裂或发电机消火用水误投入，引起发电机绝缘破坏而导致发电机着火。

8.2.4 导叶剪断销剪断故障

当发生导叶剪断销剪断故障时，上位机相应的光字牌亮，机组振动增大和摆度明显增加。确认剪断销已经剪断后，应检查剪断的剪断销数目，如果只有一个剪断销剪断，并且机组振动、摆度在允许范围内，则将调速器切手动，调整机组负荷，使所有的导叶位置一致，对好需要处理的剪断销位置，在更换剪断销时做好防止导叶突然转动的安全措施；若机组振动较大，则首先应调整导叶开度，使水轮机不在振动区运行，再通知检修人员处理；多只剪断销剪断而无法处理又失去控制时，应立即联系停机，关闭主阀或进水口工作闸门，做好防止误开机措施，对剪断销进行处理。

剪断销剪断的可能原因有：

(1) 导叶间被杂物卡住。

(2) 导叶尼龙套吸水膨胀将吸水导叶轴抱得太紧。

(3) 水轮机顶盖和底环抗磨板采用尼龙材料，尼龙抗磨板凸起。

(4) 各导叶连杆尺寸调整不当或锁紧螺母松动。

(5) 导叶关或开得太快，使剪断销受冲击剪断力而剪断。

剪断销的接线方式有串联和并联两种。并联的接线方式能准确发出多少号剪断销剪断的信号；串联的接线方式只能发剪断销剪断信号，具体是哪个剪断销剪断需要运行人员到现场确认。

8.2.5 轴电流故障

机组的主轴在不对称磁场中旋转时，会在其两端产生交流电压（即轴电压），如果电动机主轴两端轴承没有绝缘垫，该电压就会通过电动机两端轴承支架形成电流回路，该电流称为轴电流。

当发生轴电流故障时，对装有轴电流故障信号的机组，其上位机报警轴电流故障光字牌亮，机旁自动盘、水力机械故障蓝灯亮。在轴上测轴电流，显示轴电流数值超过正常值。

产生轴电压的原因有：

(1) 磁场不平衡产生轴电压。发电机由于扇形冲片、硅钢片等叠装因素，再加上铁芯槽、通风孔等的存在，造成在磁路中存在不平衡的磁阻，并且在转轴的周围有交变磁通切割转轴，从而在轴的两端感应出轴电压；由于定子和转子不在同一轴线上，转轴偏离磁场中心位置，也会产生轴电压；由于励磁回路的连接不当，形成环绕轴的直流回路，产生一恒定磁场，引起轴向磁化；与电力系统连接的定子绕组内部发生短路时，由系统流入短路点的电流与正常带负荷时的电流方向相反，从而产生了围绕轴的电流回路，也有轴向磁通；转子绕组发生两点对大轴的短路和向定子绕组通直流电流进行干燥，也会发生轴的磁化，从而产生轴电压。

(2) 静电感应产生轴电压。在强电场的作用下，在轴的两端感应出轴电压。

(3) 系统的振荡或扰动产生轴电压。系统的振荡或扰动使得发电机的电压含有较高次的谐波分量，在电压脉冲分量的作用下，定子绕组线圈端部、接线部分、转轴之间产生电磁感应，使转轴的电位发生变化，从而产生轴电压。

(4) 外部电源的介入也会产生轴电压。

（5）其他如静电荷的积累以及测温元件的绝缘破损等因素都可能导致轴电压的产生。

轴电流的产生会对机组产生以下危害：

（1）集电环侧（受油器）轴端的对地绝缘垫损坏时，在轴电压的作用下，轴电流可能很大。轴电流将在轴颈和轴瓦之间产生小电弧侵蚀，进而破坏油膜、轴承温度升高、润滑油碳化变质等。如果轴电流超过一定数值，发电机转轴轴颈的滑动表面和轴瓦就可能被损坏。

（2）如果机组在运行过程中，两轴承端或机组转轴与轴承间有轴电流存在，那么机组轴承的使用寿命将会大大缩短，从而给现场安全运行带来极大的影响。

（3）轴电流对轴承的破坏。发电机在运行时，存在一定的轴电压，但只要没有超过油膜的破坏值，轴电流是非常小的。即正常运行情况下，转轴与轴承间有润滑油膜的存在，可起到绝缘的作用。对于较低的轴电压，这层润滑油膜仍能保护其绝缘性能，不会产生轴电流，但当轴电压增大到一定数值时，尤其在机组启动时，轴承内的润滑油膜还未稳定形成，轴电压将击穿油膜而放电，构成回路，轴电流将从轴承和转轴的金属接触点通过，由于该金属接触点很小，因此这些点的电流密度大，在瞬间产生高温，从而使轴承局部烧熔，被烧熔的轴承合金在碾压力的作用下飞溅，于是在轴承内表面上烧出小凹坑。一般，由于转轴硬度及机械强度比轴承烧熔合金的高，因此轴承内表面被压出条状电弧伤痕。

（4）发电机正常运行时，由于受油器侧有绝缘板，因此无轴电流。如绝缘板损坏，则故障电流通过受油器轴瓦，易烧伤形成焊疤而产生毛疵，从而导致密封不严，使开启腔和关闭腔窜压，最终造成操作油压降低、桨叶不动。

某厂发电机在推力瓦、推力油盘盖板及上导轴承 3 处相关位置布置了绝缘垫，以防轴电流构成回路。推力瓦的绝缘垫由两部分组成：一部分布置在推力头与镜板之间（2 层，单层厚度为 1mm）；另一部分布置在推力基础板与上机架之间（4 层，单层厚度为 1.2mm）。推力油盘盖板的绝缘垫布置在推力油盘与其接合面处（2 层，单层厚度为 1.2mm）。上导轴承的绝缘垫布置在上导轴瓦架与上机架支架之间（2 层，单层厚度为 1.2mm）。其中，在推力油盘盖板和上导轴承的两层绝缘垫之间各设有一绝缘测试点，如图 8-1 所示。图中回路 1、回路 2 均为上导轴承轴电流动作回路。轴电流保护报警值为 $I=0.06A$，$t=2s$；轴电流保护事故值为 $I=0.1A$，$t=1s$。

机组检修后调试时，发生轴电流

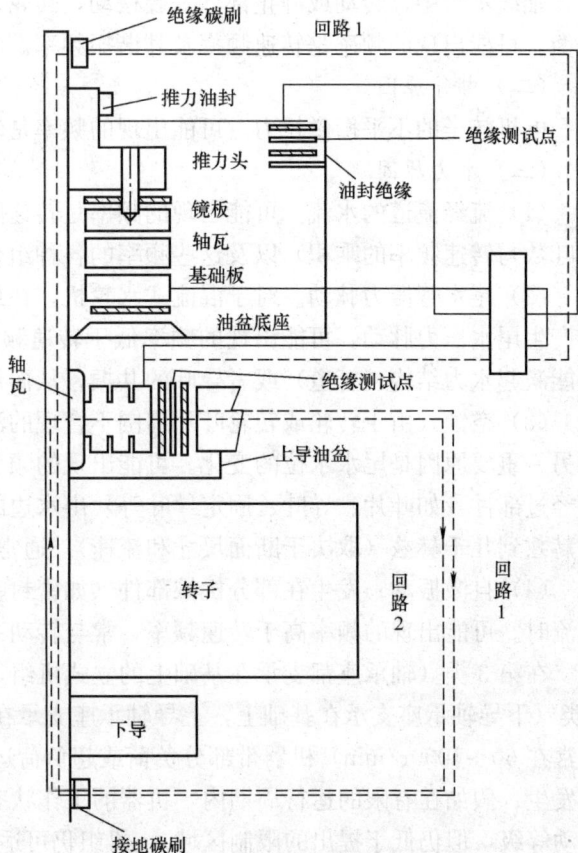

图 8-1 某机组轴电流保护示意图

事故，保护动作而跳机。主要原因是，在安装上导轴承瓦与瓦之间垫条的固定螺杆时，掉入极小部分铁屑，而上导油冷却器上盖板与上导瓦背间的间隙不可能四周绝对均匀，掉入上导油盘的铁屑搭接在轴瓦与油冷却器上盖板之间，从而引起上导瓦接地，导致轴电流保护动作并作用于停机。

推力轴承上部依次设了1道油润滑的巴氏合金瓦面机械密封、1只绝缘碳刷，机械密封的瓦面、绝缘碳刷均与大轴直接接触。机组正常运行时，碳刷所产生的碳粉会沿着大轴与推力上盖板间的间隙进入到推力油盘，与巴氏合金瓦面所产生的金属粉末一起混入到润滑油中，部分含有导电杂质的油流会经推力头与镜板之间的4个定位销钉孔进入到推力头与镜板间的绝缘垫。长期的积累，销钉孔的四周就出现了碳粉或巴氏合金粉，从而造成推力轴承的上层绝缘下降。

从上述事故案例不难看出，轴电流故障及事故的引起原因会因机组、轴电流保护的设置和机组具体结构的不同而不同，但总体上的原因有：推力轴承或上导轴承绝缘不良；透平油中含有杂质；绝缘测试点导线绝缘破损并接地。

8.2.6 运行中机组振动过大的故障

对于水力机械，轴承座可在很宽的频率范围内发生振动，可能引起振动的原因如下。

（一）机械原因

轴线不对中，转动或静止部件安装松动，转轮、叶轮、发电机或励磁机转子中的残余不平衡。可能出现的频率是转速频率及其谐振频率。

（二）电气原因

电机转子的不平衡磁拉力。可能出现的频率是转速频率及其谐振频率。

（三）水力原因

（1）流经流道的水流。可能出现的频率是转速频率、叶片或水斗的过流频率（叶片数或导叶数与转速频率的乘积）以及这些频率的各种组合。

（2）尾水管压力脉动。对于混流式水轮机，在最佳出力范围外，即使在稳态运行工况也会产生尾水压力脉动。可能出现的频率低于转速频率，通常低至转速频率的1/3~1/4。它可能激起水力结构（管道）或者导叶的共振，从而加剧压力脉动。

（3）空蚀。由于转轮或转轮叶片周围不合理的流态引起，通常发生在较高负荷区。空蚀的另一重要原因是尾水水位的变化。可能出现的频率通常为高频，如爆裂时的频率。由于水流经过部件（如叶片、导叶、固定导叶等）出水边的形状不当造成的。可能出现的频率从几十赫兹到几千赫兹（取决于断面尺寸和流速），通常可以观察到明显的拍的特征。

（4）自激振动。发生在部分机械部件（如密封、迷宫、气隙）的移动能够影响流经它的水流时。可能出现的频率高于转速频率，常与转动系统弯曲固有频率一致。

在第3类（轴承座都支承在基础上的立式机组，工作转速通常在60~1800r/min）和第4类（下导轴承座支承在基础上，上导轴承座支承在发电机定子上的立式机组，其工作转速通常在60~1000r/min）机器带部分负荷或超负荷运行时，由于水涡流的作用，较大的振动会发生。假如在有限的运行周期内，机器的工作状态不影响主要部件的疲劳强度（虽有较大振动等级，但仍低于提出的限制区域），机组仍可适应这些特殊运行工况。

（5）附加激振。在开机和停机这些常规的瞬态运行工况下，附加激振力与转轮相互作用，导致较宽的频谱和较高的振幅。在甩负荷期间，转桨式水轮机也受到尾水管不稳定的影响，从而产生相当大的次同步轴承振动幅值。在类似的条件下（特别是转子仅有两个径向轴承时），当转速减小到某一数值时，可观察到类共振现象，其轴承振动幅值包含一个或多个对应于瞬时转速的转子固有频率。

水轮发电机组各部位振动允许值见表 8-1。

表 8-1　　　　　　　　　　水轮发电机组各部位振动允许值　　　　　　　　　mm

序号	项　目		额定转速（r/min）			
			≤100	>100~250	>250~375	>375~750
			振动允许值（双振幅）			
1	立式机组	带推力轴承支架的垂直振动	0.10	0.08	0.07	0.06
2		带导轴承支架的水平振动	0.14	0.12	0	0.07
3		定子铁芯部分机座水平振动	0.04	0.03	0.02	0.02
4	卧式机组各部轴承垂直振动		0.14	0.12	0.10	0.07

注　振动值系统指机组在各种正常运行工况下的测量值。

机组运行中振动过大，可由当时所发生的现象并结合表 8-2 来初步判断振动的起因。而具体的原因要根据电厂机组状态监测故障诊断系统所采集的数据及录制的各部位的波形进行分析。

表 8-2　　　　　　　　　　水轮发电机发生振动的各种原因分类

分　类	现　象	原　因
由水轮机和发电机两者结构上引起的机械方面的原因	无负荷低速度发生的振动	主轴弯曲
		推力轴承调整不良
		轴承间隙过大
		主轴法兰紧固不良
		中心没找正
	有振动激烈的声音	转轮等旋转部分的触碰
	随着负荷上升振动增加	旋转体不平衡
		旋转部分和整个固定部分的振动
		轴承和支撑系统刚性不足
		轴承系统刚性不足
水轮机水力方面的原因	在低负荷或过负荷时伴有响声并振动增大	由于空腔空蚀引起
		由于空蚀引起
	在某一定负荷下振动增大	由卡门涡列引起
		起因于转轮特性
		尾水管压力脉动（尾水管涡带对水导摆度的影响最大；对上导摆度的影响次之；对下导摆度的影响相对较小）
	在负荷增加的同时振动增大	转轮与导叶片片数的相互干扰
		转轮与导叶片间隔的相互干扰
		转轮出口厚度不同
		转轮密封的形状不良引起
		导叶片开度不一致引起

续表

分　类	现　　象	原　　因
发电机电气方面的原因	负荷增加的同时振动激烈，并且响声增大	一部分极靴发生异常
		相位不平衡
		转子与定子的间隙异常
	带励磁时振动出现	定子铁芯圆环部分的固有频率
		由磁不平衡力引起
		定子铁芯轴线方向松动
		定子铁芯圆周方向松动
	带有响声变化激烈的振动	由系统振荡引起
其他	发生失调的同时发生振动响声	调速器失调
	中心不正，并发生振动	水轮机基础下沉
	由于振动共振导致激烈振动	设备及厂房强度不足，以及由共振引起

案例一：顶盖振动大原因分析（机组额定容量 700MW）。

图 8-2 所示为有功 541MW 时顶盖振动波形与频谱。由图可以看出，顶盖振动有明显的 4.56 倍频成分，尤其是垂直振动 4.56 倍频为主要频率成分。同时，观察此时的尾水管压力脉动波形与频谱（见图 8-3）可看出，尾水管压力脉动有明显的 4.56 倍频成分，从而可以断定顶盖的振动是由尾水管压力脉动引起的。图 8-4 所示为有功从 548MW 下降到 540MW 时顶盖垂直振动与尾水管下游侧压力脉动的变化曲线，由图可以看出尾水管压力脉动与顶盖垂直振动随负荷减小而显著增大的过程。从以上几点可知，由于负荷在 530MW 和 542MW 之

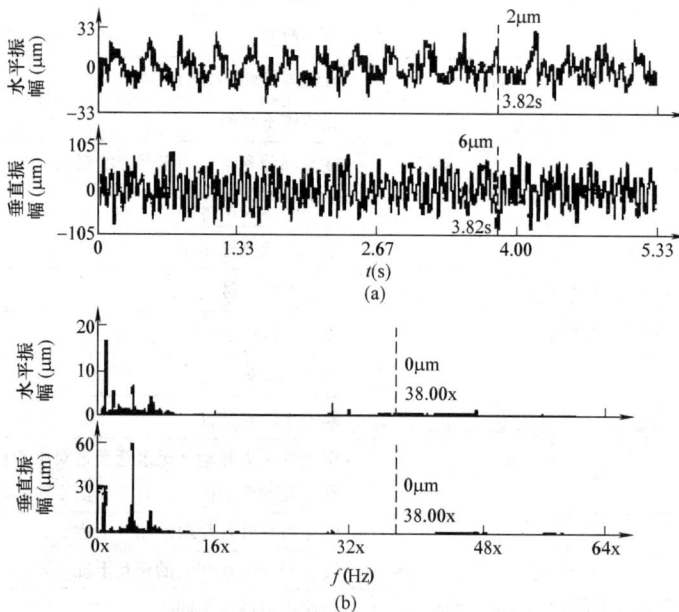

图 8-2　顶盖振动波形与频谱（67m 水头，有功功率 541MW）

（a）顶盖振动波形；（b）顶盖振动频谱

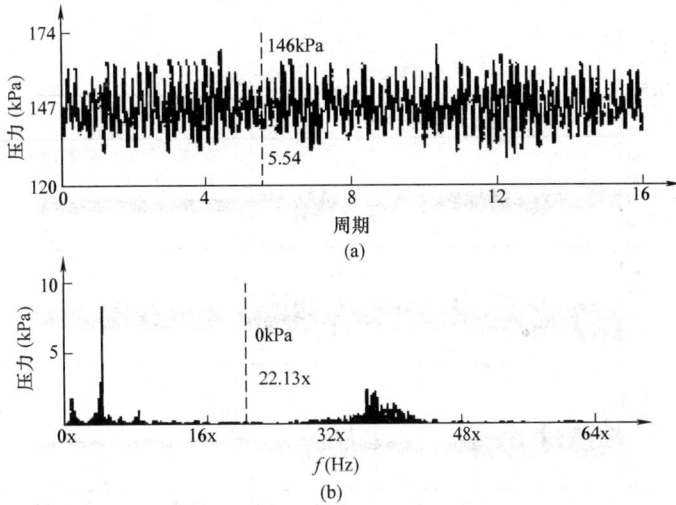

图 8-3 尾水管压力脉动振动波形与频谱（67m 水头，有功功率 541MW）

（a）尾水管下侧压力脉动振动波形；（b）尾水管下侧压力脉动频谱

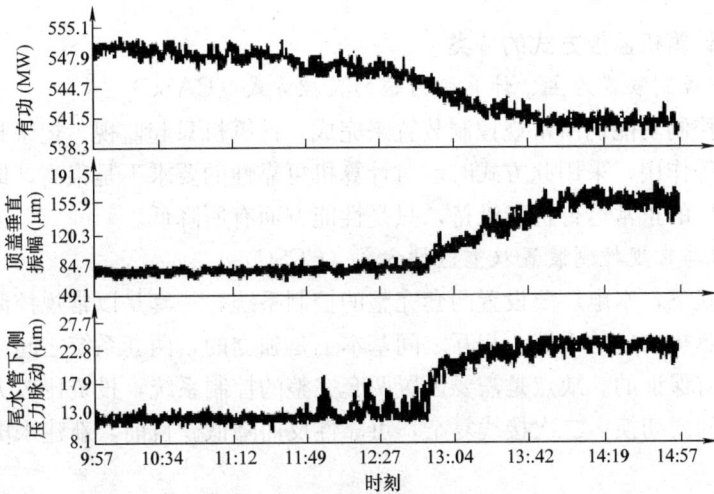

图 8-4 顶盖垂直振动、尾水管压力脉动随负荷变化曲线

间的区域内顶盖垂直振动较大，因此应尽量避免在该区域运行。

案例二：机组不稳定运行工况区的分析（机组额定容量 700MW）。图 8-5 所示为变负荷过程上导、下导、水导摆度和有功功率的快速录波数据的连续波形。由图可明显看出，有功功率为 260～400MW 时出现明显低频信号，因此可以判断该工况区为机组不稳定工况区。同时可以看出，负荷在 450～600MW 时上导、下导、水导最稳定，为机组最稳定运行工况区。可见，机组在 260～400MW 负荷区为严重的不稳定工况区，存在严重的低频涡带脉动，应尽量避免在该区域运行。

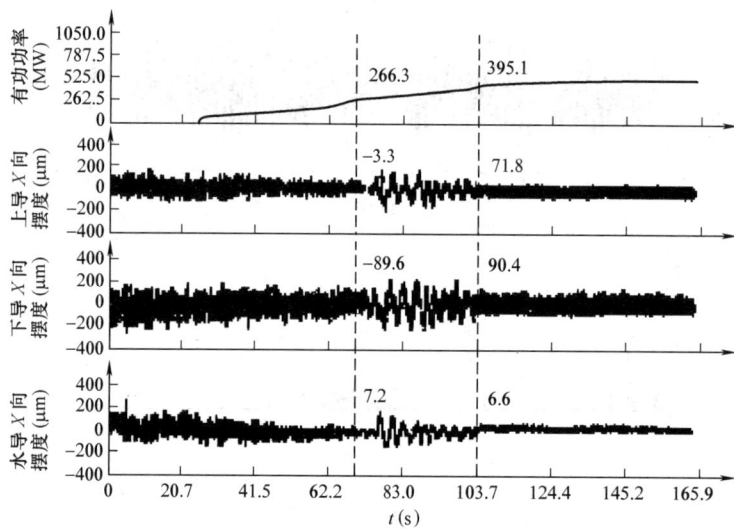

图 8-5　机组变负荷过程摆度信号连续波形

8.2.7　计算机监控系统的故障

一、水电厂计算机监控方式的分类

（一）以常规控制装置为主、计算机为辅的监控方式（CASC）

水电厂直接控制功能仍由常规控制装置来完成，计算机只起监视、记录打印、经济运行计算、运行指导等作用。采用此方式时，对计算机可靠性的要求不是很高，即使计算机部分发生故障，水电厂的正常运行仍能维持，只是性能方面有所降低。

（二）计算机与常规控制装置双重监控方式（CCSC）

这种监控方式下，水电厂要设置两套完整的控制系统，一套是以常规控制装置构成的系统，一套是以计算机构成的系统，相互之间基本上是独立的，两套系统之间可以切换，互为备用，可靠性是有保证的。缺点是需要设置两套完整的控制系统，投资比较大；由于两套系统并存，相互之间要切换，二次接线复杂，可靠性反而降低。目前，新建水电厂已很少采用这种方式。

（三）以计算机为基础的监控方式（CBSC）

采用此方式时，常规控制部分可以大简化，中控室仅设置计算机监控系统的值班员控制台，模拟屏已成为辅助监控手段。当系统某一单元或某局部环节发生故障时，整个系统和电厂运行还能继续进行。这种控制方式是目前国内外水电厂采用的主要计算机控制方式。

（四）取消常规设备的全计算机控制方式

采用此方式时，取消了中控室常规的集中控制设备，机旁也取消了自动操作盘，中控室还保留模拟显示屏，但其信息取自计算机系统，不考虑在机组控制单元（计算机型）发生故障时进行机旁的自动操作。

二、计算机监控系统的规定

对有网控、梯控、站控等多层控制的系统，其优先权依次递增并互为闭锁，其切换需由授权的运行值班人员完成,各级监控系统控制权的切换应具有唯一性。操作权限的转移、设定不影响监视运行参数及有关信息的上送下传。监控系统对发电设备的操作,可在现地控制单元、厂站层操作员工作站、远方调度中心分别发命令。在调度中心操作时,应事先通知水电厂运行值班人员,如果遇到操作命令冲突或事故处理时,应该按现地优先于厂站、厂站优先于远方的原则进行处理。监控系统各操作员工作站之间应具有对同一操作对象的选择闭锁。监控系统投入运行后,维护人员对监控系统做任何工作必须办理工作票,厂家技术人员在监控系统工作时也应由水电厂维护人员办理工作票。监控系统的参数设置、限值整定、程序修改等工作,必须有技术审批通知单,由维护人员持工作票进行,工作完成后必须做好记录,并对运行值班人员进行检修交代,参数设置和限值整定的回执单由维护人员签名后,分别存技术主管部门和中控室各一份。监控系统运行时,维护人员应定期进行数据库的维护和数据备份。在水电厂发生事故时,运行值班人员应及时打印各种事故报表。运行期间应配备适量的备品备件。

(一)计算机监控系统的运行操作权限的规定

水电厂应明确规定运行各岗位人员使用监控系统的授权范围。该授权范围应包括线路停送电操作,开停机操作,主设备与辅助设备操作,定值修改,定值、流程、报警信号功能的开通与屏蔽等。在监控系统上进行操作应严格执行 DL 408—1991《电业安全工作规程(发电厂和变电所电气部分)》的操作监护制,对授权可单人操作的设备应在监控系统运行管理制度中明确。在监控系统上进行操作的授权是指操作人员具有的权限,监护人应有同等或更高级别的权限。运行值班人员对监控系统进行操作,应通过登录及授权验证后方可进行。运行值班人员应定期检查监控系统的授权变更记录和登录、退出记录。监控流程在执行过程中受阻,应经值班负责人同意并采取相关措施后强迫程序跳转至下步继续执行或重新启动流程,但危及设备安全时严禁流程跳转。

(二)计算机监控系统运行值班的一般规定

运行值班人员应通过计算机监控系统监视机组的运行情况,确保机组不超过规定参数运行。运行值班人员在正常监视调用画面或操作后应及时关闭相关对话窗口。监控流程在执行过程中,运行操作人员应调出程序动态文本画面或顺控画面,监视程序执行情况。监控系统所用电源不得随意中断,发生中断后应由维护人员按监控系统重新启动相关规定进行恢复。如需切换一路电源,则必须先确认其他至少一路电源供电正常。正常情况下,运行值班人员不得无故将现地控制单元与厂站层设备连接状态改为离线。运行值班人员发现现地控制单元与厂站层设备连接状态为离线时,先投入一次,当投入失败后应立即报告值班负责人,值班负责人应查找原因并联系处理;主机或操作员工作站与现地控制单元通信中断时,禁止在操作员工作站进行操作,应改为现地控制单元监视和操作。监控系统运行中的功能投、退应按现场运行规程执行并做好记录。对监控报件信息应及时确认,必要时应到现场确认或及时报告值班负责人与维护人员。对于监控系统的重要报警信号,如设备掉电、CPU故障、存储器故障、系统通信中断等,应及时联系维修人员进行处理。运行值班人员不得无故将报警画面及语音报警装置关掉或将报警音量调得过小。监控系统运行出现异常情况时,运行值班人员应按现场运行规程操作步骤处理,在进行应急处理的同时应及时通知维护人员。运行中发生调节异常时,应立即退出调节功能;发现设备信息与实际不符时,应通知维护人员处理。当运行值班人员确认计算机监控系统设备异常或异常调整威胁机组运行须紧急处理时,应及时采取相应措施，同时汇报值班负责人并联系维护人员处理。监控系统故障，发生危及电网、设备安全情况时，可先将相关网控、梯控或站控功能退出，然后汇报。运行值班人员应及时补充打印纸及更换硒鼓（色带、墨盒），并确认打印机工作正常，不得无故将打印机停电、暂停或空打。

（三）计算机监控系统巡回检查与交接班检查的规定

运行值班人员应定期对计算机监控系统设备进行巡回检查，发现缺陷应及时汇报，填写在设备缺陷记录本上，并及时联系消缺。运行值班人员的巡回检查范围应包括计算机监控系统中的有关画面、计算机监控系统的外围设备（包括打印机、语音报警系统等）、电源系统、现地控制单元等。对重要画面必须进行定时检查和定期分析。运行值班人员对计算机监控系统中的画面的巡回检查至少包括：

（1）监控系统拓扑图。

（2）主接线及相应主设备实时数据。

（3）公用系统运行方式与实时数据。

（4）厂用电系统运行方式。

（5）非电量监测系统与相关分析。

（6）事件报警一览表。

（7）故障报警一览表。

（8）机组各部温度画面。

（9）机组油、水、气系统运行画面。

（10）机组振动与摆度等非电量监测画面。

检查现地控制单元上是否有故障报警，若有则应立即报告运行值班负责人及维护人员。检查现地控制单元电源工作情况，当任一路电源消失时，应及时联系处理。在巡视中，对一些重要模拟量及温度量越、复限提示应及时核对其限值。巡视中应检查现地控制单元风机、UPS电源风机运转是否良好、UPS电源有无告警指示，发现异常时应及时处理。运行值班人员交接班需检查的画面至少应包括监控系统系统拓扑图（硬件自诊断画面），自动发电控制、自动电压控制画面，各机组瓦温、油温与振动摆度，各机组定子、转子温度与空气冷却器，各系统液位与压力（油、水、气），系统厂用电与一次主系统，事件与故障一览表。运行值班人员在交接班过程中，应"对口"交代计算机监控系统的运行状态及是否存在需要特殊注意的事项。在监控系统试验尚未结束或监控系统出现异常尚在查找处理时，不宜进行交接班工作。

（四）计算机监控系统运行监视与操作的规定

应明确运行值班人员在操作员工作站对被控设备进行监视的项目。监视的项目应包括以下内容：

（1）设备状态变化、故障、事故时的闪光、音响、语音等信号。

（2）设备状态及运行参数。

（3）监控系统自动控制、自动处理信息。

（4）需要获取的信号、状态、参数、信息等清单及时限。

（5）获取信号、状态、参数、信息后的人工干预措施和跟踪监视。

（6）同现场设备或表计核对信号、状态、参数、信息的正确性。

应明确运行值班人员对监控系统的检查、试验项目和周期。检查、试验项目应包括：

（1）操作员工作站时钟正确刷新。

（2）操作员工作站输入设备可用。

（3）操作员工作站、主机、各现地控制单元及与上级调度计算机监控系统之间通信正常。

（4）操作员工作站、主机、显示设备正常，其环境温度、湿度、空气清洁度符合要求。

（5）语音、音响、闪光等报警试验正常。

（6）打印输出设备可用。

被控对象的选择和控制只能同时在一个操作员工作站上进行。重要的控制操作应有复核检查，并设专人监护。运行值班人员在操作员工作站或在现地控制单元进行操作时，应准确地设置或改变运行方式、负荷给定值及运行参数限值等，完成对设备的控制与调节。操作前，首先调用有关被控对象的画面，选择被控对象，在确认选择无误后，方可执行有关操作。机组工况转换操作时，应密切监视各主要阶段依次推进情况；发现异常情况时，在监控系统发命令或用常规紧急停机措施将机组转换到安全工况。断路器、隔离开关的分合命令执行后，若电厂无规定，其位置状态的判定应以现场设备位置状态为准。若自动顺序倒闸命令分合断路器或隔离开关达 3 个及以上操作项，除非紧急情况，否则使用该命令时必须执行操作监护制并全过程监视执行情况。发出机组工况转换、断路器及隔离开关的分合、变压器分接头调整、机组功率调整命令或设置、修改给定值和限值之前，除非紧急情况，否则应检查以下设备处于正常状态：

（1）操作员工作站及相关执行判据显示值。

（2）监控系统主机。

（3）相关现地控制单元。

（4）操作员工作站、主机及相关现地控制单元通信。

操作、设置、修改给定值时若发现执行或提示信息有误，则不得继续输入命令，而应立即中断或撤销命令。在已按下顺控执行键后，必须等待顺控信息窗口推出，看清顺控操作提示信息后，再进行确认或撤销操作。在厂站层设备上执行某一设备的操作时，应待操作流程退出运行后方可进行其他操作。

三、计算机监控系统运行故障处理

电厂应明确规定以下事项：

（1）测点故障的识别及退出、重投测点等处理原则。

（2）网络通信中断的类型、现象及设备监视手段。

（3）操作员工作站、现地控制单元等掉电、程序锁死、失控、离线等处理措施。

（4）测点数值越复限、状态变化后自动处理内容及人工干预措施。

（5）设备故障、事故报警后的自动处理内容、人工干预措施。

（6）事故处理指导程序的判别条件、使用方法。

（7）测点故障或退出后不能正常工作的程序及人工干预措施。

发现测点数据值异常突变、频繁跳变等情况，应立即退出该测点，并采取必要措施，防止设备误动或监控系统资源占用；对与机组功率测量有关的电气模拟量，应立即退出相应的功率调节控制功能，并通知监控系统维护人员进行检查。测点故障、通信中断、掉电、程序锁死、失控、离线等引起设备缺乏保护或远方监视手段时，应采取现场监视方式或将设备转换到安全工况。事故应急处理中，根据测点数据值对断路器位置的判定至少应使用相电流、断路器辅助触点状态双重判据，有关规程、规定有明确要求的，应遵从其规定。机组发生严重危及人身、设备安全的重大事故，又遇保护拒动时，值班负责人有权启动监控系统紧急停机流程。发生设备故障、事故时，应查阅事件顺序记录、事故追忆记录及相关监视画面，进行综合分析判断，依据现场规程进行处理。监控系统的语音、闪光报警、弹出的事故处理指导画面，应予以记录，经过值班负责人同意后方可复归或关闭。发生设备事故时，应及时打印事件顺序记录、事故追忆记录及相关工况日志，为事故分析提供依据。当操作员工作站发生死机时，运行值班人员应立即检查其控制网运行情况与现场现地控制单元是否运行正常，并完整记录事故现象与处理过程，报告上级调度，并及时通知相关维护人员。系统事故处理完后，应及时打印监控系统相关事故报表备案，报警信号的复归必须经值班负责人同意。遇调节或测量异常、系统切机、系统振荡等情况时，运行人员应立即手动退出自动发电控制或自动电压控制。当操作员工作站出现事件确认延迟时，应分析是否有频繁的报警信号，对于频繁的报警信号，应暂时不予确认；同时，对于重复报警的信号，应及时分析问题并通知维修人员进行处理。此时如引起画面短时黑屏，而现地层现地控制单元运行均正常，运行值班人员应尽量少作画面切换，并停止报警确认。对于部分重复出现的信号，经值班负责人同意，在采取相关措施后，可对此类报警信号进行屏蔽，同时通知相关人员进行处理，并应做好记录，处理后要及时解除屏蔽。发生测点故障时，运行值班人员可以退出并重投测点一次。对于操作员工作站的掉电、程序锁死、离线故障，运行值班人员可以依据现场规程进行重新上电恢复运行。监控系统主机、网络通信机、现地控制单元的掉电、程序锁死、离线、通信中断等故障，应由维护人员处理。监控系统的 UPS 电源应有双路电源供电。一旦发现某一路电源故障，应立即处理。

9 水轮发电机组的运行管理

9.1 水轮发电机组的日常管理工作

9.1.1 设备巡回检查工作

水轮发电机组正常运行时，值班人员应遵照运行规程规定的项目按时间、路线进行巡回检查，备用中的设备也应按规定进行巡回检查。交接班前，对专责设备做一次重点检查与维护。值长和副值长应根据设备缺陷情况等，要对设备进行重点巡回检查。设备巡回工作应认真细致，发现设备异常运行时应及时报告，并采取措施防止扩大。巡回中，发现形迹可疑人员，应及时报告，并有权索取证件。若无关人员接近运行设备，应及时劝阻，使其退离现场。检查设备时，还应检查专责设备区域的消防器具、倒闸操作辅助器具，如有丢失或损坏，应查明原因并报告副值长。巡回时，不允许做其他工作。检查中，发现设备有故障，且严重威胁人身或设备安全时，副值长、值长应到现场进行检查并提出对策，设法消除或采取必要的措施防止故障扩大，事后立即汇报分场主任和总工程师及厂长。发生下列情况时，应增加机动性巡回：

(1) 设备存在较大缺陷或异常。
(2) 新设备投入运行或设备经过改造后。
(3) 气温发生异常变化，设备存在薄弱环节。
(4) 设备经过大、小修或缺陷经过处理后。
(5) 汛期大发电期间。

某水电厂运行巡回检查路线如下：

中控室→继电保护室→电缆室→低压配电室→直流室→总端子室→1B 事故油池室→蓄电池室→▽165 平台→15.75kV 出线室→6B→43B→1B 冷却器及 1B→41B→44B→46B→厂坝间水泵→5 号机组及 5B→电缆层→厂内泵房→7 号机组及 7B→1.0MPa 漏油装置→1 号机风洞→6 号机组及 1 号发电机下层→空气压缩机室→1 号机水车室→1 号机尾水管及伸缩节→▽126 廊道→15.75kV 配电室→厂用 400V 室→供水廊道→备励系统→1F 机旁盘→2.5MPa 油压装置及调速系统→1 号机旁动力盘→励磁系统→厂区泵房→厂外泵房→油库及 514 线路开关、电容器→300m³ 水池→开关站→启闭机室。

9.1.2 监盘和负荷调整工作

监盘工作根据当值"监盘轮流表"进行，监盘时应集中精力，不做其他无关工作，不得与他人闲谈。接盘前，应对计算机监控系统主画面和告警画面模拟盘进行一次全面检查，注意机组状态、运行参数、告警信息、返回原信号、厂用电、中性点等情况，掌握系统运行情况及潮流；按调度命令投入或停用 AGC、AVC 及低周自启动装置。正常开、停机（含各厂用机）及负荷调整均由值班人员在上位机上完成。监盘中应注意发生事故瞬间的变化，对分析处理事故提供真实依据。发生事故时，监盘人员应及时、准确地提供有关表计的瞬时变化及系统、机组的冲击情况和光字牌信号，为分析和处理事故提供可靠依据。

监盘时，应做到"三勤"，即勤监视（密切监视潮流变化，严格控制运行参数，注意低周启动、AGC/AVC使用情况）、勤联系（密切与调度联系，及时启停机组及变调相运行）、勤调整（根据调度命令投退AGC；根据系统要求及机组能力，调整频率、电压，保持电能质量，使机组处于经济运行）状态。

严禁随意在计算机操作台和控制台上进行试验或操作，确有必要时，应经值长同意并采取可靠的安全措施后方可进行。监盘人员调整无功功率时，应得到副值长或值长的许可后方可进行。值班员在计算机上进行有关操作时，必须在严格的监护下进行。在计算机操作台（或下位机）上进行改变设备状态的操作时，应由2人执行，即1人操作，1人监护。

9.1.3 交接班的主要工作

水电厂的运行值班方式各不相同，有的六值四倒，有的五值三倒，都必须按照运行分场制定的倒班表进行轮换，交班前的准备工作有：

（1）正常情况下，交班前15min到接班后15min，不进行检修作业交代，停止办理工作票。

（2）遇有事故处理或重大倒闸操作时，当班值应将工作告一段落，请示调度允许后，再进行交接班。

（3）交班值班人员主动交代设备运行方式、缺陷、故障及检修情况（包括安全措施、地线）及其管理工具等情况。

（4）交班专责于交班前1h对设备进行重点巡视检查，填写有关技术记录，校对电量统计，搞好清洁卫生，最后监盘人应全面检查上位机画面情况。

（5）交班副值长于交班前1h应检查各专责交班准备工作，审核电量统计、各种技术记录并签字，整理检查操作记录并送值长签字，核对地线记录并签字，开好当值总结小会。

（6）接班值班人员于接班正点前15min到厂，由副值长查点本值人员后，副值长下令进行交接班。值班人员各自排队进入值班室，听取交班副值长报告后进行对口交代。

（7）接班人员按专责分工进行钥匙、工具、仪表、工作票、操作票的检查，对缺少或损坏部分应立即报告副值长，查明原因，并及时向上汇报。

（8）接班值班人员应阅读操作记录簿及有关技术记录。对下列问题，交接班专责应到现场交代：

1）设备发生异常现象尚未消除。

2）设备存在较大缺陷。

3）经过检修，重大设备缺陷已经处理或消除。

4）新设备投入运行或设备经过部分改造。

5）第一个监盘人应全面检查一次盘面，并测试语音报警正常以及监控系统微机工作正常。

9.1.4 运行分析与设备缺陷

水电厂的运行分析工作主要是定期和不定期地对设备运行工作状态、运行方式及技术管理状况进行分析，摸索规律，检查薄弱环节，从而找出问题发生的各种因素，采取有针对性的措施，把隐患或薄弱环节消灭在萌芽状态，防患于未然，提高水电厂运行管理水平。

定期分析是指副值长每月召开一次设备分析会，由设备专责人提出设备存在的问题和异常情况，进行讨论研究，提出预防和处理方法，填写运行异常分析记录。不定期分析是指根据天气、季节变化、运行方式、设备异常情况和主要设备缺陷，由值长或副值长主持，进行专题预想分析活动，提出处理方案和分析意见，做到心中有数。

各专责人应结合本专责设备存在的异常及缺陷情况，及时进行预想分析活动，必要时提交副值长研究。运行分析应包括题目、系统情况、现象、发生原因、处理方案、对策等，研究后进行归纳整理，并记入"运行分析"记录簿内，由副值长签字，以便相互了解。

设备缺陷的管理内容与要求如下：

（1）发现的缺陷和异常运行情况，应及时报告副值长，较大的应报告值长。

（2）经副值长或值长确认后，将缺陷记入 MIS 系统"设备缺陷管理"中，并联系维护人员处理。

（3）缺陷处理后，运行人员到现场检查处理质量，督促检修人员注销缺陷。

9.1.5 水轮发电机组事故处理工作

事故处理应在当班值长的统一领导下进行。发生事故时，当值运行人员应立即到中控室或事故现场，在值长的统一领导和指挥下进行事故处理。参加处理事故的运行、维护人员，均应听从值长的指挥；无关人员不得进入中控室和事故现场。事故处理工作应遵照电力系统调度人员、生产副厂长（总工程师）的指令和有关规程进行，应做到稳、准、快，严防事故扩大，尽力减少损失。参加事故处理的人员应做到一切行动听指挥；值班员要及时汇报各种设备的运行状况及其保护信号、仪表的动作和指示等情况；值长应综合分析，及时制订处理对策。

发生事故后，在不影响处理的情况下，值长应及时将事故简要情况向生产副厂长（总工程师）汇报，并认真做好记录。事故处理过程中，副值长应密切配合值长做好各项指挥工作。事故处理无关人员进入事故现场及无关电话联系，值长、副值长有权制止。同时，与各级系统调度员联系的电话，应使用录音电话，录音资料应由通信分厂保存半年以上，以便查用。事故处理完后，应进行总结。较重大的事故应提出书面报告。

事故处理的原则：快速限制事故发展，清除事故根源，解除对人身和设备的威胁；尽可能保持设备继续运行，以保证用户的供电和电能质量，快速恢复系统运行方式和恢复供电。

水轮机故障和事故处理的基本要求如下：

（1）根据仪表显示和设备异常现象判断事故确已发生。

（2）进行必要的前期处理，限制事故发展，解除对人身和设备的危害。

（3）在事故保护动作停机过程中，注意监视停机过程，必要时加以帮助，使机组解列停机，防止事故扩大。

（4）分析事故原因，作出相应处理决定。

机组遇下列情况时，值班员可以不经允许，先行关闭主阀或进水口工作闸门解列停机，停机后汇报：

（1）机组转速上升到过速规定值时，主阀或进水口工作闸门没有自动关闭。

(2) 导叶失控，不能关闭。

(3) 压力钢管破裂，大量漏水。

(4) 水轮顶盖破裂，严重漏水；

(5) 尾水管进人孔大量漏水（此时应关闭尾水闸门）。

9.2 水轮发电机组的操作与检修作业管理

9.2.1 设备的操作工作

操作指挥权限划分：全厂机械、电气设备的操作（包括机组正常开、停及并、解列操作）均应根据值长命令进行，严格执行操作票监护制，保证操作的质量及正确性。操作时必须统一指挥、互相配合。13.8kV 以上的操作由值长指挥；3.3kV 以下的操作（包油、水、风系统的改变）由副值长指挥，但事先应向值长请示，事后汇报。13.8kV 以上操作票执行三级审批制，即监护人、副值长审核、值长批准。三期执行两级审核制。10.5kV 及以下的操作票（含机械的辅助设备）执行两级审批制，即监护人审核、副值长批准。对于重大或复杂性操作，值长应组织全值讨论，作为预想制订事故处理预案。隔离开关操作 3 次不良时，应立即停止操作，并报告发令人，联系维护人员处理。

允许无监护进行操作的项目有：①定期工作及定期切换；②单项动力电源的操作；③不改变系统的停用空气压缩机和排水泵；④紧急情况下的事故处理及灯火管制。

执行监护制操作项目有单一开关并列、解列，隔离开关拉合的操作；装设和拆除一组接地线；低频率机组的设定和取消；调速机手自动切换；机组的自动开停；主阀的自动开关；单一的继电保护，自动装置的投入、停用。

3 项以下操作（不含 3 项）可不填写操作票，但操作后应向发令人汇报。

列入操作票内的项目有：①电气操作票内应填写的项目应按《电业安全工作规程（发电厂变电所电气部分）》中的有关规定填写；②机械操作票内应填的项目：检查设备的位置、状态、有关仪表、信号指示；开闭阀门；切换设备把手；调整设备位量；启用、退出、切换保护回路和自动装置的连接片、端子、开关；拉合电气设备的开关、隔离开关、装拆保险器等。

制定操作票时应做到"三考虑、五对照"。"三考虑"是指考虑一次系统改变对二次保护及自动装置的影响，考虑操作中可能出现的问题，考虑系统改变后的安全经济性；"五对照"是指对照现场实际，对照系统图（模拟预演盘），对照运行规程，对照图纸，对照原有的操作票及参考操作顺序。

操作完毕后，应检查和审核有关记录；核对模拟盘，使之符合现场；整理操作工具、地线等器具并放回原处。

9.2.2 设备定期试验与轮换

机组在正常情况下，要做如下定期工作：切换油压装置的油泵；切换进水口工作闸门的工作油泵；调速器各连杆关节注油；调速器过滤器切换；测量发电机、水轮机主轴的摆度；应根据备用机组推力瓦油膜要求定期顶转子或手动开机空转一次；根据水位、水质情况，及时选用工业取水口，以保证水质要求；机组冷却系统过滤器定期清扫排污；各气水分离器定期放水、排污；机组技术供水总管定期冲淤；机组冷却系统定期正、反向运行，空气冷却器冲淤（一般在雨季或水中含沙较多时）；电动机绝缘；机组各部轴承摆度测量；线路高频交换信号等。非定期工作中的变压器，发电机定子、转子回路绝缘应及时记入技术记录簿内并签字。副值长应认真复核记录，对异常情况应及时查明原因，组织分析，逐级汇报。各关节注油、横轴主阀轴承注油、气槽放水、备用水投入试验，专责人应按时做好并报告副值长，同时记入"副值长记录簿"内。

9.2.3 检修作业交代

设备上的一切检修作业都应遵照电气、机械安全工作规程的规定，凭工作票或口头电话命令进行。一切未经允许在设备上进行的工作和违反安全工作规程的情况，值班人员有权制止。

不需要运行人员做安全措施的第二种工作票，如励磁机吹扫，测机组摆度，处理漏油、漏水、漏风，检修照明、电热时，可由专责在工作票上签字，允许作业后报告副值长。需要运行人员做安全措施的机械和电气低压作业的第二种工作票，如蓄电池充电、采暖装置检修，油、水、风泵的作业，需经副值长同意后，方可作业。属于第一种工作票、带电作业工作票、继电保护、高压试验、自动装置等方面的工作及设备改进工作，需经值长批准。影响机组运行或备用，限制系统运行方式的需填写第一、第二种工作票的作业，并经值长批准。新收到的一种工作票由值长审查签字，并由前夜值填写安全措施并打印出成票，放于新收到的工作票夹内，检修开工前由当班值长填写保留带电部分和注意事项，并负责最终把关。

值班人员允许检修开始前，应认真考虑安全措施是否完备，并作到四考虑：

(1) 考虑一次、二次相互影响。

(2) 考虑电气、机械之间的影响。

(3) 考虑对各检修作业班组的影响。

(4) 考虑可能发生的问题与注意事项。

检修作业结束后，运行专责与检修负责人共同到现场进行验收交代，运行专责应做到"两知道、三检查"，即知道检修主要内容；知道检修质量情况；检查设备清洁情况，有无异物；检查设备现状（设备所处位置、油面，检修动过的设备）；检查设备缺陷消除情况（设备改变，图纸要符合现场）。

运行专责人认为无疑问后，办理交代手续，将作业情况填写在作业交代簿中，工作负责人与值班员共同签字，并立即报告副值长。当设备存在较大缺陷、安装或试验数据不合格时，应逐级汇报（副值长→值长→总工程师），在得到总工程师批示后再办理交代手续。

机电设备大修、小修项目计划，由生产调度平衡后提前一天以检修批答方式通知发电部值长，值班人员应掌握检修内容和要求，并根据工作票按时做好必要的措施。对运行设备的试验、改进及采用新技术、新设备等，按技术"管理制度"规定，根据批准的方案方可进行工作。第一种工作票和第二种工作票（各种试验、动力母线停电、蓄电池充电、压缩机检修、水泵大修、系统变更较大）应提前一天通知发电部。临时交代的安全措施实行汇报制，并及时记录在操作记录簿内，以防漏交代。

附录 A 水电水利工程水力机械制图规范

一、水力机械图形符号使用规定

（1）本图形符号适用于绘制水利水电工程中水力机械系统图和布置图，具体参见 DL/T 5349—2006《水电水利工程水力机械制图标准》。

（2）绘图时，图形符号中的文字和指向不得单独旋转某一角度。

（3）图形符号中当需要标出仪器、仪表、阀门的序号时，其名称的文字符号种类说明用三个英文字母表示，第一个英文字母表示工作原理，第二个英文字母表示功能一，第三个英文字母表示功能二，具体含义见表 A.1～表 A.3。

表 A.1　　　水力机械仪器、仪表、阀门工作原理字母代号（第一个英文字母）

字母	种类特性	特性举例	
A	由部件组成的组合件（规定用其他字母代替的除外）	结构单元 功能单元 功能组件 电路板	控制屏、台、箱 计算机终端 发射/接收器、效率测量装置
B	用于将工艺流程中的被测量在测量流程中转换为另一量	传感器 测速发电机 扩音机	压力传感器 电磁流量计 磁带或穿孔读出器
G	用于电流的产生和传播	发电机 励磁机 信号发生器	振荡器 振荡晶体
J	用于软件	程序 程序单元	程序模块
P	测量仪表、时钟、指示器、信号灯、警铃	视频或字符显示单元 压力表 温度计	
S	用于控制电路的切换	手动控制开关 过程条件控制开关 电动操作开关 拨动开关	按钮 剪断销信号器 电触点压力表 导叶开度位置触点
U	用于流程中其他特性的改变（用 T 代表的除外）	整流器 逆变器 变频器 无功补偿	A/D 或 D/A 变换器 调制解调器 电码变换器 电动发电机组
Y	用于机、电元器件的操作	操作线圈 联锁器件 阀门操作	阀门 液压阀 电磁线圈

表 A. 2　　　　　　　　　　水力机械仪表功能字母代号（第二个英文字母）

英文代号	类别名称	英文代号	类别名称	英文代号	类别名称
A	空气	F	流向	Q	流量
B	断裂	L	液面	S	摆动
D	压差	M	油水混合	T	温度
E	效率	N	转速	V	振动
E	事故、紧急	P	压力	VP	真空压力

表 A. 3　　　　　　　　　　水力机械仪表功能字母代号（第三个英文字母）

英文代号	类别名称	英文代号	类别名称
A	报警	L	低
D	双	M	电磁
I	指示	R	记录
H	高	S	单
L	液动	U	超声波

水力机械主要仪器、阀门字母代号见表 A. 4。

表 A. 4　　　　　　　　　　水力机械主要仪器、阀门字母代号

序号	文字符号	中文名称	序号	文字符号	中文名称
1	BD	压差传感器	10	SP	压力信号器
2	BL	液位传感器	11	ST	温度信号器
3	BP	压力传感器	12	PP	压力表
4	BQ	流量传感器	13	PTR	温度记录仪
5	BS	机组摆度传感器	14	YVV	真空破坏阀
6	BV	机组振动传感器	15	YVM	事故配压阀
7	SB	剪断信号器	16	YVD	电磁配压阀
8	SN	转速信号器	17	YVL	液压阀
9	SL	液位信号器	18	YVE	紧急停机电磁阀

（4）用同一图形符号表示的仪表、设备，当其用途不同时，可在图形的右下角用大写英文名称的字头表示。

（5）阀门中，常开、常闭是对机组处于正常运行的工作状态而言。

（6）元件的名称、型号和参数，一般在系统图和布置图的设备材料表中表明。

（7）标准中未规定的图形符号，可根据其说明和图形符号的规律，按其作用原理进行派生，并在图纸上作必要说明。

（8）图形符号的大小以清晰、美观为原则。系统图中可根据图纸幅面的大小变化而定；布置图中可根据设备的外形结构尺寸按比例绘制。

二、元件的图形符号

水力机械元件的图形符号见表 A. 5。

表 A.5 水力机械元件的图形符号

名称	图形符号	名称	图形符号
手动元件		遥控	 至…
弹簧元件		电动元件	 Ⓜ
重锤元件	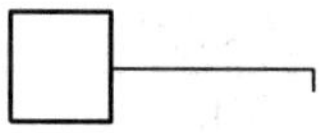	浮球元件	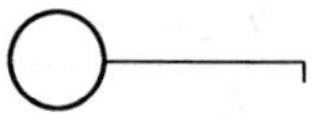
活塞（液压）元件	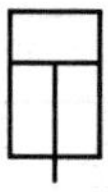	电磁元件	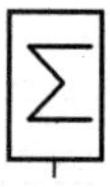 Σ
薄膜元件（带弹簧）		薄膜元件（不带弹簧）	
闸阀		截止阀	
球阀		节流阀	
三通阀	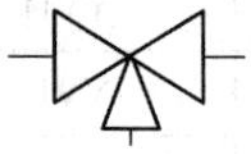	隔膜阀	
旋塞阀	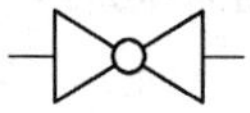	止回阀	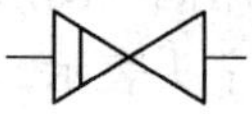
蝶阀	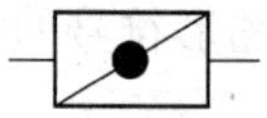	三通旋塞	
重锤式安全阀	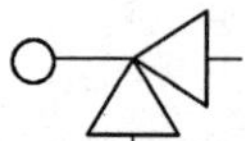	弹簧式安全阀	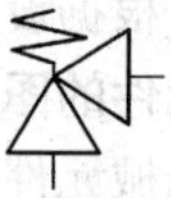

控制元件的图形符号

系统图和综合布置图共同适用的图形符号

续表

名称	图形符号	名称	图形符号
消火阀		取样阀	
角阀	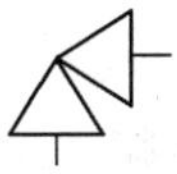	盘形阀	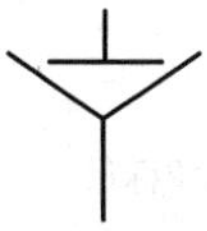
减压阀		疏水阀	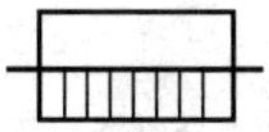
有底阀取水口		无底阀取水口	
卧式电磁配压阀（YVD）	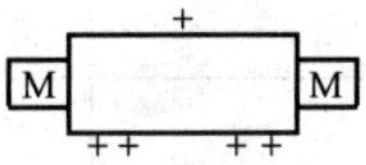	真空破坏阀（YVV）	
电磁空气阀（YVA）	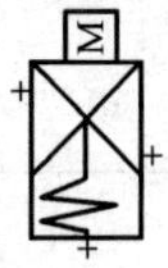	立式电磁配压阀（YVD）	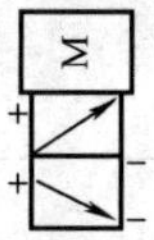
有扣碗地漏	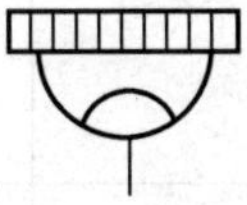	无扣碗地漏	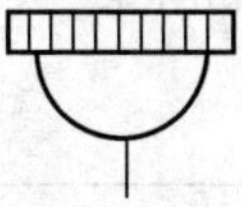
喷头	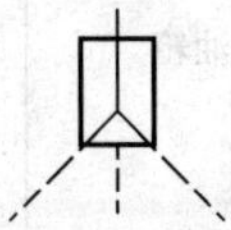	取水口拦污栅	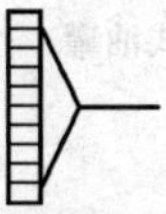
可调节流装置		不可调节流装置	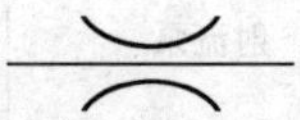

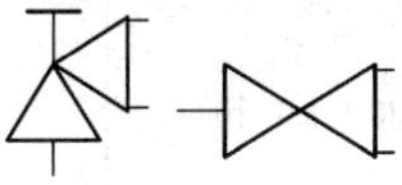

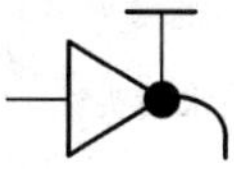

（左侧竖排）系统图和综合布置图共同适用的图形符号

系统图和综合布置图共同适用的图形符号

名称	图形符号	名称	图形符号
防水喷头		油（水）箱	
水位标尺		油呼吸器	
油水分离器 （气水分离器）		过滤器 （油、气）	
冷却器 （油、水、气）		油罐	
储气罐		压力油罐	
深井水泵		潜水电泵	
卧式油罐		移动油箱	
射流泵		制动器	

续表

名称	图形符号	名称	图形符号
液动滑阀（二位四通）		进水阀	
液动配压阀	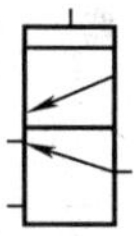	事故配压阀（YVM）	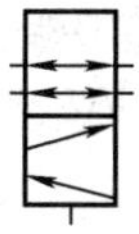
滤水器	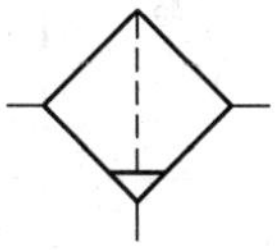	油泵	
手压油泵	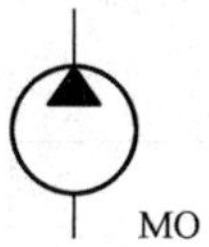 MO	空气压缩机（AC）	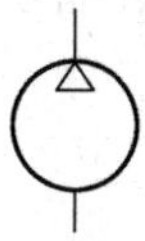
真空泵	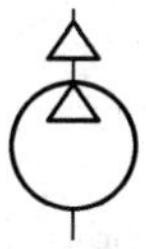	离心水泵	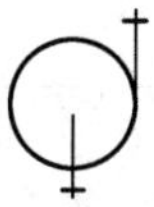
真空滤油机	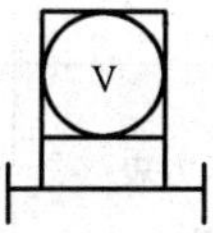 V	离心滤油机	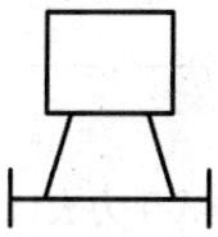
压力滤油机	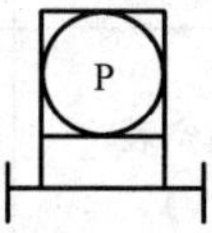 P	移动油泵	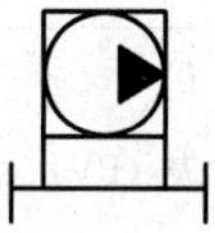
剪断销信号器（SB）	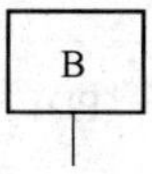 B	压差信号器（SDA）	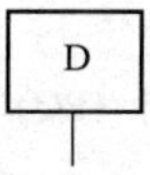 D
单向示流信号器（SFS）	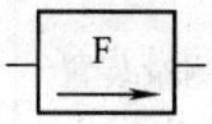 F	双向示流信号器（SFD）	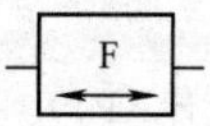 F
压力传感器（BP）	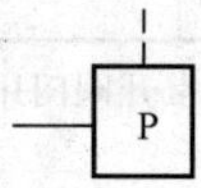 P　电极的长短和数量按需要而定	压差传感器（BD）	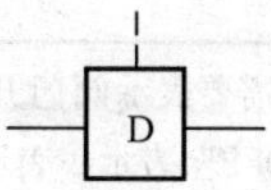 D

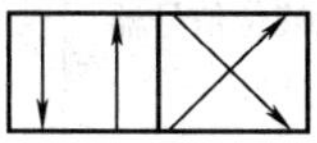

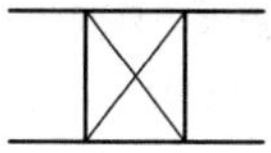

适用于系统图用图形符号

续表

名称	图形符号	名称	图形符号
油混水信号器（SM）	M	浮子式液位信号器（SL）	L
转速信号器（SNA）	N	压力信号器（SPA）	P
位置信号器	S	温度信号器（STA）	T
电极式水位信号器		示流器（PF）	
水位计		水位传感器	
指示型水位传感器		压力表（PP）	
远传式压力表		触点压力表（SPI）	
真空表（PV）		压力真空表（PPV）	
流量计（PQ）		压差流量计（PD）	
温度计（PT）		机组效率测量装置（AE）	E

注　在需要表示阀门开启关闭状态时，在阀门符号的右上角用文字表示；常开阀门用"ON"表示，常闭阀门用"OFF"表示；表示常开的文字"ON"可省略不标注。

三、水力机械图的标注

水力机械图中管路相关部分标注代号及含义见表 A.6～表 A.8。

表 A.6 管路中介质或用途代号

类别	字母	类别	字母
A	空气（Air）	W	水（Water）
S	蒸汽（Steam）	M	测量（Measuring）
O	油（Oil）	C	控制（Control）

表 A.7 管路中常用介质类别代号

代号	名称	代号	名称
OH	高压操作油，$p \geqslant 1.0$MPa	AL	低压气，$p < 1.0$MPa
OM	中压操作油，$p = 1.0 \sim 10$MPa	AE	排气
OR	回（排）油	WS	技术供水
OS	供油	WF	消防供水
OL	漏油	WD	排水
AH	高压气，$p \geqslant 1.0$MPa	MP	测量管路
AM	中压气，$p = 1.0 \sim 10$MPa	CP	控制管路

表 A.8 管路去向代号

代号	名称	代号	名称
LB	安装场	DPR	排水泵室
AC	空气压缩机	DSL	下游水位
AV	储气罐	GAC	发电机空气冷却器
BC	制动盘	GGB	发电机导轴承
BRP	制动环管	GF	发电机层
CWD	排水沟	GFR	发电机消防给水环管
SOT	污油桶	GOF	重力加油箱

水力机械仪表图形符号见表 A.9。

表 A.9 水力机械仪表图形符号

序 号	名 称	符 号	说 明
1	现地装设仪表	※/R（方形） ※/R（圆形）	
2	机旁盘（柜）上仪表	※/R（方形） ※/R（圆形）	※ 代表仪表类型符号；R 表示仪表序号。仪表序号第一位数字表示管路系统类别；第二位及以后数字表示仪表顺序编号
3	控制室盘（柜）上仪表	※/R（方形） ※/R（圆形）	

注 表中符号为圆形时表示表计，为矩形时表示其他自动化元件。

水力机械系统名称及系统代号见表 A.10。

表 A.10　　　　　　　　水力机械系统名称及代号

序号	系统代号	系统名称	序号	系统代号	系统名称	序号	系统代号	系统名称
1	1	透平油系统	4	4	技术供水系统	7	7	水力监视测量系统
2	2	绝缘油系统	5	5	排水系统	8	8	进水阀液压操作系统
3	3	气系统	6	6	消防给水系统	9	9	机组液压操作系统

水力机械常用仪表、仪器的符号及说明见表 A.11。

表 A.11　　　　　水力机械常用仪表、仪器的符号及说明

序号	符号	说明
1	PV 11	真空压力指示仪表（真空压力表），透平油系统，序号1，就地安装
2	PP 51	压力指示仪表（压力表），排水系统，序号1，就地安装
3	PTR 19	温度记录仪，透平油系统，序号9，装于控制室表盘上
4	PTA 51	温度报警器，排水系统，序号1，装于机旁盘
5	BP 92	压力传感器，机组液压操作系统，序号2，现地安装
6	SP1 95	压力指示信号器（接点压力表），机组液压操作系统，序号5，现地安装
7	PFD 41	双向示流器，技术供水系统，序号1，现地安装
8	SFD 42	双向示流信号器，技术供水系统，序号2，现地安装
9	SB 94	剪断销信号器，机组液压操作系统，序号4，现地安装

续表

序 号	符 号	说 明
10	SS / 91	定位信号器（闸板复位信号器），机组液压操作系统，序号 1，现地安装
11	SM / 12	油中混水信号器，透平油系统，序号 2，现地安装
12	PL / 21	液位指示器，绝缘油系统，序号 1，现地安装
13	SLA / 21	液位报警器，绝缘油系统，序号 1，装于机旁盘
14	SPA / 91	压力报警器，机组液压操作系统，序号 1，装于控制室表盘
15	PD / 71	压差指示器，水力监视测量系统，序号 1，装于控制室表盘
16	BD / 71	压差传感器，水力监视测量系统，序号 1，现地安装

附录 B　水电水利工程电气制图规范

一、电气图画法规定（具体参见 DL/T 5350—2006《水电水利工程电气制图标准》）

（1）电路图可水平布置或垂直布置，如图 B.1 所示。

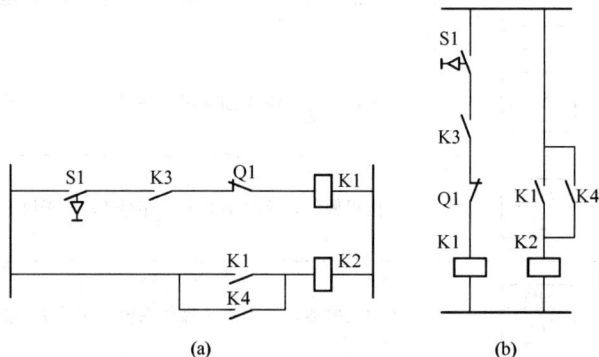

图 B.1　电气简图的画法
(a) 电路水平布置；(b) 电路垂直布置

（2）当电路水平布置时，项目代号一般标注在符号的上方；垂直布置时，一般标注在符号的左方，如图 B.2 所示。

（3）当电路水平布置时，端子代号宜标注在图形符号的下方；垂直布置时，宜标注在图形符号的右方，如图 B.3 所示。

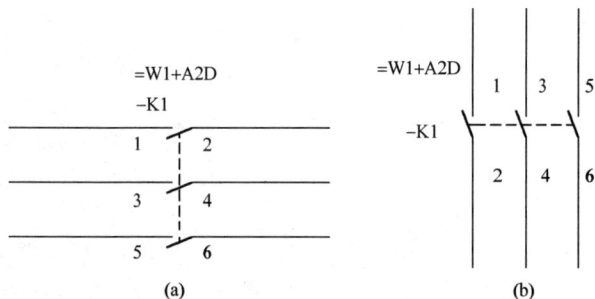

图 B.2　项目代号标注
(a) 水平布置时；(b) 垂直布置时

（4）技术数据宜标注在图形符号旁。当连线水平布置时，数据宜标注在图形符号的下方；垂直布置时宜标注在图形符号左方。

（5）正常状态断开，在外力作用下趋于闭合的触点，称为动合（常开）触点，反之为动断（常闭）触点。

（6）使用触点符号时，一般是：当图形符号垂直放置时从左向右，即动触点在静触点左侧时为动合（常开），在右侧时为动断（常闭）；当图形符号水平放置时从下向上，即动触点在静触点下方时时为动合（常开），在上方时为动断（常闭）。

（7）所规定的图形符号均按无电压、非激励、无外力、不工作的政党状态标出。例如：继电器和接触器在非激磁的状态；断路器和隔离开关在断开位置；带零位手动控制开关在零位置，不带零位的手动控制开关在图中规定位置；机械操作开关（如行程开关）在非工作的状态；机械操作开关的工作状态与工作位置的对应关系表示在其触点符号的附近。水利水电工程电气图形符号见表 B.1。

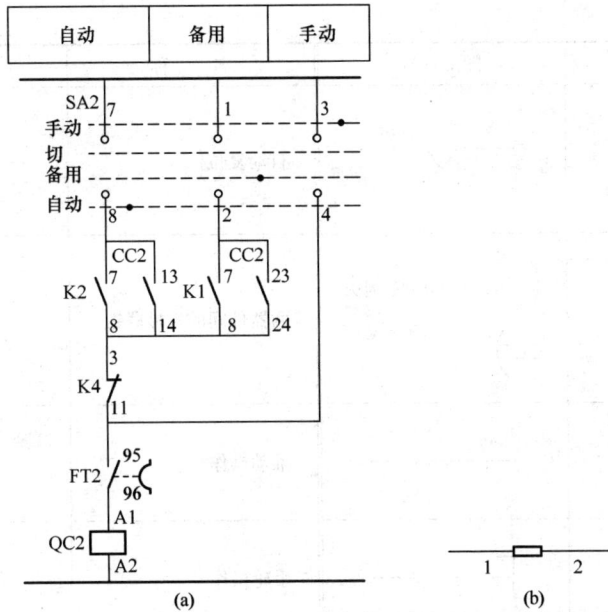

图 B.3　端子代号标注
（a）控制回路；（b）电阻

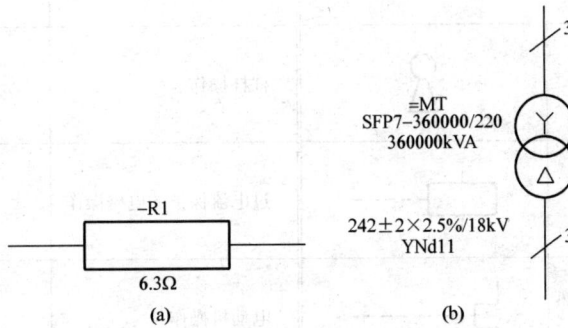

图 B.4　技术数据在图上的标注
（a）水平布置；（b）垂直布置

表 B.1　　　　　　　　　　　水利水电工程电气图形符号

	名　称	图形符号	名　称	图形符号
效应或相关性图形符号	热效应		电磁效应	
	磁滞伸缩效应		延时延迟	

续表

	名称	图形符号	名称	图形符号
机械控制图形符号	定位 非自动复位 维持给定位置的器件	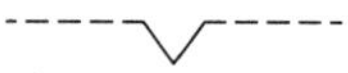	自动复位	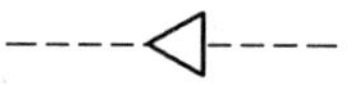三角为指向 返回方向
	延时动作	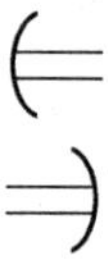从圆弧向圆 心方向移动 的延时动作	两器件间的机械联锁	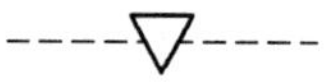
操作件图形符号	一般情况下手动操作	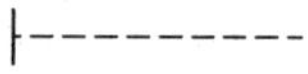	推动操作	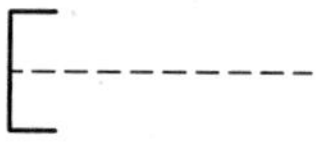
	旋转操作	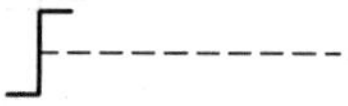	手轮操作	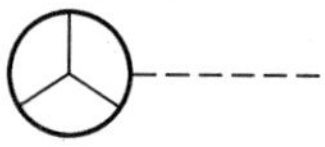
	紧急开关（蘑菇头按钮）	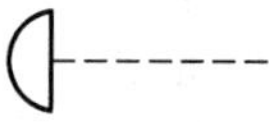	脚踏操作	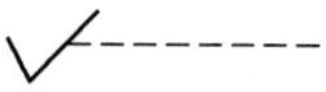
	钥匙操作	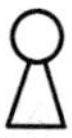	杠杆操作	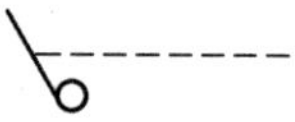
	电磁执行器操作	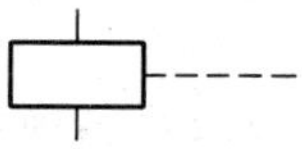	过电流保护的电磁操作	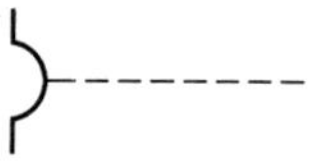
	热执行操作示例：如热继电器热过电流保护	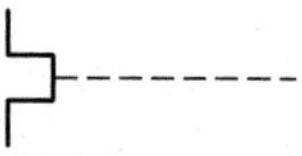	电动机操作	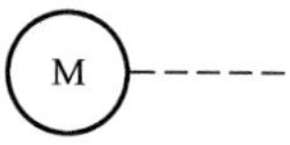M
非电量控制图形符号	液位控制	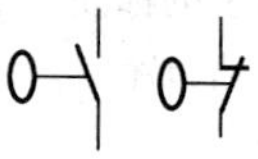	计数控制	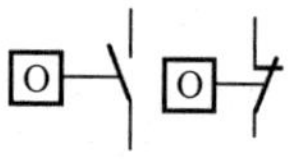O O
	流体控制：示流控制	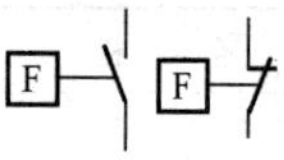F F	流体控制：气流控制	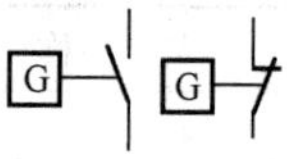G G
	温度控制	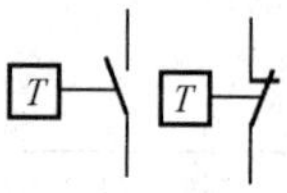T T	压力控制	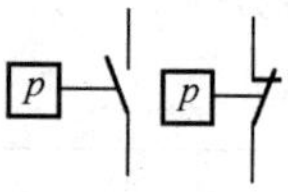p p
	转速控制	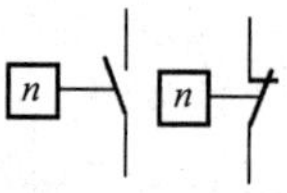n n	线性速率或速度控制	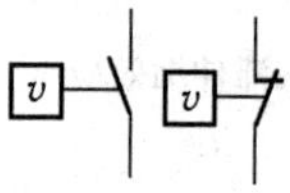v v

续表

名　称	图形符号	名　称	图形符号
连接器件图形符号 接通的连接片	─○○─	断开的连接片	
触点限定符号 断路器功能	×	自动释放功能	■
接触器功能		负荷开关功能	
限制开关功能 位置开关功能		手车式、抽屉式插口	─≪ ≫─
触点图形符号 动合（常开）触点	垂直布置 水平布置	动断（常闭）触点	垂直布置 水平布置
当操作器件被吸合时延时闭合的动合触点	形式1 形式2	当操作器件被释放时延时断开的动合触点	形式1 形式2
当操作器件被释放时延时闭合的动断触点	形式1 形式2	当操作器件被吸合时延时断开的动断触点	形式1 形式2

"推动"操作的器件一般具有弹性返回，一般不需示出自动复位符号。但存在闭锁的特殊情况下，定位符号应予以示出

开关、开关装置和控制器图形符号 手动开关的一般符号		按钮开关（不闭锁）	E─
按钮开关（闭锁）	E─	位置开关，动合触点限制开关，动合触点	
位置开关，动断触点限制开关，动断触点		自动复归控制器或操作开关	示出两侧自动复位到中央两个位置，黑箭头表示自动复位的符号

续表

名　　称	图形符号	名　　称	图形符号
开关、开关装置和控制器图形符号 控制器或操作开关		示出 5 个位置的控制器或操作开关，以"0"代表操作手柄在中间位置，两侧的数字表示操作数，此数字处亦可写手柄转动位置的角度。在该数字上方可注文字符号表示操作（如向前、向后、自动、手动等）。短划表示手柄操作触点开闭的位置线，有黑点表示手柄转向此位置时触点接通，无黑点表示手柄转向此位置时触点不接通。多于 1 个以上的触点分别接于各线路中，可以在触点符号上加注触点线路号（本图例为 4 个线路号）或触点号。操作位置数多于或少于 5 个时，可仿本图形增减，1 个开关的各触点允许不画在一起	
接触器（在非动作位置触点断开）		接触器（在非动作位置触点闭合）	
具有自动释放的接触器		自动空气开关	
断路器		隔离开关	
机电式非测量的动作继电器及接触器线圈符号 操作器件一般符号	形式 1 形式 2	具有两个绕组的操作器件组合表示方法	形式 1 形式 2
具有两个绕组的操作器件分离表示方法	形式 1 形式 2	n 个线圈	形式 1
		n 个线圈的继电器的电流线圈	 形式 2
测量继电器图形符号 信号继电器	S_p	温度继电器	T
频率继电器	f	延时过流继电器	$I{>}$
高频继电器	$f{>}$	低频继电器	$f{<}$

续表

名　称	图形符号	名　称	图形符号
熔断器一般符号		跌开式熔断器	
具有独立报警电路的熔断器	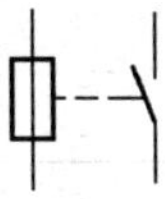	熔断器式开关	
熔断器式隔离开关	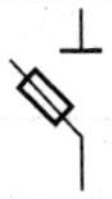	熔断器式负荷开关	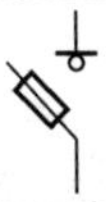
限流熔断器	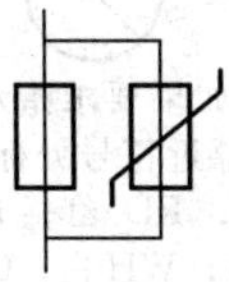		
电压表	V	温度表	T
电流表	A	转速表	n
功率表	W	和量仪表（示出电流和量）	ΣA
无功功率表	Var	有功总加表	ΣW
同步表		无功总加表	ΣVar
示波器		检流计	
相位表	ϕ	欧姆表	Ω
功率因数表	$\cos\phi$	频率表	Hz

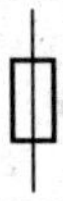

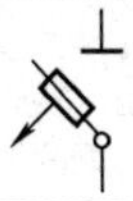

保护器件图形符号

指示仪表图形符号

续表

	名　　称	图形符号	名　　称	图形符号
灯和信号器件图形符号	电警笛		单灯光字牌	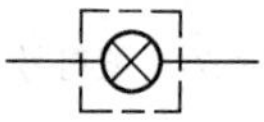
	电喇叭		模拟灯	
	电铃		蜂鸣器	
	灯的一般符号 信号灯的一般符号	 1. 如果要求指示颜色，则在靠近符号处标出下列字母：RD 红；BU 蓝；YE 黄；WH 白；GN 绿； 2. 如果指出灯的类型，则在靠近符号处标出下列字母：Ne 氖；EL 电发光；Xe 氙；ARC 弧光；Na 钠；FL 荧光；Hg 汞；IR 红外线；UV 紫外线；IN 白炽；LED 发光二极管	双灯光字牌	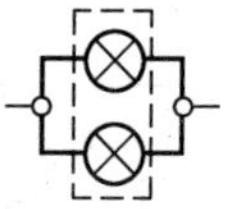
火灾报警图形符号	火灾报警控制器	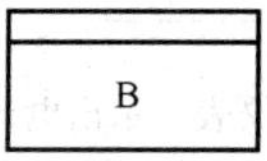	专用火灾电源	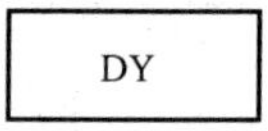
	感烟火灾探测器（点式）	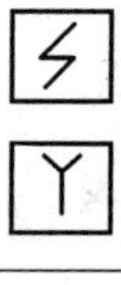	感温火灾探测器（点式）	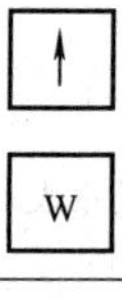
	火灾报警按钮		气体火灾探测器	
	火焰探测器		线型感温火灾探测器	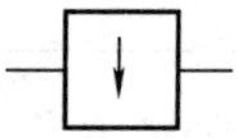
	对射分离式感烟火灾探测器（发射）	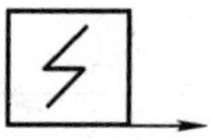	对射分离式感烟火灾探测器（接收）	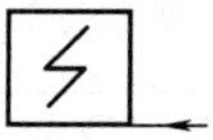
	火警电铃		火警电话	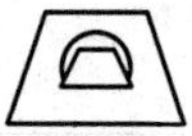
	紧急事故广播	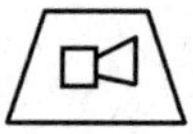	火灾报警器	

二、文字符号

水利水电工程电气设备文字符号见表 B.2。

表 B.2　　　　　　　　水利水电工程电气设备文字符号

文字符号	中文名称	文字符号	中文名称
APP	机旁动力盘	BS	机组摆动变换器（传感器）
F	熔断器	BV	机组振动变换器（传感器）
M	电动机	SF	示流信号器
MI	异步电动机	SL	液位信号器
MS	同步电动机	SN	转速信号器
QA	自动空气开关	SP	压力信号器
QC	接触器	SS	剪断销信号器
KA	电流继电器	ST	温度信号器
K	中间继电器	SBV	蝴蝶阀端触点
KF	频率继电器	SGP	闸门位置触点
KS	信号继电器	SGV	导叶开度位置触点
KT	时间继电器	SLA	锁定触点
KTH	热继电器	SQ	球阀端触点
KV	电压继电器	SQ	制动闸端触点
PS	行程开关	YV	电磁阀
XB	连接片	YVE	紧急停机电磁阀
U、V、W、N	交流系统 1 相、2 相、3 相、中性线	YVL	液压阀
AOL	开度限制机构	YVD	电磁配压阀
KMO	监视继电器	FT	热保护器件
AG	转速调整机构	YVM	事故配压阀
BL	液位变换器（传感器）	YVV	真空破坏阀
BP	压力变换器（传感器）	PB	警铃
BD	压差变换器（传感器）	PBU	蜂鸣器
BQ	流量变换器（传感器）	PL	信号灯
PLL	光字牌	PGP	闸门位置指示器
SA	操作开关	SB	按钮
TA	电流互感器	TV	电压互感器

参 考 文 献

[1] 熊道树. 水轮发电机组的辅助设备. 北京：水利电力出版社，1993.

[2] 电力行业职业技能鉴定指导中心. 水轮发电机组值班员. 北京：中国电力出版社，2003.

[3] 姜政权. 水力机组. 北京：中国电力出版社，1992.